中国科学院优秀教材

普通高等教育电气信息类应用型规划教材

C 语言程序设计

（第二版）

罗朝盛　主编

张银南　白宝钢　魏　英　副主编

科学出版社

北　京

内 容 简 介

本书共10章，包括：C语言程序设计概述，数据类型与常用库函数，运算符与表达式，算法与控制结构，数组、字符串与指针，函数，编译预处理，结构体、共用体与枚举类型，文件操作，C++程序设计初步。本书配有大量的例题和习题，适合教师课堂教学和读者自学；配有以任务驱动方式设计的“C语言程序设计实验CAI系统”。使用本CAI系统进行上机实验，学生的上机实验目的会更加明确，可大大改善实验效果，减轻教师指导学生实验的工作量。此外，本书还提供用于课堂教学的电子课件和实验CAI系统网络版。

本书可以作为各类高等院校计算机专业及理工科非计算机专业学生学习“C语言程序设计”课程的教材，也可作为广大计算机爱好者学习C语言程序设计的参考书。

图书在版编目（CIP）数据

C语言程序设计/罗朝盛主编. —2版. —北京：科学出版社，2012

ISBN 978-7-03-032991-2

Ⅰ.① C… Ⅱ.① 罗… Ⅲ.① C语言－程序设计－高等学校－教材 Ⅳ.① TP312

中国版本图书馆CIP数据核字（2011）第257049号

责任编辑：陈晓萍／责任校对：耿耘

责任印制：吕春珉／封面设计：耕者设计工作室

科学出版社 出版

北京东黄城根北街16号

邮政编码:100717

http://www.sciencep.com

铭浩彩色印装有限公司 印刷

科学出版社发行 各地新华书店经销

*

2012年2月第 二 版 开本：787×1092 1/16

2012年2月第一次印刷 印张：19 3/4

字数：446 000

定价：35.00元

（如有印装质量问题，我社负责调换〈骏杰〉）

销售部电话 010-62142126 编辑部电话 010-62138978-8003

第二版前言

本书第一版自2006年11月由科学出版社出版以来，先后10余次重印，受到广大读者的欢迎，被全国多所高等学校选为教材，与之配套的实验CAI系统也推广到几十所高校，得到了不少专家、教师和学生的好评。2009年，本书被中国科学院教材建设专家委员会评为信息技术类“优秀教材（部级）二等奖”，同年被列为浙江省“十一五”重点建设教材。

几年来，我们收到不少读者和教师来信，他们在肯定本书的同时，也提出不少好的意见和建议。根据读者反馈的意见，我们又征求有关专家、教师的建议，结合近年来使用本书的教学实践，进行了修订，推出第二版。在保持第一版的写作风格和特色的基础上，对部分章节内容进行了删减、调整和充实。

第二版与第一版相比较，主要做了以下几方面的调整。

1）根据实际教学需要，删减、调整、充实了部分章节。将原“1.3 算法及算法的表示”调整到第4章，组成新的“第4章 算法与控制结构”；将原第2章、第3章内容进行重新组合，构成新的“第2章 数据类型与常用库函数”和“第3章 运算符与表达式”；考虑到程序设计的发展，为给读者继续学习奠定基础，增加了“第10章 C++程序设计初步”。

2）对各章内容和文字均细致地进行修改，使读者更容易理解与掌握。

3）精选和充实例题。例题是为帮助读者理解、掌握教学内容而设计的程序范例，此次修订更换了部分例题，对原有例题的程序代码进行优化，使读者更容易阅读理解。对大部分例题都给出了编程分析，在例题最后，针对一些要求学生掌握且容易出错的问题提出了“思考与讨论”，使他们通过阅读这些例题，能够做到举一反三，加深对所学内容的理解和掌握，培养其编程能力。

4）上机运行环境改用Visual C++ 6.0。本书中的程序是用Windows环境下使用的Visual C++ 6.0环境编译运行得到的结果。所有源程序都具有可移植性。

5）更加注重“多元化”、“立体化”教材建设。我们修改、完善了与本书配套的以任务驱动的“C语言程序设计实验CAI系统”，修改了教学使用的电子课件，更新了作者自己的个人教学网站（http://www.csluo.com）中与本书有关的教学辅导资料，以方便读者浏览与下载。

我们相信，此次修订后的教材更能适合教师的教学和学生的学习。

本次修订由罗朝盛提出修改思路、修订方案并最后修改定稿。参加本书修订的有罗朝盛、张银南、魏英、孙奕鸣、马杨珲、何凤梅、白宝钢等，罗朝盛、张银南负责统稿。本书由罗朝盛担任主编，由张银南、白宝钢、魏英担任副主编。

在本书修订过程中，我们得到了浙江大学俞瑞钊教授，杭州电子科技大学胡维华教授、饶万成副教授，浙江工业大学陈庆章教授、胡同森教授以及浙江科技学院信息学院计算机基础教学部全体教师的帮助和支持，他们对本书提出了不少有益的建议，在此一并表示衷心的感谢。

本书可作为各类高等院校计算机专业、理工科非计算机专业学习C语言程序设计的教材，也可供有关工程技术人员和计算机爱好者参考。

本书虽经多次讨论并反复修改，但限于作者水平，不当之处仍在所难免，谨请广大读者指正。

目　录

第1章　C语言程序设计概述

学习要求

- ➢ 理解程序设计的基本概念和程序的执行过程
- ➢ 了解C语言的特点
- ➢ 掌握C语言中标识符的命名规则
- ➢ 掌握C语言程序的基本组成结构
- ➢ 掌握开发和运行一个C语言程序的过程

1.1　计算机程序设计概述

1.1.1　程序与程序设计语言

计算机系统由硬件系统和软件系统两大部分组成。硬件是物质基础，而软件（程序）可以说是计算机的灵魂，没有软件的计算机只是一台“裸机”，什么也不能干，有了软件，才能灵动起来，成为一台真正的“电脑”。所有的软件，都是用计算机语言编写的。

1. 程序

什么是程序？广义地讲，程序就是为完成某一任务而制定的一组操作步骤。按该操作步骤执行，就完成程序所规定的任务。譬如，要完成一个评选“优秀团员”的任务，可以为该任务设计程序：第1步，发通知让同学申报或同学推荐；第2步，召开评审会议；第3步，将申报或同学推荐候选人材料交评委评阅，并投票评选出“优秀团员”。显然上面程序所规定的3个操作步骤的，任何人看了都能按照程序规定的步骤完成该任务。因为这段程序是用自然语言书写，任务执行者是人。同样，计算机能完成各种数据处理任务，我们可以设计计算机程序，即规定一组操作步骤，使计算机按该操作步骤执行，完成某个数据处理任务。但是迄今为止，在为计算机设计程序时，尚不能用自然语言来描述操作步骤，必须用特定的计算机语言描述。用计算机语言设计的程序，即为计算机程序。

2. 程序设计语言

人和计算机交流信息使用的语言称为计算机语言或称程序设计语言。计算机程序设计语言的发展经历了从机器语言（Machine Language）、汇编语言（Assemble Language）到高级语言（High Level Language）的历程。

（1）机器语言

计算机能直接识别和执行的语言是机器语言，机器语言以二进制数表示，即以“0”和“1”的不同编码组合来表示不同指令的操作码和地址码，它是第1代计算机语言。用机器语言编写的程序称为计算机机器语言程序，这种程序不便于记忆、阅读和书写。但由于使用的是针对特定型号计算机的语言，故而运算效率是所有语言中最高的。

（2）汇编语言

为了克服使用机器语言编程的难记、难读等缺点，人们进行了一种有益的改进，用一些简洁的英文字母、符号串（称为助记符）来替代一个特定的二进制串指令，比如，用“ADD”代表加法指令，“MOV”代表数据传送指令等，这样就很容易读懂和理解程序在干什么，程序维护也就变得方便了，这种程序设计语言称为汇编语言。

汇编语言属于第2代计算机程序语言。汇编语言适用于编写直接控制机器操作的低层程序，它与机器密切相关，移植性不好，但效率仍十分高。针对计算机特定硬件而编制的汇编语言程序，能准确发挥计算机硬件的功能和特长，程序具有占用内存空间少、执行速度快等特点，所以至今仍是一种常用而强有力的软件开发工具。当然，对于算法的描述，汇编语言程序不如高级语言直观。

汇编语言和机器语言都是面向机器的程序设计语言，一般称为低级语言。

（3）高级语言

高级语言是一种与硬件结构及指令系统无关，表达方式比较接近自然语言和数学表达式的一种计算机程序设计语言。其优点是：描述问题能力强，通用性、可读性、可维护性都较好。其缺点是：执行速度较慢，编制访问硬件资源的系统软件较难。

高级语言的发明是计算机发展史上颇为惊人的成就之一。1954年，第一个完全脱离机器硬件的高级语言——FORTRAN问世了。50多年来，共有几百种高级语言出现，目前在计算机中广泛使用的高级语言有几十种，影响较大、使用较普遍的有 FORTRAN、ALGOL、COBOL、BASIC、FoxBASE LISP、SNOBOL、PL/1、PASCAL、C、PROLOG、Ada、C++、C#、Visual C++、Visual Basic、Visual FoxPro Delphi、Java 等。

C语言是一种具有很高灵活性的高级语言，适用于系统软件、数值计算、数据处理等，使用非常广泛。面向对象的C++语言及Visual C++、Borland C++、C#等集成开发工具深受程序开发者的青睐。

3. 程序的执行

用汇编语言和高级语言编写的程序称为“源程序”，计算机不能直接识别和执行。要把源程序翻译成机器指令，才能执行。

（1）汇编程序的执行

汇编语言编写的程序必须由“汇编程序”（或汇编系统）将这些符号翻译成二进制数的机器语言才能运行。这种“汇编程序”就是汇编语言的翻译程序。汇编语言程序的执行过程如图1-1所示。

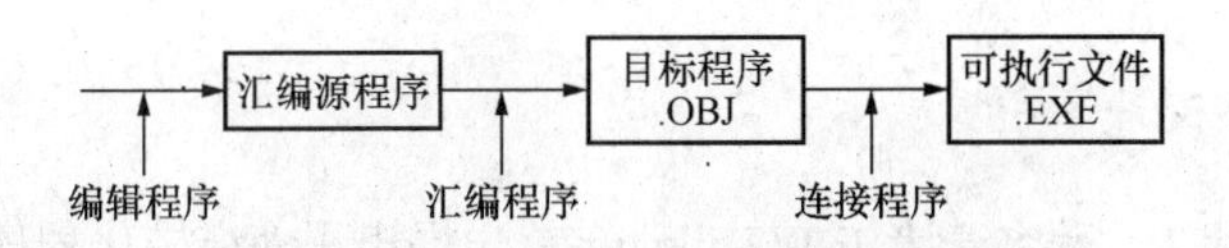

图 1-1 汇编语言程序的执行过程

（2）高级语言程序的执行

高级语言编写的程序通常有编译和解释两种执行方式。

编译执行过程是将源程序整个编译成等价的、独立的目标程序，然后通过连接程序将目标程序连接成可执行程序，运行执行文件输出结果。其执行过程如图 1-2 所示。

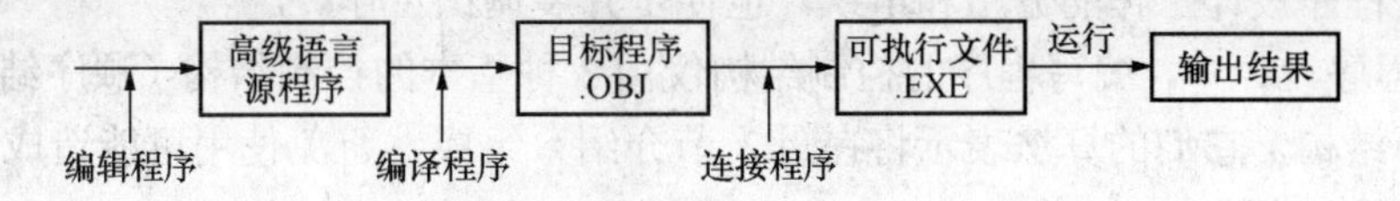

图 1-2 高级语言编译执行过程

解释执行过程是将源程序逐句翻译，翻译一句执行一句，边翻译边执行，不产生目标程序。整个执行过程，解释程序都一直在内存中。解释方式执行过程如图 1-3 所示。

图 1-3 高级语言解释执行过程

目前，高级语言基本提供了集成开发环境，它集源程序编辑、编译（解释）、执行为一体，非常方便用户使用，如 Turbo C、Visual Basic、Visual C++、Delphi 等。

1.1.2 程序设计方法概述

程序设计是一门技术，需要相应的理论、技术、方法和工具来支持。就程序设计方法和技术的发展而言，可以划分以下 3 个阶段。

1. 早期的程序设计

计算机发展的初期，由于 CPU 运行速度慢、内存容量小，因此衡量程序质量优劣的标准是占用内存的大小和运行时间的长短，这就导致了程序设计人员不得不把大量的精力耗费在程序设计技巧上。反映在程序结构上，对程序的流程没有严格的限制，程序员可以随心所欲地令流程转来转去，程序流程变得毫无规律，读者要花费很大的精力去追踪流程，使得程序很难修改和维护。

传统方法开发软件时间长、成本高、可靠性低、难以修改和维护等问题日益突出，这就出现了当时的“软件危机”。软件危机引起了人们的高度重视，不少计算机专家着手研究探讨产生软件危机的原因并探索解决软件危机的途径。于是，出现了对软件工程、软件管理、软件可靠性及程序设计方法（设计、编制、调试及维护程序的方法）等问题的研究。

2. 结构化程序设计

20 世纪 60 年代末，著名学者 E.W.Dijkstra 首先提出了“结构化程序设计（Structured Programming，SP）”的思想。这种方法要求程序设计者按照一定的结构形式来设计和编写程序，使程序易阅读、易理解、易修改和易维护。这个结构形式主要包括两方面的内容。

1）在程序设计中，采用自顶向下、逐步细化的原则。按照这个原则，整个程序设计过程应分成若干层次，逐步加以解决。每一步是在前一步的基础上，对前一步设计的细化。这样，一个较复杂的大问题，就被层层分解成为多个相对独立的、易于解决的小模块，有利于程序设计工作的分工和组织，也便于开展调试工作。

2）在程序设计中，编写程序的控制结构仅由 3 种基本的控制结构（顺序结构、选择结构和循环结构，它们的算法表示将在 4.2 节介绍）组成，避免使用可能造成程序结构混乱的 goto 转向语句。

按照结构化程序设计方法，使设计编写的程序的控制结构由上述 3 种结构组成，这样的程序就是结构化程序。C 语言是一种结构化程序设计语言。

结构化程序设计技术虽已使用了几十年，但软件质量的问题仍未得到很好的解决。这是因为面向过程的程序设计方法仍然存在与人的思维方式不协调的地方，所以很难自然、准确地反映真实世界，因而用此方法开发出来的软件的质量还是很难保证，甚至需要进行重新开发。另外，该方法在实现中只突出了实现功能的操作方法（模块），而被操作的数据（变量）处于实现功能的从属地位，即程序模块和数据结构是松散地结合在一起。因此，当应用程序比较复杂时，容易出错，难以维护。

为适应现代化软件开发的需要，一种全新的软件开发技术应运而生，这就是面向对象的程序设计（Object Oriented Programming，OOP）。

3. 面向对象的程序设计

面向对象的程序设计在 20 世纪 80 年代初就提出了，它起源于 Smalltalk 语言。用面向对象的方法解决问题，不再将问题分解为过程，而是将问题分解为对象。对象是现实世界中可以独立存在、可以被区分的实体，也可以是一些概念上的实体，现实世界是由众多对象组成的。对象有自己的数据（属性），也包括作用于数据的操作（方法），对象将自己的属性和方法封装成一个整体，供程序设计者使用。对象之间的相互作用通过消息传送来实现。这种“对象＋消息”的面向对象的程序设计模式将取代“数据＋算法”的面向过程的程序设计模式。

但要注意到，面向对象的程序设计并不是要抛弃结构化程序设计方法，而是要“站”在比结构化程序设计更高、更抽象的层次上去解决问题。当它被分解为低级代码模块时，仍需要结构化编程的方法和技巧，只是它分解一个大问题为小问题时采取的思路与结构化方法是不同的。结构化的分解突出过程，强调的是如何做（How to do?），代码的功能如何完成；面向对象的分解突出现实世界和抽象的对象，强调的是做什么（What to do?），它将大量的工作交由相应的对象来完成，程序员在应用程序中只需说明要求对象完成的任务。

目前，常用的面向对象的程序设计语言有 Borland C++、Visual C++、Visual FoxPro、Visual Basic、Java、Delphi、Visual Fortran 等。它们虽然风格各异，但都有共同的概念和编程模式。

1.2　C语言简介

1.2.1　C 语言的发展

C 语言是在 20 世纪 70 年代初问世的。1973 年，美国电话电报公司（AT&T）贝尔实验室 D.M.Ritchie 在 B 语言的基础上最终设计出了一种新的语言，他取了 BCPL（Basic Combined Programming Language）的第 2 个字母作为这种语言的名字，这就是 C 语言。1978 年，由 B.W.Kernighan 和 D.M.Ritchie 出版的名著《The C Programming Language》一书，通常简称为 K&R，也有人称之为 K&R 标准。但是，在 K&R 中并没有定义一个完整的标准 C 语言，10 年后（即 1983 年）由美国国家标准学会在此基础上制定了一个 C 语言标准，通常称为 ANSI C。

早期的 C 语言主要是用于 UNIX 系统。由于 C 语言的强大功能和各方面的优点逐渐为人们认识，到了 20 世纪 80 年代，C 开始进入其他操作系统，并很快在各类大、中、小和微型计算机上得到了广泛的使用，成为当代非常优秀的程序设计语言之一。

在 C 的基础上，1983 年又由贝尔实验室的 Bjarne Strou-strup 推出了 C++。C++进一步扩充和完善了 C 语言，成为一种面向对象的程序设计语言。目前，流行的 C++是 Borland C++、Symantec C++和 Microsoft Visual C++。C++提出了一些更为深入的概念，它所支持的这些面向对象的概念容易将问题空间直接地映射到程序空间，为程序员提供了一种与传统结构程序设计不同的思维方式和编程方法，因而也增加了整个语言的复杂性，掌握起来有一定难度。

C 是 C++的基础，C++语言和 C 语言在很多方面是兼容的。因此，掌握了 C 语言，再进一步学习 C++就能以一种熟悉的语法来学习面向对象的语言，从而达到事半功倍的目的。

1.2.2　C 语言的特点

C 语言发展如此迅速，而且成为颇受欢迎的语言之一，主要因为它具有强大的功能。许多著名的系统软件，如 FoxBASE、DBASE III 等都是用 C 语言编写的。用 C 语言加上一些汇编语言子程序，就更能显示 C 语言的优势，如 PC-DOS、Word 等就是用这种方法编写的。归纳起来，C 语言具有下列特点。

1. 简洁紧凑、灵活方便

标准 C 语言一共有 32 个关键字，9 种控制语句，程序书写自由，一个 C 语句可以写在一行上，也可分多行书写，主要用小写字母表示。

2. 运算符丰富

C 的运算符包含的范围很广泛，共有 34 个运算符。C 语言把括号、赋值、强制类型转换等都作为运算符处理，从而使 C 的运算类型极其丰富，表达式类型多样化，灵活使用各种运算符可以实现在其他高级语言中难以实现的运算。

3. 数据结构丰富

C 的数据类型有整型、实型、字符型、数组类型、指针类型、结构体类型、共用体类型等，能用来实现各种复杂的数据类型的运算；并引入了指针概念，使程序效率更高。另外，C 语言具有强大的图形功能，支持多种显示器和驱动器，且计算功能、逻辑判断功能强大。

4. C 是结构化程序设计语言

结构化程序设计语言的显著特点是代码及数据的分隔化，即程序的各个部分除了必要的信息交流外彼此独立。这种结构化方式可使程序层次清晰，便于使用、维护以及调试。C 语言是以函数形式提供给用户的。这些函数可以方便地调用，并具有多种循环、条件语句控制程序流向，从而使程序完全结构化。

5. C 语法限制不太严格、程序设计自由度大

一般的高级语言语法检查比较严，能够检查出几乎所有的语法错误。而 C 语言允许程序编写者有较大的自由度。

6. C 语言允许直接访问物理地址，可以直接对硬件进行操作

C 语言既具有高级语言的功能，又具有低级语言的许多功能，能够像汇编语言一样对位、字节和地址进行操作，而这三者是计算机最基本的工作单元，可以用来写系统软件。所以，有人把 C 语言称为中级语言。

7. C 语言程序生成代码质量高，程序执行效率高

一般只比汇编程序生成的目标代码效率低 10%～20%。

8. C 语言适用范围大

C 语言还有一个突出的优点就是适合于多种操作系统，如 DOS、UNIX，也适用于多种机型。C 语言既适合编写大型的系统软件，也适合编写应用软件。

C 语言的以上特点，读者现在也许还不能深刻理解，待学完 C 语言以后再回顾一下，就会有比较深的体会。

1.2.3 C 语言的字符集

字符是组成语言的最基本的元素。C 语言字符集由字母、数字、空格、标点和特殊

字符组成。在字符常量，字符串常量和注释中还可以使用汉字或其他可表示的图形符号。

1）字母：小写字母 a～z 共 26 个，大写字母 A～Z 共 26 个。

2）数字：0～9 共 10 个。

3）空白符：空格符、制表符、换行符等统称为空白符。空白符只在字符常量和字符串常量中起作用。在其他地方出现时，只起间隔作用，编译程序对它们忽略。因此在程序中使用空白符与否，对程序的编译不发生影响，但在程序中适当的地方使用空白符将增加程序的清晰性和可读性。

4）标点和特殊字符。

C 语言编程中可以使用的标点和特殊字符共有 30 个，如表 1-1 所示。

表 1-1　标点和特殊字符

符　号	说　　明	符　号	说　　明
%	百分号（整型数据求余运算符或输入格式开始符）	~	波浪符（位取反运算符）
&	和号（取地址或位与运算符）	=	等于号（关系运算符、赋值运算符）
!	感叹号（逻辑非）	(	左圆括号
#	磅号（预处理命令开始符）	)	右圆括号
+	加号	'	单引号（字符常量定界符）
—	减号	"	双引号（字符串常量定界符）
*	星号（乘法或取指针指向内容运算符）	,	逗号（运算符或分隔符）
/	斜杠（除法运算）	;	分号（语句结束符）
\	反斜杠（转义符开始符）	:	冒号（与？构成条件运算符）
^	上箭头（位异或运算符）	.	实心句号（小数点或成员运算符）
>	大于号	?	问号（与:构成条件运算符）
<	小于号	_	下划线
{	左花括号（与}构成复合语句）	[	左方括号
}	右花括号（与{构成复合语句）	]	右方括号
|	单竖线（位或运算符，两个组成逻辑或运算符）		空格符（分隔符）

1.2.4　C 语言的标识符

在C语言中的标识符主要是用来表示常量、变量名、函数、数据类型等的名字。C 语言的标识符为 3 类：保留字符、预定义标识符和用户自定义标识符。

1. 保留字符

C 语言的保留字符（也称关键字）共有 32 个，根据关键字的作用，可分为数据类型关键字、控制语句关键字、存储类型关键字和其他关键字 4 类。

1）数据类型关键字（12 个）：char、double、enum、float、int、long、short、signed、struct、union、unsigned、void。

2）控制语句关键字（12个）：break、case、continue、default、do、else、for、goto、if、return、switch、while。

3）存储类型关键字（4个）：auto、extern、register、static。

4）其他关键字（4个）：const、sizeof、typedef、volatile。

C语言的关键字都用小写字母。C语言中区分大写与小写，else是关键字，ELSE则不是。在C语言程序中，关键字不能用于其他目的，即不允许将关键字作为变量名或函数名。

2. 预定义标识符

C语言中除了上述保留字符外，还有一类具有特殊含义的标识符，它们被C系统用作库函数名、预编译命令，这类标识符称为系统预定义标识符。例如，系统库函数sin、printf、scanf等；预编译命令define、include、undef、ifdef、endif等。

一般来说，用户在编写C语言程序时，不要把这些标识再定义为其他用途的标识符（用户自定义标识符）。

3. 用户定自义标识符

用户自定义标识符是用户根据编程的需要在程序中定义的标识符，用于表示（标识）变量名、符号常量名、用户自定义函数名、类型名等。

C语言自定义标识符规定：标识符只能是字母（A～Z，a～z）、数字（0～9）、下划线（_）组成的字符串，并且其第1个字符必须是字母或下划线。

例如，以下标识符是合法的：

a， x， x3， BOOK1，sum5，mysin

以下标识符是非法的：

3s 以数字开头　　　　s*T 出现非法字符*

-3x 以减号开头　　　　bowy-1 出现非法字符 -（减号）

使用自定义标识符时还必须注意以下几点。

1）标准C不限制标识符的长度，但它受各种版本的C语言编译系统限制，同时也受到具体机器的限制。例如，Turbo C中规定标识符前32位有效，当两个标识符前32位相同时，则被认为是同一个标识符。

2）标识符中，大小写是有区别的。例如，BOOK和book是两个不同的标识符。

3）标识符虽然可由程序员随意定义，但标识符是用于标识某个量的符号。因此，命名应尽量有相应的意义，以便阅读理解，做到“见名知义”，例如，可用sum表示求和的量，name表示姓名等。

4）不能使用C语言的关键字：类型说明符、语句定义符和预处理命令。

5）标识符不能和用户已编制的函数或C语言库函数同名，否则程序中调用库函数就会出错。

1.3　C 语言的程序结构

1.3.1　几个简单的 C 语言程序实例

为了便于说明 C 语言的基本程序结构及特点，首先介绍几个简单的 C 语言程序。

例 1-1　在屏幕输出一行文字信息。

具体程序如下。

```
#include <stdio.h>                    // 文件包含
void main()                           // 主函数
{                                     // 函数体开始
    printf("Hello C!\n");             // 输出了一句话
}                                     // 函数体结束
```

这是一个最简单的 C 语言程序，其执行结果是在屏幕上显示一行信息“Hello C!”。程序运行结果如下。

```
Hello C!
Press any key to continue
```

以上运行结果是在 Visual C++ 6.0 环境下运行程序时屏幕上得到的显示。其中，第 1 行是程序运行后输出的结果（在屏幕上显示一行信息“Hello C!”。），第 2 行是 Visual C++ 6.0 系统在输出完运行结果后自动输出的一行信息。当用户按任意键后，屏幕上不再显示运行结果，而返回程序窗口，以便进行下一步工作（如修改程序）。为节省篇幅，本书在以后显示运行结果时，不再包括内容为“Press any key to continue”的行。

说明：main 是主函数的函数名，表示这是一个主函数，每一个 C 源程序都必须有、且只能有一个主函数（main( )函数），{}括起来的内容是函数体，是函数所要完成的操作，每个函数至少有一对{}。

本例中主函数内只有一个输出语句，printf 是 C 语言中的输出函数，是一个由系统定义的标准函数，可在程序中直接调用，双引号内的字符串原样输出。"\n"是换行符，即在输出“Hello C!”后回车换行。

#include 是 C 的预编译命令。#include <stdio.h>把头文件“stdio.h”的内容展开在该命令所在的位置，C 语言中的一些宏、库函数声明一般都放在相应的头文件中。头文件“stdio.h”中定义了 I/O（输入/输出）库所用到的某些宏和函数的定义信息等。

在 VC++中，程序开头要求使用该命令，否则编译时会出现警告信息。为节省篇幅，本书例题一般省略该命令，请读者调试程序时自行加上去，

例 1-2　输入两个数据，计算它们的和，并打印输出在屏幕上。

程序设计如下。

```
#include <stdio.h>
void main()
{  int a,b,s;                                // 定义变量
```

```
    printf(" Enter two number a,b=?\n"); //输出提示信息
    scanf("%d%d", &a,&b);          //调用标准函数，要求用户输入a和b的值
    s =a+b;                        //求a与b的和
    printf("s=%d\n",s);            //输出结果
}
```

本程序的作用是求两个整数 a 和 b 之和 s。第 2 行是声明部分，声明变量 a、b 和 s 为整型（int）变量；第 3 行是输出语句，输出一行信息（Enter two number a,b=?）；第 4 行是调用库函数 scanf( )从键盘读入数据；第 5 行是求 a＋b 的和，并赋给变量 s；第 6 行是调用 printf( )打印输出数据。

程序运行结果如下。

```
Enter two number a,b=?
36  62<回车>
s=98
```

程序中用“//……”来表示对程序的说明（称为注释），从//开始到行尾都为注释说明文字。在标准 C 系统使用“/*.......*/”作注释，在 TC++系统中或 VC 系统两者注释均可使用，但常常用“//……”作注释。注释文字可以是任意字符，如汉字、拼音、英文等。注释只是给人看的，对编译和运行不起作用。

例 1-3 将例 1-2 中的求两个数的和编写成独立的函数，在主函数中调用实现。

```
#include <stdio.h>
void main()                     //主函数
{  int fsum(int,int);           //用户自定义函数声明
   int a,b,t;                   //定义a,b,t为整型变量
   printf(" Enter two number a,b=?\n");
   scanf(" %d%d",&a,&b);        //输入变量a和b值
   t=fsum(a,b);                 //调用函数fsum，结果返回赋值给t
   printf(" %d+%d=%d\n",a,b,t); //打印输出
}
int fsum(int x,int y)        //定义函数fsum,int指定该函数返回一个整数
{  int z;
   z=x+y;
   return(z);                //返回变量z的值
}
```

本程序除 main 函数，还有 1 个功能简单的用户自定义函数 fsum( )，程序的执行过程如下。

1）程序从 main( )处开始。

2）为声明的整型变量 a、b、t 分配存储单元。

3）要求用户为变量 a、b 输入数据（如输入 38　78）。

4）执行函数 fsum( )；将变量 a、b 的值传递到函数 fsum( )中分别给 x、y，并将计算结果返回赋值给变量 t，此时，t 的值为 a＋b 的值。

5）在屏幕打印输出计算结果。

程序运行结果如下。

```
Enter two number a,b=?
38  78<回车>
38+78=116
```

1.3.2 C 语言程序的结构特点

通过上面 3 个简单的 C 语言程序，可以看出 C 语言程序的基本结构有以下几个特点。

1）C 语言程序为函数模块结构，所有的 C 语言程序都是由一个或多个函数构成，其中必须且只能有一个主函数 main( )。

2）C 语言程序从主函数开始执行，当执行到调用函数的语句时，程序将控制转移到所调用函数中执行，执行结束后，再返回主函数中继续运行，直至程序执行结束。

3）C 语言程序的函数是由编译系统提供的标准函数（如 printf、scanf 等）和由用户自己定义的函数（如 fsum 等）组成的。

4）源程序中可以有预处理命令（include 命令仅为其中的一种），预处理命令通常应放在源程序的最前面。

5）每一个说明，每一个语句都必须以分号结尾。但预处理命令，函数头和花括号“}”之后不能加分号。

1.3.3 C 语言函数的结构

函数是 C 语言程序的基本单位。任何函数（包括主函数 main( )）都是由函数头和函数体两部分组成，其一般结构如下。

```
函数类型 函数名（[形式参数说明]）
{
    数据说明部分;
    语句部分;
}
```

其中，函数头包括函数类型、函数名和圆括号中的形式参数及类型说明。如例 1-3 中的求两个整数的和的函数定义 int fsum(int x，int y)，如果函数调用无参数传递，圆括号中形式参数为空。有关函数的详细介绍请参见第 6 章。

函数体包括函数体内使用的数据说明和执行函数功能的语句，第一个花括号“{”表示函数体的开始，最后一个花括号“}”表示函数体的结束。函数体中可以有多对花括号{..}，它们构成复合语句。

1.3.4 C 语言程序的书写风格

从书写清晰，便于阅读、理解、维护的角度出发，在书写程序时应遵循以下规则。

1）一个说明或一个语句占一行。

2）函数与函数之间加空行，以清楚地分出程序中有几个函数。

3）用{}括起来的部分，通常表示了程序的某一层次结构。{}一般与该结构语句的第一个字母对齐，并单独占一行。

4）低一层次的语句或说明比高一层次的语句或说明缩进若干格后书写，同一个层次的语句左对齐，以便看起来更加清晰，增强程序的可读性。

5）对数据的输入，运行时最好要出现输入提示，对于数据输出，也要有一定的提示和格式。

6）对一些较难理解的、重要的语句及过程，加上适当的注释。

虽然C语言程序对书写的要求没有太多的限制，只要符合语法规则就行，但在这里我们强调书写必须规范，特别对于初学者。在编程时应力求遵循以上规则，以养成良好的编程风格。

1.4 运行一个C语言程序

1.4.1 C语言程序运行的一般步骤

在1.1.1节中介绍了高级语言编写的程序的执行过程。用C语言编写的程序叫做C源程序，从C源程序到在计算机上得到运行结果，其操作过程如图1-4所示。

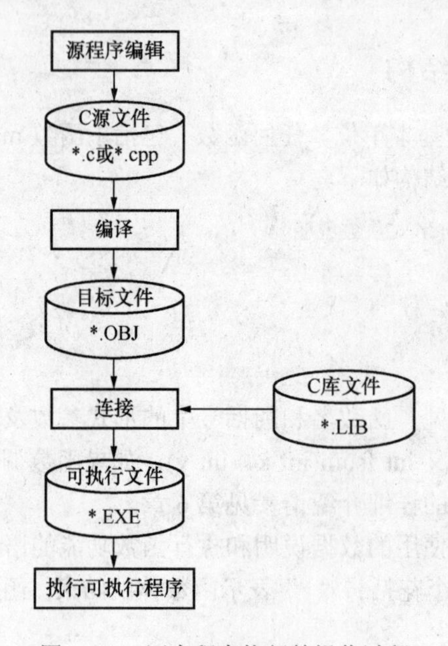

图1-4 C语言程序执行的操作过程

1. 源程序编辑

源程序编辑亦称程序设计，程序员用任一编辑软件（编辑器）将编写好的C语言程序输入计算机，并以文本文件的形式保存在计算机的磁盘上，编辑的结果是建立C源程序文件。C语言程序习惯上使用小写英文字母，符号常量和其他用途的符号可用大写字母。C 语言对大、小写字母是有区别的，关键字必须小写。

2. *程序编译*

编译是指将编辑好的源文件翻译成二进制目标代码的过程。编译过程是使用 C 语言提供的编译程序（编译器）完成的。不同操作系统下的各种编译器的使用命令不完全相同，使用时应注意计算机环境。编译时，编译器首先要对源程序中的每一个语句检查语法错误，当发现错误时，就在屏幕上显示错误的位置和错误类型的信息。此时，要再次调用编辑器进行查错修改，然后再进行编译，直至排除所有语法和语义错误。正确的源程序文件经过编译后，在磁盘上生成能被 CPU 直接识别二进制文件——目标文件。

3. *连接程序*

编译后产生的目标文件是不能直接运行，还必须通过连接生成可执行文件才能运行。连接就是把目标文件和其他分别进行编译生成的目标程序模块（如果有的话）及系统提供的标准库函数连接在一起，生成可以运行的可执行文件的过程。连接过程使用 C 语言提供的连接程序（连接器）完成，生成的可执行文件存在磁盘中。

4. *程序运行*

生成可执行文件后，就可以在操作系统控制下运行。若执行程序后达到预期目的，则 C 语言程序的开发工作到此完成。否则，要进一步检查修改源程序，重复“编辑→编译→连接→运行”的过程，直到取得预期结果为止。

由于操作系统不同，或系统中安装了不同版本的 C 语言处理系统，所使用的 C 语言支持环境也会有所不同。本书中，着重介绍标准 C（ANSI C），因此，编写的例子程序一般可运行于 Visual C++、Borland C++、Turbo C 等环境。

除 Visual C++外，不同 C 的集成开发环境其操作的差别并不大。本书所涉及的程序基本上在 Visual C++集成开发环境中调试通过。

1.4.2　在 Microsoft Visual C++环境下编辑、编译及运行 C 语言程序

Visual C++ 6.0 是 Microsoft 公司在 1998 年推出的一款运行在 Windows 上的集成开发环境。Visual C++ 6.0 可以对 C 语言程序进行各种操作，如建立、打开、编辑、保存、编译、连接、运行和调试等。

1. *启动 Visual C++*

启动 Visual C++方法：“开始”→“程序”→“Microsoft Visual Studio 6.0”→“Microsoft Visual C++ 6.0”。启动 Visual C++后，出现 Visual C++集成化环境的操作窗口，如图 1-5 所示（为创天汉化 VC 6.0 系统）。

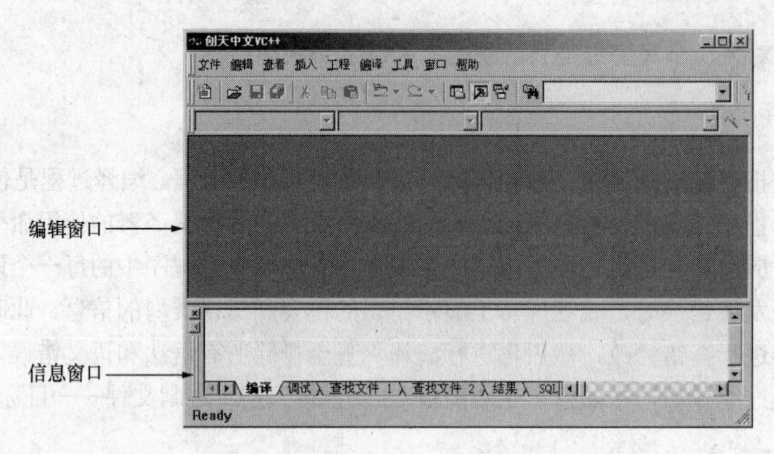

图 1-5　Visual C++ 6.0 主操作窗口

2. 新建/打开 C 语言程序文件

（1）新建 C 语言程序文件

1）选择“文件”→“新建”菜单。

2）单击“文件”选项卡，如图 1-6 所示，选好“C++ Source File”项，在右边“文件”下编辑框输入文件名，选取文件保存目录，单击“确定”按钮，即可在编辑窗口中输入程序。

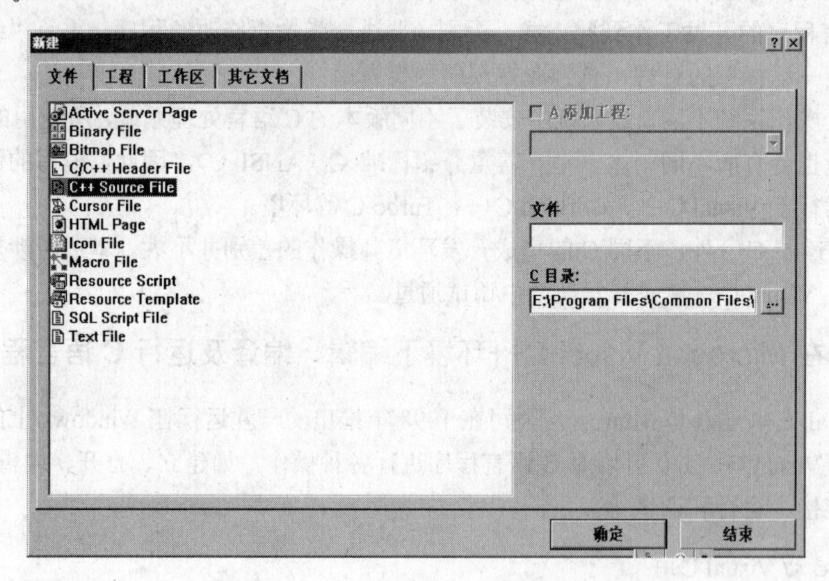

图 1-6　新建文件

（2）打开 C 语言程序文件

1）选择“文件”→“打开”菜单。

2）确定查找范围，打开指定的文件，如打开例 1-2（lt1-2.c）后，系统界面如图 1-7 所示。

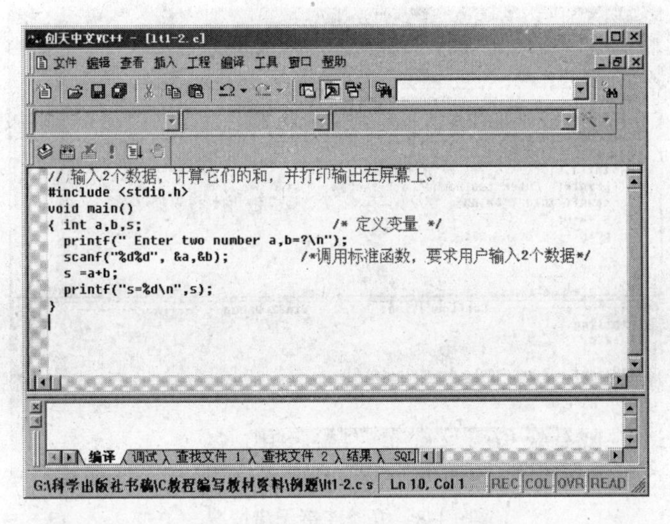

图 1-7　打开例 1-2（lt1-2.c）文件

3. C 语言程序文件存盘

1）当输入编辑好一个新程序，选择“文件”→“保存”菜单或使用快捷键（Ctrl＋S）。如果一个源程序被修改后，需要保存为另外的源文件或保存在另外的位置，可选择“文件”→“另存为”菜单，此时将弹出“文件另存为”对话框。

2）确定好程序文件的保存位置。

3）输入要保存的文件名，指定文件的扩展名为.c。

注意： 如果程序修改后，以原文件名保存，可直接使用工具栏保存按钮或选择“文件”→“保存”菜单。

4. 编译 C 语言程序文件及程序执行

程序执行前，首先要编译连接生成可执行文件，打开 C 源程序文件。

1）如果是一个单一源文件，选择“编译”→“编译”菜单。如果编译连接过程没有错误，出现如图 1-8 所示的界面，此时则在 debug 文件夹下生成一个同名扩展名为.exe 的可执行程序。如果编译出错，则在信息窗口给出出错信息，如图 1-9 所示。程序员根据提示修改源程序的错误，修改后保存，再重新进行编译，直到无错。

2）选择“编译”→“执行”菜单或使用快捷键 Ctrl＋F5 执行程序。例 1-2 的执行情况如图 1-10 所示。

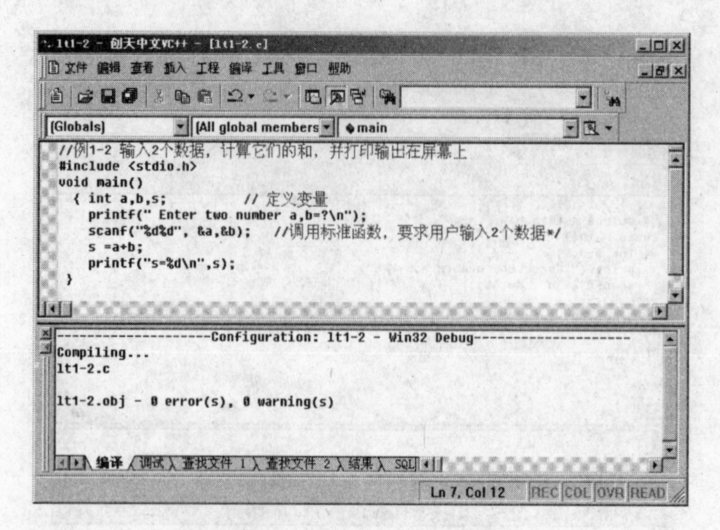

图 1-8　编译连接无错情况

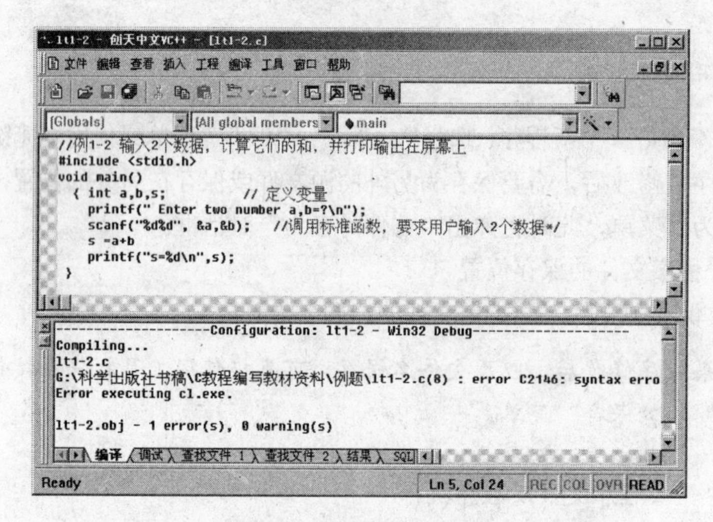

图 1-9　编译连接出错情况

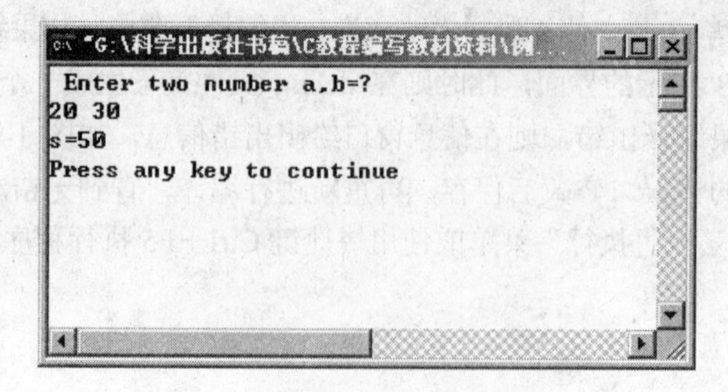

图 1-10　执行 lt1-2.exe 的运行情况

5. 关闭程序工作区

一个程序编译连接后，Visual C++系统自动生成相应的工作区，可以完成程序的执行。若要想编译执行第2个程序，则须先关闭前一个程序的工作区，才能对第2个程序编译连接执行，否则执行的将是前一个程序。

选择“文件”→“关闭工作区”菜单，即可完成关闭程序工作区的操作。

小　　结

通过本章的学习，读者应对计算机语言及程序设计的概念、C语言程序的组成特点、C语言程序的运行过程有一个初步了解。

程序设计是一门实践性很强的课程，学习C语言程序设计的一个重要环节就是要既动手又动脑地做实验。对C语言程序设计初学者而言，除了学习、熟记C语言的一些语法规则外，更重要的是多阅读别人编写的程序，多自己动手编写一些小程序，多上机调试运行程序。初学程序设计的一般规律是：先模仿，在模仿的基础上改进，在改进的基础上提高；做到善于思考，边学边练。做到这几点，学习好C语言程序设计就不难了。衷心地希望每一位学习C语言程序设计的人，都能从程序设计实验中获得收获，获得快乐。

习　　题

一、思考题

1．计算机高级语言编写的程序为什么不能直接被计算机执行？程序的编译执行与解释执行的区别是什么？

2．C语言程序的结构特点是什么？

3．C语言中的标识符有什么规定？程序可以使用预定义标识符作变量或自定义函数名吗？如果使用会造成语法错误吗？

4．如何运行一个C语言程序？

5．在C语言程序最前面常常看到有这样的命令：#include <stdio.h>，它的功能是什么？

二、判断题

1．机器语言、汇编语言、高级语言都是计算机语言，但只有机器语言编写的程序才是计算机可以直接执行的程序。　（　　）

2．用汇编程序处理C语言的源程序，可以生成机器语言程序。　（　　）

3．因main函数无返回值，定义函数main时可以缺省标识符“void”。　（　　）

4．一条C语句如果太长，可以从任何一处插入回车符，将其分别写在若干行上。　（　　）

5．C语言源程序文件经过编译、连接之后生成一个后缀为.EXE的文件。　（　　）

三、填空题

1．一个 C 语言程序由若干个函数组成，其中必须有一个________函数。

2．C 语言程序中的函数一般由两部分组成，它们是________和________。

3．C 语言函数的函数体是以________开始，以________结束。

4．C 语言程序从________函数开始执行，在________函数中结束。

5．C 语言程序的基本单位是________。C 语句至少包括一个________。

四、选择题

1．C 语言程序中，main 函数的位置（　　）。

A．必须放在其他函数之前　　B．必须在源程序的最后

C．可以在程序的任何位置　　D．包含文件中的第一个函数

2．说法正确的是（　　）。

A．C 语言程序总是从第一个定义的函数开始执行

B．在 C 语言程序中，要调用的函数必须在 main 函数中定义

C．C 语言程序总是从 main 函数开始执行，在 main 函数结束

D．C 语言程序中的 main 函数必须放在程序的开始部分

3．组成一个 C 语言程序的是（　　）。

A．子程序　　B．过程

C．函数　　D．主程序和子程序

4．C 语言中的标识符只能由字母、数字和下划线 3 种字符组成，且第 1 个字符（　　）。

A．必须为字母或下划线

B．必须为下划线

C．必须为字母

D．可以是字母、数字和下划线中的任一种字符

5．叙述正确的是（　　）。

A．C 语言程序中每一行只能写一个语句

B．C 语言中没有输出语句，数据的输入/输出使用函数来完成

C．C 语言程序中的注释只能写在一行，要注释多行就需每行加注释（/*　*/）

D．如果一个语句很长，可以写成多行，可在语句的任何位置使用空格＋回车作为续行符

五、编程题

1．仿照例 1-1 编写程序输出如下形式的信息：

```
=====================
   Hello!
   How do you do!
=====================
```

2．仿照例 1-2 编写一个 C 语言程序，输入两个整数，输出它们的和、积。

3．仿照例 1-2 编程，输入圆柱体的半径和高，计算并输出圆柱体的体积。

第2章　数据类型与常用库函数

学习要求

- 掌握基本数据类型的使用，理解不同类型数据在内存中的存放形式
- 掌握常量的分类及其表示形式
- 掌握变量的定义及初始化
- 理解指针的概念，掌握指针变量的定义、初始化及简单使用
- 掌握数据的输入/输出方法及常用输入/输出函数的使用
- 掌握常用内部函数的使用

2.1　C语言的数据类型

数据是程序处理的对象，也是程序的必要组成部分。程序中的数据必须依附其内存空间才能操作，不同类型的数据在内存中存储的格式、所占内存空间的大小是不同的，不同类型的数据参与不同的运算。

例2-1　下面是计算两个数据参与算术运算的程序，请分析其结果。

```
#include <stdio.h>
void main()
{ int a,b,c,x,y;                 // 定义a,b,c,x,y为整型变量
  a=300;  b=500;
  c=a+b;  x=a*b;  y=a/b;
  printf(" c=%d, x=%d, y=%d",c,x,y);
}
```

这是个简单的小学数学问题，程序运行结果如图2-1所示。

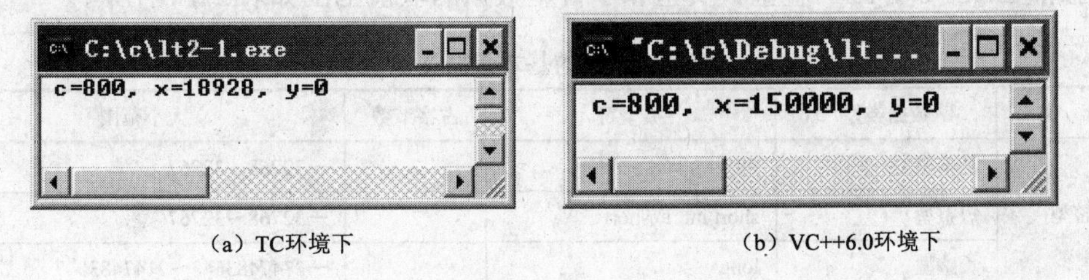

(a) TC环境下　　　　(b) VC++6.0环境下

图2-1　例2-1的运行结果

很显然，结果是出乎意料的，TC 环境下，除变量 c 的值是正确的外，x、y 的值都是错误的，如图 2-1（a）所示；VC 环境下，变量 c、x 的值是正确的，y 的值是错误的，如图 2-1（b）所示。这是为什么？通过后面的学习，我们就知道出错原因是程序中使用的数据类型不当造成的。

2.1.1 C 数据类型概述

C 语言提供了丰富的数据类型，这些数据类型可分为 4 大类，如图 2-2 所示。

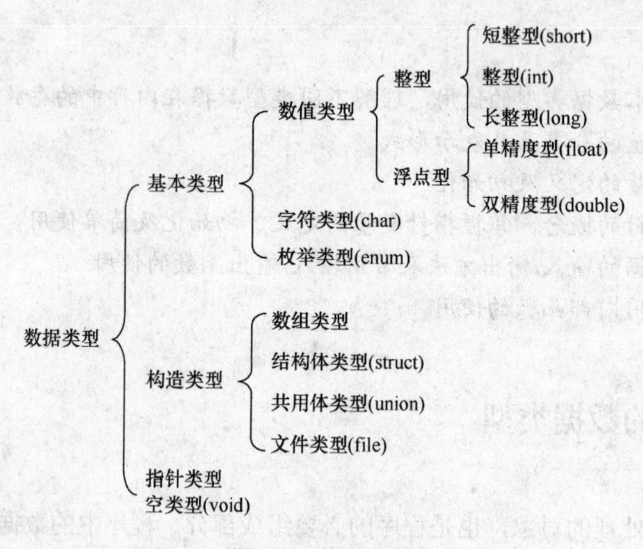

图 2-2 数据类型

本章主要介绍 C 语言的基本数据类型。

2.1.2 基本数据类型

基本数据类型是构成 C 语言的数据类型的最基本要素，其中整型（int）、实型（float 和 double）和字符型（char）是表述客观事物的数据和符号的基本需要。如果程序中处理的数据是一些整数，如统计人数、表示人的年龄一般要使用整型（int）数据；表示有小数的数据，如果精度要求不高，如职工工资、平均产量等就要使用单精度数据（float），如果精度要求高，则可使用双精度数据（double）。

按照 ANSI C 标准，整型、实型和字符型数据的取值范围如表 2-1 所示。

表 2-1 C 的基本数据类型

分 类	数据类型	类型符	占字节数	大小范围
整型	基本整型	int	2	−32768～32767
	短整型	short int 或short	2	−32768～32767
	长整型	long	4	−2147483648～2147483647
无符号整型	无符号基本整型	unsigned int或unsigned	2	0～65535

续表

分　类	数据类型	类型符	占字节数	大小范围
无符号整型	无符号短类型	unsigned short int或 unsigned short	2	0～65535
	无符号长整型	unsigned long int 或 unsigned long	4	0～4294967295
实型	单精度实数	float	4	-3.402823E38～3.402823E38
	双精度实数	double	8	-1.79769313486232E308 ～1.79769313486232E308
字符	字符型	char	1	0~255

注意： 在不同的编译系统，同一类型在内存中所占的字节数可能有不同的规定。在 Visual C++ 6.0 环境下，short int 类型占 2 字节，int、unsigned int 类型占 4 字节。读者应了解所用系统的规定，在将一个程序从一个系统移到另一个系统时，需要注意这个区别。

对于使用 C 的数据（变量或常量），应该搞清以下几点。

1）数据类型。

2）此类数据在内存中的存储形式、占用的字节数。

3）数据的取值范围。

4）数据能参与的运算。

5）数据的有效范围（全局变量、局部变量）、生存周期（动态变量、静态变量）等，这部分内容将在第 6 章中介绍。

例如，对于一个基本整型（int）变量 x，标准 C 系统中占用两个字节内存、以定点数据形式来存储，数据的取值范围是-32768～32767。若在程序中，某个计算值大于 32767，就不能用整型变量来存储，应考虑使用长整型或实型变量。如果数据是有小数点的实数，如表示物体的面积、体积等，就应使用实型（float 或 double）变量。

2.1.3　*各类数据在内存中的存放方式

了解各类数据在计算机内存中的存储形式，对于分析程序运行结果，在程序设计中合理使用数据类型是很重要的。本节的知识属于计算机基础知识，如果读者已掌握，可跳过本节内容。

1. 机器数与原码、补码和反码表示

（1）机器数

在计算机内部，一切信息（包括数值、字符、指令等）的存储、处理与传输均采用二进制的形式。为了方便在计算机中表示，又便于与实际值相区分，引入机器数和真值的概念。

1）机器数。数的符号也用二进制数“0”或“1”来表示的，且符号位总是在该数的最高数值位之前的数称为机器数。规定“0”表示正号，“1”表示负号。

2）真值。用“＋”、“－”表示符号的数叫做真值。

例如，标准C语言中的基本整型数据在计算机中通常用16位（即2个字节）来存储，图2-3所示是十进制数67和－67在计算机中的存储形式。

符号位0表示正数

0	0	0	0	0	0	0	0	0	1	0	0	0	0	1	1

符号位1表示负数

1	0	0	0	0	0	0	0	0	1	0	0	0	0	1	1

图2-3　数在计算机内符号的表示

（2）原码表示法

符号位为0表示正数，为1表示负数，数值部分用二进制数的绝对值表示的方法称为原码表示法。通常用$[X]_{原}$表示X的原码。

例如，使用2个字节来存储，十进制数＋67和－67的原码表示如图2-3所示，记为：

$[+67]_{原}=0000000001000011$

$[-67]_{原}=1000000001000011$

0的原码有两种表示：

$[+0]_{原}=0000000000000000$

$[-0]_{原}=1000000000000000$

因此，原码表示中，数值0不是唯一的。原码的表示简单，与真值转换方便，但进行减法运算时显得很不方便。

（3）反码表示法

反码表示法规定：正数的反码与原码相同，负数的反码是符号位为1（不变），数值部分等于其绝对值各位求反（0变1，1变0）。

例如，十进制数＋67和－67的反码表示为：

$[+67]_{反}=0000000001000011$

$[-67]_{反}=1111111110111100$

0在反码也有两种表示：

$[+0]_{反}=0000000000000000$

$[-0]_{反}=1111111111111111$

由此可见，0在反码表示（即数值0）中也不是唯一的。

（4）补码表示法

补码表示法规定：正数的补码与原码、反码相同，负数的补码是在该数的反码加1。

例如，十进制数＋67和－67的补码表示为：

$[+67]_{补}=0000000001000011$

$[-67]_{补}=1111111110111101$

0在补码表示中：

$[+0]_{补}=[-0]_{补}=0000000000000000$

因此，数值0的补码表示是唯一的。

说明：采用补码运算，计算机的控制线路简单，所以目前大多数计算机采用补码存储、补码运算，其运算结果仍为补码形式。

2. 定点数和浮点数

数在计算机中表示，主要分为定点数和浮点数两种类型。整数常常使用定点表示，实数常常使用浮点表示。所谓定点数，就是数的小数点的位置是固定的；而浮点数，则是数的小数点的位置是不固定的。

（1）整数的表示——定点数

在定点整数中，小数点定在数值右面的最低位，即把小数点固定在数值部分的最后面，如图 2-4 所示。

例如，整数 194 采用定点数存储形式，如图 2-5 所示。

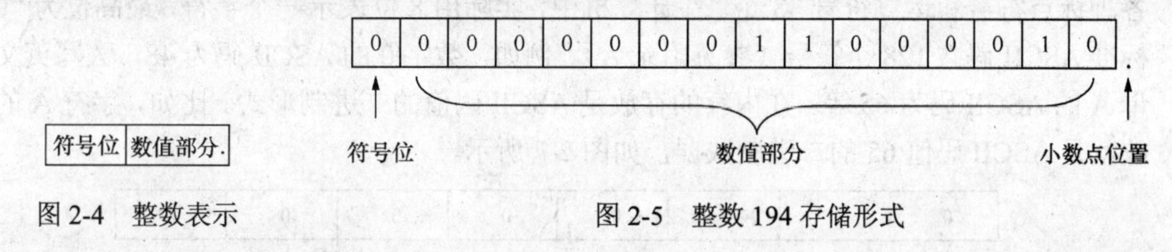

图 2-4　整数表示　　　图 2-5　整数 194 存储形式

如果使用 2 个字节来存储 1 个整数，整数的取值范围：$-2^{15} \leqslant M \leqslant 2^{15}-1$，即$-32768 \leqslant M \leqslant 32767$。

（2）实数的表示——浮点数

浮点数表示法对应于科学计数（指数）法，如数值 1101.101 可以表示成：

$$M=1101.101=0.1101101\times2^{+4}$$

将其指数也写成二进制表示，则 $M=0.1101101\times2^{+100}$。

由此可见，在计算机中一个浮点数由两部分构成：阶码和尾数。阶码是整数，尾数是纯小数，即可表示为：

$$M=2^{P}\times S$$

其中，P 是一个二进制整数，S 是二进制小数，这里称 P 为数 M 的阶码，S 为数 M 的尾数，S 表示了数 M 的全部有效数字，阶码 P 指明了小数点的位置。

因此，在计算机中，一个浮点数的表示分为阶码和尾数两个部分，其格式如图 2-6 所示。其中，阶码确定了小数点的位置，表示数的范围；尾数则表示数的精度，尾符也称数符，由它确定数据的正负符号。浮点数的表示范围比定点数大得多，精度也高。在不同字长的计算机中，浮点数所占的字长是不同的。

Ps	P	Ss	S
阶符	阶码	尾符	尾数

图 2-6　浮点数的存放形式

实型数据是采用浮点数的存放形式存储的。一般微型计算机中单精度（float 类型）使用 4 个字节来存储，通常阶码及阶符占 1 个字节，尾数及尾符占 3 个字节，阶符和尾符各占 1 个二进制位，float 类型的数值范围是$-2^{P}\sim2^{P}$，其中 P 为 7 个二进制位表的最大数（1111111），即 127，所以 float 类型的数值范围是$-2^{P}\sim2^{P}$，即$-2^{127}\sim2^{127}$，即$-10^{38}\sim10^{38}$。

3. 字符的存储形式——ASCII 码

计算机中，对非数值的文字和其他符号进行处理时，要对文字和符号进行数字化处理，即用二进制编码来表示文字和符号。字符编码（Character Code）用二进制编码来表示字母、数字以及专门符号。

目前，计算机中普遍采用的是 ASCII（American Standard Code for Information Interchange）码，即美国信息交换标准代码。ASCII 码有 7 位版本和 8 位版本两种，国际上通用的是 7 位版本，7 位版本的 ASCII 码有 128 个元素，只需用 7 个二进制位（2^7=128）表示，其中控制字符 33 个（0～31，127），阿拉伯数字 10 个，大小写英文字母 52 个，各种标点符号和运算符号 33 个。在计算机中，实际用 8 位表示一个字符，最高位为“0”。标准 ASCII 码共 128 个符号（参见附录 A）。例如，数字 0 的 ASCII 码为 48，大写英文字母 A 的 ASCII 码为 65 等。在内存的存放是 ASCII 码值的二进制形式。比如，字符 A 的存放就是 ASCII 码值 65 的二进制数据，如图 2-7 所示。

0	1	0	0	0	0	0	1

图 2-7 字符 A 在内存中的存放

例 2-2 通过下面程序的输出结果查看 ASCII 值和相应的字符。

```
#include <stdio.h>
void main()
{ int i;
  for(i=0;i<=127;i++)         // i 从 0 循环到 127,步长为 1, i++即 i=i+1
  printf("%d %c ",i,i);       // 按十进制格式输出 i，再按字符格式输出 i
}
```

2.2 常量

常量是指在程序运行过程中，其值保持不变的量。这些量在程序运行之前就是已知的。常量又分为数值常量和符号常量，数值常量是用常数本身的值表示的常量；符号常量是用符号来表示常量，在程序中凡是出现该常量的地方，都用这个符号代替。

2.2.1 数值常量

数值常量又分为整型常量和实型常量。

1. 整型常量

通常整型常量指的是十进制（Decimal）整数，在 C 语言中还可以使用八进制（Octal）和十六进制（Hexadecimal）形式的整型常数，可提高系统的效率。整型常数的表示形式如表 2-2 所示。

表 2-2　整型常数的表示形式

表示形式	特　点	举　例
十进制	没有前缀，其数码为0～9	如237、-56、65535、1627是合法的十进制整常数，而23D不是合法的十进制整常数
八进制	以前导0（零）开头，数码取值为0～7	如015、0101、0177777是合法的八进制整常数，它们分别代表十进制数13、65、65535，而256（无前缀0）、03A2（包含了非八进制数码）不是合法的八进制整常数
十六进制	以前导0（零）x（大小写均可）开头，其数码取值为0～9，A～F或a～f	如0X2A、0XA0、0XFFFF是合法的十六进制整常数，它们分别代表十进制数42、160、65535，而5A（无前缀0X）、0X3H（含有非十六进制数码）不是合法的十六进制整常数

例 2-3　通过以下例题来说明整型常量的 3 种表示方法及相互关系。

```
void main()
{
    int x=123,y=0123,z=0x123;
    printf("%d %d %d\n",x,y,z);    // 以十进制形式%d 输出
    printf("%o %o %o\n",x,y,z);    // 以八进制形式%o 输出
    printf("%x %x %x\n",x,y,z);    // 以十六进制形式%x 输出
}
```

程序运行结果如下。

```
123 83 291
173 123 443
7b 53 123
```

程序中的%d、%o、%x 分别是 printf( )函数的输出十进制、八进制、十六进制整型数的格式转换控制符（将在 2.5 节中详细介绍）。输出时，它们依次用后面变量的值进行替换。

2. 实型常量

C 语言的实数有 float（单精度）实数、double（双精度）实数，它们在计算机内存中是以浮点数形式存放的，故又称浮点实数。在C语言中，实数只采用十进制，实型常量有两种表示形式。

（1）十进制数形式

由数码 0～9 和小数点组成。例如，0.0，.25，5.789，0.13，5.0，300.，－267.8230 等均为合法的实数。

（2）指数形式

由十进制数 a，加阶码标志“e”或“E”以及阶码 n 组成。

一般形式：a E n 或 a e n。

说明：阶码 n 可以带符号，只能为十进制整数；“e”或“E”的两边必须有数。

以下是合法的实数：

2.1E5（等于 2.1×10^5）、3.7E−2（等于 3.7×10^{-2}）、0.5E7（等于 0.5×10^7）

以下不是合法的实数：

345（无小数点）、E7（阶码标志 E 之前无数字）、2.7E（无阶码）、
−5E3.6（阶码不可以为小数）

说明：

1）当幂为正数时，正号可以省略，即 1.25E+3 等价于 1.25E3。

2）同一个实数可以有多种表示形式，例如，1250.0 可以用 0.0125E+5、0.125E+4、1.25E+3、12.5E+2、125E+1 表示。一般将 1.25×10^3 即 1.25E+3 称为“规范化的指数形式”。

2.2.2 字符常量

字符常量是用单引号括起来的单个字符。例如，'a'、'b'、'='、'+'、'?' 等都是合法字符常量。字符常量的特点如下。

1）字符常量只能用单引号括起来，不能用双引号或其他括号。单引号中的字符不能是单引号“'”和反斜杠“\”，它们特有的表示法在下一节的转义字符中介绍。

2）字符常量只能是单个字符，不能是字符串，如'ab'就是错误的。

3）字符可以是字符集中任意字符。

在 C 语言中，字符是按其所对应的 ASCII 码值来存储的，一个字符占一个字节。例如，'0'字符 ASCII 码值是十进制数 48，'A'字符 ASCII 码值是 65。

注意： 字符'9'和数字 9 的区别：前者是字符常量，后者是整型常量，它们的含义和在计算机中的存储方式截然不同。字符常量可以像整数一样在程序中参与相关的运算。例如，

```
'a'-32;        // 执行结果 97-32=65
'A'+32;        // 执行结果 65+32=97
'9'-9;         // 执行结果 57-9=48
```

2.2.3 字符串常量

字符串常量是由一对双引号括起的字符序列。例如，"CHINA"、"C program:"、"$12.5"、"A"等都是合法的字符串常量。

字符串常量和字符常量是不同的量。它们之间主要有以下区别。

1）字符常量由单引号括起来；字符串常量由双引号括起来。

2）字符常量只能是单个字符；字符串常量则可以含一个或多个字符。

3）一个字符常量可以赋予一个字符变量；字符串常量则通过一个字符型数组或字符型指针变量存储。

4）字符常量占一个字节的内存空间；字符串常量占的内存字节数等于字符串中字符数加 1，因为 C 语言规定在每个字符串的结尾处，都要加一个字符串终止符'\0'（ASCII 码为 0），以便系统判断字符串是否结束。

例如，字符常量'a'在内存中占 1 个字节，而字符串常量"a"实际上在内存中占 2 个字节，其存储形式分别如下。

a

a	\0

例如，字符串"ABCDEF"有 6 个字符，作为字符串常量"ABCDEF"存储于内存中时，共占 7 个字节，系统自动在后面加上'\0'，其存储形式如下。

A	B	C	D	E	F	\0

2.2.4　转义字符

转义字符是一种特殊的字符常量，以反斜杠“\”开头，后跟一个或几个字符，具有特定的含义，不同于字符原有的意义，故称“转义”字符。如前面在 printf( )函数中用到的“\n”，其中的 n 不代表字母 n，与“\”合起来代表“回车换行”。转义字符主要用来表示用一般字符不便于表示的控制代码，常用的转义字符如表 2-3 所示。

表 2-3　转义字符

转义字符	意　义	ASCII码值（十进制）
\a	响铃（BEL）	007
\b	退格（BS）	008
\f	换页（FF）	012
\n	回车换行（LF）	010
\r	回车（CR）	013
\t	水平制表（HT）	009
\v	垂直制表（VT）	011
\\	反斜杠	092
\?	问号字符	063
\'	单引号字符	039
\"	双引号字符	034
\0	空字符（NULL）	000
\ddd	1～3位八进制数代表的字符，如\41代表！	33（！）
\xhh	1～2位十六进制数代表的字符，如\x41代表A	65（A）

2.2.5　符号常量

在程序中，某个常量多次被使用，则可以使用一个符号来代替该常量。例如，数学运算中的圆周率常数 π（3.1415926…），如果使用一个符号 PI 来表示，在程序中使用到该常量时，就不必每次输入“3.1415926…”，用 PI 来代替它，这样不仅在书写上方便，而且有效地改进了程序的可读性和可维护性。

C 语言中使用宏定义命令#define 定义符号常量。其格式如下。

```
#define 符号常量标识符 常数表达式
```

例 2-4 求一个半径为 r 的球的体积和表面积。

```
#define PI 3.1415926     // 定义 PI 为符号常量，值为 3.1415926
void main()
{ float v,s,r;
  scanf("%f",&r);
  v=4.0/3.0*PI*r*r*r;
  s=4*PI*r*r;
  printf("v=%f, s=%f\n",v,s);
}
```

本程序在主函数之前用宏定义命令定义 PI 为 3.1415926，在程序中即以该值代替 PI。"s=PI*r*r" 等效于 "s=3.1415926*r*r"。应该注意的是，符号常量不是变量，它所代表的值在整个作用域内不能再改变。关于宏定义将在第 7 章中详细介绍。

说明：

1）符号常量标识符：按 C 语言标识符的命名规则。为区别于一般变量，符号常量标识符名通常采用大写字母。

2）宏定义不是 C 语句，不必在行末加分号。如果加分号，会把分号当作符号串的一部分。

3）宏定义中的常数表达式可以是常量和在此前已声明过的符号常量，以及由这些常量与运算符组成的表达式。例如，

```
#define  PI   3.1415926
#define  PI2  2*PI              // 定义 PI2 符号常量，值为 2*3.1415926
```

2.3 变量

变量是指在程序执行过程中其值可以改变的量。它们在内存中要占用一定的存储空间来存放变量的值，变量一定有一个名字和数据类型。变量的类型是决定存储数据所用字节数和存储形式，变量名必须是合法的标识符。其长度因 C 编译系统而异，一般 C 系统通常允许变量名长达 32 个字符。

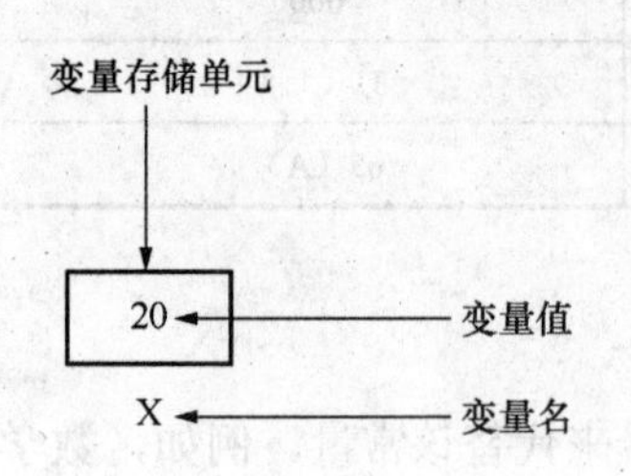

图 2-8 变量名与变量值的区别

变量的变量名和变量值是不同的概念，如图 2-8 所示。变量名是变量的名字，一旦被定义，便在内存中占有一定的存储空间，变量值是存放在该变量存储空间中的值，会随着为变量重新赋值而改变。

2.3.1　变量的定义

C 语言中的所有变量必须先定义后使用，如果在程序中使用没有定义的变量，编译中会出现错误信息。

定义变量的一般形式是：

```
类型标识符　变量名列表;
```

这里的“类型标识符”必须是有效的 C 数据类型（参见 2.1 节），变量列表可以由一个或多个由逗号分隔的变量名构成。例如，

```
char ch;                    //定义 ch 为字符型变量
int i,j;                    //定义 i,j 为基本整型变量
long k,n,m;                 //定义 k,n,m 为长整型变量
float x,y,z;                //定义 x,y,z 单精度实型变量
double sum,t;               //定义 sum,t 双精度实型变量
```

说明：

1）程序中如果定义了一个变量，执行该变量定义语句后，就会在内存中分配一块与该类型相适应的存储空间。

2）不同数据类型的变量在计算机内存中所占字节数不同、存放形式不同，并且参与的运算也不同。

3）C 语言程序中的变量定义常常放在函数体的最前面部分。

2.3.2　变量的赋初值

C 语言中，当定义一个变量后，系统只是按定义的数据类型分配其相应的存储空间，并不对其空间初始化，如果在赋初值之前直接使用该变量，则是一个不确定的值。例如，

```
void main()
{ int k;
   k++;
   printf("k=%d\n",k);
}
```

程序运行，输出 k 的值就是一个无意义的不定值，并在不同系统环境下运行的结果也可能完全不同。

C 语言程序中有多种方法对变量赋初值，以便使用变量。在定义时赋予初值的方法，称为变量初始化，一般形式为：

```
类型说明符 变量 1=值 1,变量 2=值 2,…;
```

例如，

```
int a=5, b=5, c=5;          //a,b,c 为整型变量，初始值都为 5
float x=3.2,y=0.75;         //x,y 为浮点型变量，初始值分别为 3.2,0.75
char ch1='K',ch2='P';       //ch1,ch2 为字符型变量，初始值分别为'K','P'
```

注意：在说明中不允许连续赋值，例如，上面变量 a，b，c 的初值初始化为 5，就不能写成：int a=b=c=5;（是不合法的）。

当然，也可在变量定义后，使用赋值语句初始化，例如，

```
int a,b,c;
a=5;b=5;c=5;          //也可使用赋值语句：a=b=c=5;
```

注意：定义时初始化和使用赋值语句初始化的区别。前者是在程序编译时进行的，占用编译时间；后者是在程序执行时进行的，占用执行时间。

2.4 指针变量

指针变量是专门用来存放变量所在内存地址的变量。利用指针变量可以表示各种数据结构，方便使用数组和字符串，也能像汇编语言一样处理内存地址，从而编出精练而高效的程序。

2.4.1 地址与指针的概念

程序中的变量在运行时要占用内存单元，用来存放变量的内容。内存单元按顺序编号，称为“内存地址”。通过内存单元的编号即可准确地找到该内存单元。正如学生宿舍楼被划分成许多大小相同的宿舍，里面住着不同的学生，为了能够快速找到相应的宿舍，每间宿舍都有一个编号。同样为了便于管理，内存空间也被划分成若干个大小相同（1个字节）的存储单元，里面存放着各种数据，每一个存储单元也有一个编号，这个编号被称为地址。在C语言中将内存单元的地址称为指针。

内存单元的地址和内存单元的内容是两个不同的概念，如同宿舍的编号和宿舍所住的学生是不同的。内存单元的地址即为指针，即变量的地址就是变量的指针。

2.4.2 变量的存储与访问

如果在程序中定义了一个变量，在编译时系统根据定义的变量类型，分配一定大小的存储空间。例如，标准C系统对整型变量分配两个字节，对实型变量分配4个字节，字符型变量分配1个字节。

例如，有定义“int x,y,z;”。假设编译该语句时系统分配2000和2001两个字节给变量x，2002和2003两个字节给y，2004和2005两个字节给z。在内存中已经没有x，y，z这些变量名了，事实上，变量与内存的地址对应起来，对变量值的存取都是通过地址进行的，如图2-9所示。

例如，执行语句“scanf("%d",&x);”就把从键盘输入的值送到地址为2000开始的两个存储单元中。

执行“printf("%d",x);”语句时，根据变量名与地址的对应关系，找到变量x的地址2000，然后由2000开始的两个字节中取出数据（即变量的值3），把它输出。

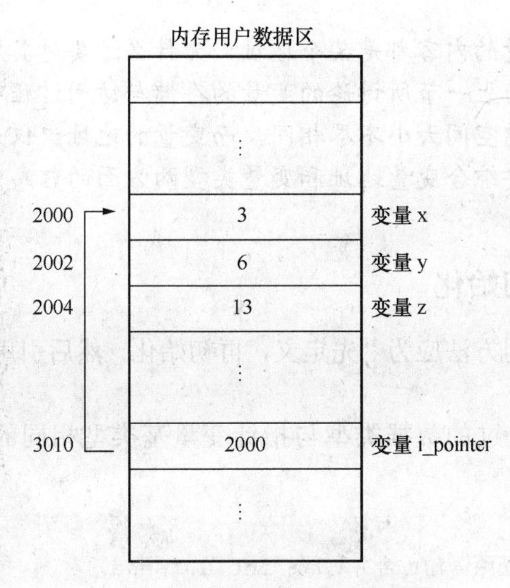

图 2-9　变量的存储与访问

因此，对内存数据的存取有两种方法：直接存取和间接存取。

（1）直接存取

所谓直接存取，是指在程序执行过程中需要存取变量值时，直接存取变量所占内存单元中的内容。

（2）间接存取

所谓间接存取，是指为了要存取一个变量值，首先从存放变量地址的指针变量中取得该变量的存储地址，然后再从该地址中存取该变量值。

2.4.3　指针变量的定义

指针变量定义的一般形式：

```
类型符　*标识符;
```

说明：

1）“*”直接修饰的“标识符”是指针变量。例如，

```
int *p,x;    //p是指针变量，x是整型变量
```

2）指针所指对象的类型称为指针的基准类型。例如，

```
int *p1;     //p1的基准类型为整型，即p1所指向对象的类型是整型
char *p2;    //p2的基准类型为字符型，即p2所指向对象的类型是字符型
```

3）指针变量只能指向类型与其基准类型相同的变量。例如，

```
int x, *p1= &x;
char  y, *p2=&y;
```

在以上两句中，p1 可以指向 x，但不能指向 y；p2 可以指向 y，但不能指向 x。

注意： 既然指针变量的内容都是某个地址，为什么还要对其规定不同的基类型？这个问题仍然与上一节所讨论的变量的存储与访问过程有关。不同类型的变量所占据的存储空间大小不尽相同，而变量的地址仅仅是其存储空间的起始地址，系统需要综合变量地址和变量类型两方面的信息才能正确访问变量的整个存储空间。

2.4.4 指针变量的初始化

指针变量的正确使用方法应为“先定义，再初始化，然后引用”。初始化指针变量的方法主要有以下 3 种。

1）将某个已经定义过的数据类型与指针变量基类型相同的变量地址赋值给指针变量。例如，

```
int a,*p;
p=&a;    //此处两语句可合并写成：int a,*p=&a;
```

2）将某个已经初始化过的基类型相同的指针变量赋值给指针变量。例如，

```
int a, *p1,*p2=&a;
p1=p2;   //将 p2 赋值给 p1，即让 p1 也指向 p2 所指向的变量
```

3）使用 malloc 函数或 calloc 函数，给它们分配一个自由的内存空间地址。关于它们的使用将在本书 8.4.3 节中介绍。

2.4.5 指针变量的访问

一个指针变量的值就是某个内存单元的地址或称为某内存单元的指针。本书约定：“指针”是指地址，是常量；“指针变量”是指取值为地址的变量；定义指针的目的是为了通过指针去访问内存单元。

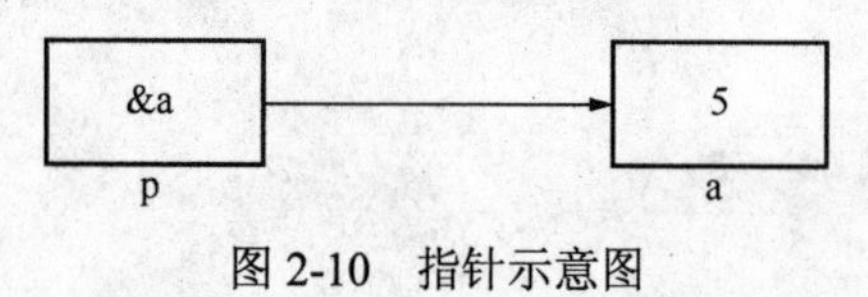

图 2-10 指针示意图

例如，“int a=5,*p=&a;”定义语句的意义是定义变量 a，并赋值 5，定义指针变量 p，并把 a 的地址赋值给 p，即让指针变量 p 指向变量 a，如图 2-10 所示。

通过指针变量访问它所指向变量的格式为：

```
*指针变量
```

指针运算符“*”是一个单目运算符，它需要一个指针变量作为运算量。例如，*p 表示指针变量 p 所指向的变量。通常把“*指针变量”称为取内容运算。

通过指针变量 p 访问变量 x，例如，给变量 x 赋值为 10，可使用“*p=10”等价于“x=10”，要打印输出该变量的值可使用语句“printf("%d",*p);”。

例 2-5 通过指针变量间接访问另一个变量。

```
#include <stdio.h>
void main()
{  int a,b,*p1,*p2;
   a=5;
```

```
    b=8;
    p1=&a;
    p2=&b;
    printf("a=%d,b=%d\n",*p1,*p2);
    *p1=*p1+*p2;                    // 相当于 a=a+b;
    printf("a+b=%d\n",*p1);         // 相当于 printf("a+b=%d\n",a);
}
```

程序运行结果如下。

```
a=5,b=8
a+b=13
```

注意：程序中多处出现*p1 和*p2，在定义语句中其含义为定义两个能够指向整型变量的指针变量 p1 和 p2，而在其他地方的含义则是其所指向的变量 a 和 b。

2.5　标准输入/输出函数用法

程序运行时，常常需要将数据通过键盘输入或从磁盘数据文件读入计算机中，以便程序进行处理。程序处理后的数据结果，需要输出到计算机屏幕或磁盘文件中，以便用户分析使用这些数据。因此，数据的输入/输出是程序设计时必须考虑的。程序设计中的数据输入/输出是相对计算机内存的，C 语言程序的数据输入/输出处理如图 2-11 所示。

在 C 语言中，没有专门的输入/输出语句，所有的输入/输出操作都是通过对标准 I/O 库函数的调用实现。最常用的输入/输出函数有 scanf( )、printf( )、getchar( )和 putchar( )等。

在使用 C 语言库函数时，要用预编译命令 #include，将有关“头文件”包括到源文件中。使用标准输入/输出库函数时要用到 stdio.h 文件，因此源文件开头应有以下预编译命令：#include <stdio.h>或#include "stdio.h"。

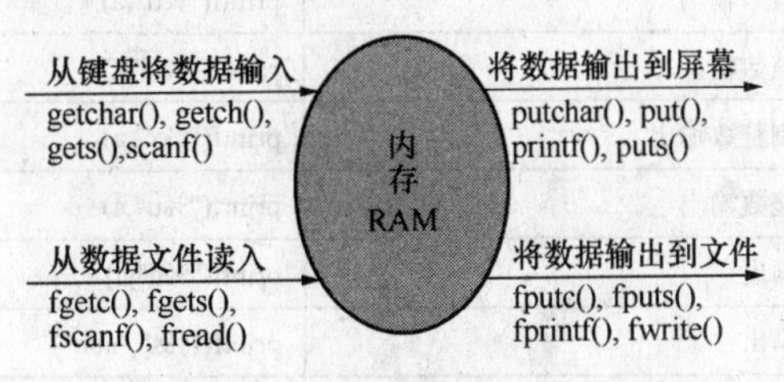

图 2-11　C 语言程序数据输入/输出

2.5.1　格式化输出函数 printf( )

printf 函数是一个标准库函数，它的函数原型在头文件“stdio.h”中。

一般形式为：

```
    printf("格式字符串",输出项列表);
```

功能：向计算机屏幕按“格式控制符”规定的格式输出指定的“输出项列表”中各值。例如，图 2-12 所示是输出变量 x 值的简单例子。

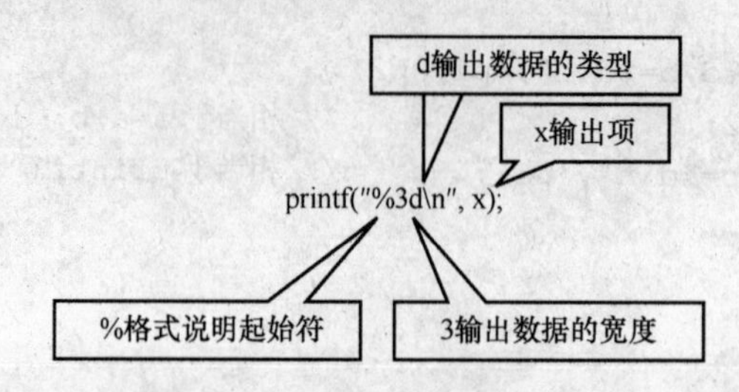

图 2-12　格式输出函数 printf( )

说明：“格式字符串”是用双引号括起来的字符串，也称“转换控制字符串”。它包括两种信息：格式说明，由“%”和格式字符组成，如%d、%f 等，作用是将输出的数据转换为指定的格式输出；普通字符，即需要原样输出的字符。

1. 格式说明

格式控制符的一般形式为：

```
%[标志][输出最小宽度][.精度][长度]格式字符
```

其中，方括号[ ]中的项为可选项。

（1）格式字符

格式字符规定了对应输出项的输出格式，常用格式字符如表 2-4 所示（设有变量定义：int a=65;float x=3.1415926;）。

表 2-4　输出格式字符

格式字符	意 义	举 例	输出结果
d, i	按十进制整数输出	printf("%d",a)	65
o	按八进制整数输出	printf("%o",a)	101
x 或X	按十六进制整数输出	printf("%x",a)	41
u	按无符号整数输出	printf("%u",a)	65
c	按字符型输出	printf("%c",a)	A
s	按字符串输出	printf("%s","abc")	abc
f	按浮点型小数输出	printf("%f",x)	3.141593
e或E	按科学计数法输出	printf("%e",x)	3.141593e+00
g或G	按e和f格式中较短的一种输出	printf("%g",x)	3.141593

（2）最小宽度与精度修饰符

用于确定数据输出的宽度、精度、小数位数，当没有修饰符时，以上各项按系统缺省数据实际宽度输出，当数据实际宽度大于给定的宽度，系统也按实际宽度输出。表 2-5 列出了数据宽度及精度修饰符。

表 2-5　字段宽度修饰符

修饰符	格　式	说 明 意 义
m	%md	以宽度m输出整型数，不足m时，左补空格
0m	%0md	以宽度m输出整型数，不足m时，左补零
m.n	%m.nf	以宽度m输出实型小数，小数位为n位
.n	%.nf	n为输出数据小数位数，整数部分按实际宽度输出

例 2-6　数据输出的最小宽度与精度修饰符示例。

```
void main()
{ int a=123;
  float x=12.345678;
  printf("%05d, %5.2f\n",a,x);
  printf("%2d, %2.1f\n",a,x);
}
```

程序运行结果如下。

```
00123, 12.35
123, 12.3
```

可以看出，当指定宽度小于数据的实际宽度时，对整数，按该数的实际宽度输出；对浮点数，相应小数位的数四舍五入。例如，12.34567 按%5.2f 输出，输出 12.35。若指定宽度小于等于浮点数整数部分的宽度，则该浮点数整数部分按实际位数输出，但小数位数仍遵守宽度修饰符给出的值。例如，上面的 12.34567 按%2.1f 输出，结果为：12.3。

（3）长度修饰符（l/h）

长度修饰符 l 和 h 与输出格式字符 d、u、f 等连用，用于输出长整型（long）、短整型（short）、无符号整型（unsigned）和双精度（double）类型数据，如表 2-6 所示。

表 2-6　长度修饰符

修饰符	格　式	说　明
h	%hd, %hu	输出short int型、unsigned int类型数据
l	%ld, %lu	输出long int型、unsigned long类型数据
	%lf, %le, %lg	输出double类型数据

（4）标志字符

标志字符有“－”、“＋”、“#”和空格 4 种，其作用如表 2-7 所示。

表 2-7　标志字符的作用

标志字符	说　明
－	结果左对齐，右边填空格
＋	输出符号（正号或负号），输出值为正时冠以正号，为负时冠以负号
#	对c、s、d、u类无影响；对o类，在输出时加前缀0，对x类，在输出时加前缀0x；对e、g、f类，当结果有小数时才给出小数点
空格	输出数据将加一个空格

例 2-7 格式修饰符示例。

```
void main()
{  int i=123;
   float a=12.34567;
   printf("%6d%10.4f\n",i,a);
   printf("%-6d%+10.4f\n",i,a);
   printf("%6d%-10.4f\n",i,a);
   printf("%#o,%o\n",i,i);
   printf("%#x,%x\n",i,i);
}
```

程序运行结果如下。

```
   123   12.3457
123      +12.3457
   12312.3457
0173,173
0x7b,7b
```

读者对照表 3-4 和程序，分析理解上面的输出结果。

例 2-8 浮点数精度控制示例。

```
void main()
{  float f=1111.11111;
   double d=22222.2222222222222;
   printf("\n%f,%f,%10.2f\n",f,d,f);
   printf("%-10.2f,%010.2lf,  %.15lf\n",f,d,d);
}
```

程序运行结果如下。

```
1111.111084,22222.222222,   1111.11
1111.11   ,0022222.22,   22222.222222222223000
```

说明：%f 按系统规定的格式输出，即整常数部分全部输出，小数部分取 6 位。在一般系统下，单精度实数的有效位数为 7 位（即不包括小数点在内的前 7 位准确无误，超出部分，虽也打印出来，但无意义）；双精度实数的有效位数为 15 位。%010.2lf 是指当输出实际长度小于指定宽度 10 时，以 0 填充。

2. 普通字符

在格式字符串中可以包含其他非格式字符的普通字符：可打印字符和转义字符。

可打印字符主要是一些说明字符，这些字符按原样显示在屏幕上，如果有汉字系统支持，也可以输出汉字。

转义字符通常是不可打印的字符，它们其实是一些控制字符，控制产生特殊的输出效果，常用的有'\t'、'\n'。其中，'\t'为水平制表符，作用是跳到下一个水平制表位，在各个机器中，水平制表位的宽度是不一样的，这里设为 8 个字符宽度，那么'\t'跳到下一个 8 的倍数的列上。'\n'为回车换行符，遇到'\n'，显示自动换到新的一行。

在 C 语言中，如果要输出%，则在控制字符中用两个%表示，即%%。

例 2-9　格式输出中普通字符示例。

```
#include <stdio.h>
void main()
{ int i=123;
  long n=456;
  float a=12.34567,y=20.5;
  printf("i=%4d\ta=%7.4f\n\tn=%lu\n",i,a,n);
  printf("y=%5.2f%%\n",y);
}
```

程序运行结果如下。

```
i=123  a=12.3457
       n=456
y=20.50%
```

请读者分析程序中格式字符与非格式字符在程序中的作用。

2.5.2　格式化输入函数 scanf( )

scanf 函数是一个标准库函数，它的函数原型在头文件“stdio.h”中。

一般形式是：

```
scanf("格式字符串",输入项的地址列表);
```

功能：按用户指定的格式从键盘上把数据输入到指定地址的内存单元之中。

格式字符串规定数据的输入格式，必须用双引号括起，其内容由格式说明和普通字符两部分组成。输入项地址列表则由一个或多个变量地址组成，各变量地址之间用逗号“,”分隔，地址一般由地址运算符“&”和变量名组成的：

```
&变量名
```

例如，

```
int a,b;
scanf("%d%d", &a,&b);                    // &a，&b 分别表示变量 a 和变量 b 的地址
```

控制字符串由两个部分组成：格式说明和普通字符。

1. 格式字符串

格式字符串规定了输入项中的变量以何种类型的数据格式被输入，其一般形式是：

```
%[<修饰符>]<格式字符>
```

格式字符及其意义如表 2-8 所示（设有变量定义：int a;float x;char ch,*ps;）。

表 2-8 输入格式字符

修饰符	意 义	举 例	输入形式
d,i	输入一个十进制整数	scanf("%d",&a)	15
O	输入一个八进制整数	scanf("%o",&a)	015
x或X	输入一个十六进制整数	scanf("%x",&a)	0x15
F	输入一个小数形式的浮点数	scanf("%f",&x)	3568.0
e,E,g,G	输入一个指数形式的浮点数	scanf("%e",&x)	3.568e+3
c	输入一个字符	scanf("%c",&ch)	A
s	输入一个字符串	scanf("%s",ps)	ABCD

修饰符是可选的，包括宽度 m、长度修饰符（h/l）及“*”字符，它们的意义如表 2-9 所示。

表 2-9 scanf( )的修饰符的作用

修饰符	格式举例	说 明
h	%hd, %hu	输入short int型、unsigned int类型数据
l	%ld, %lu,%o,%x	输入long int型、unsigned long类型数据
	%lf, %le, %lg	输入double类型数据
m	%md, %mu	指定输入数据所占宽度（字符数），m应为正整数
*	%*d	表示对应的输入数据在读入后不赋值给相应的变量

例 2-10 数据输入示例。

```
#include <stdio.h>
void main()
{ int i,j;
  long n,m;
  float a,b;
  double x,y;
  scanf("%d%*d%d",&i,&j);    // 输入 i,j,注意此处有*字符
  scanf("%ld%d",&n,&m);       // 注意,此处对应 m 的输入控制符没加长度修饰符 l
  scanf("%f%f",&a,&b);
  scanf("%lf%f",&x,&y);      // 注意,此处对应 y 的输入控制符没加长度修饰符 l
  printf("i=%d,j=%d\n",i,j);
  printf("n=%ld,m=%ld\n",n,m);
  printf("a=%f,b=%.10f\n",a,b);
  printf("x=%lf\ny=%.10lf\n",x,y);
}
```

程序运行结果如下。

```
3  5  6<回车>
123  456 <回车>
1.5  3.14159<回车>
10.88  5.77<回车>
```

```
    i=3, j=6
    n=123, m=456
    a=1.500000, b=3.1415901184
    x=10.880000
    y=-92559604515560371000000000000000000000000000000000000000.00
00000000
```

上面的运行结果中，前4行是用户输入的数据，后4行为程序的输出结果，通过分析可以看到：

1）第1行输入了“3　5　6”3个数据，其中%*d对应的5被跳过，所以变量j得到的值是6。

2）由于与长整型变量m和双精度变量y对应的格式控制符没有加长度修饰符l，输入的值存入对应的变量，所以输出的m和y的值有可能是错误的。

2. 普通字符

格式普通字符可以是空格、转义字符和可打印的非格式式字符。

（1）空格

在有多个输入项时，一般用空格或回车作为分隔符，若以空格作分隔符，则当输入项中包含字符类型时，可能产生非预期的结果，例如，

```
    scanf("%d%c",&a,&ch);
```

输入：32　q<回车>，期望a=32，ch='q'，但实际上，分隔符空格被读入并赋给ch。为避免这种情况，可使用如下语句。

```
    scanf("%d %c",&a,&ch);
```

此处%d后的空格，就可跳过字符q前的所有空格，保证非空格数据的正确录入。

（2）转义字符：\n、\t

输入格式符最好不使用转义，因为不同编译系统对转义字符处理不同，容易造成数据输入出错。

（3）可打印的非格式式字符

在格式字符串中若包含除格式说明以外的其他字符，则在输入数据时，这些字符必须与数据一并输入，否则变量就得不到期待的数据。

例如，

```
    scanf("%d, %d, %c", &a, &b, &ch);
```

数据输入应为：1,2,q<回车>。

如果输入为1 2 q，除a=1正确赋值外，对b与ch的赋值都不能正确赋值。也就是说，这些不打印字符应是输入数据分隔符，scanf在读入时自动去除与可打印字符相同的字符。

又如，

```
    scanf("a=%d,b=%d", &a,&b);
```

若给a输入1，b输入2，则数据输入应为：a=1,b=2。

3. 关于 scanf 函数的几点说明

1）scanf 函数中没有精度控制，但可以指定数据的宽度。例如，

```
scanf("%5.2f",&a); // 错误，不能用此语句输入小数为 2 位的实数
```

又如，

```
scanf("%2d%3f%4f",&a,&b,&c);
```

如果输入：

```
12345678987654321<回车>
```

由于%2d 只要求读入 2 个数字字符，因此把 12 读入送给变量 a，%3f 要求读入 3 个字符可以是数字、正负号或小数点，把 345 读入送给 b，又按%4f 读入 6789 送给 c。

2）在输入多个数值数据时，若格式控制串中没有非格式字符作输入数据之间的间隔，可用空格、TAB 或回车作间隔。C 执行时碰到空格、TAB、回车或非法数据（如对“%d”输入“12A”时，A 即为非法数据）时即认为该数据结束。

3）在输入字符数据时，若格式控制串中无非格式字符，则认为所有输入的字符均为有效字符。

例如，有下面的程序。

```
#include <stdio.h>
void main()
{ char a,b,c;
  scanf("%c%c%c",&a,&b,&c);
  printf("a=%d,b=%d,c=%d\n",a,b,c);   // 输出字符的 ASCII 码值
}
```

若输入为：d e f <回车>，则输出结果：a=100，b=32，c=101。可以看出实际输入情况是：把'd'赋予 a，空格赋予 b，'e'赋予 c。

若输入改为：def <回车>，则输出结果：a=100，b=101，c=102。可以看出实际输入情况是：把'd'赋予 a，'e'赋予 b，'f'赋予 c。

若输入改为：d <回车>
e <回车>
f <回车>

程序输出结果是：a=100，b=10，c=101。可以看出实际输入情况是：把'd'赋予 a，换行符（ASCII 码 10）赋予 b，'e'赋予 c。

2.5.3 字符数据非格式输入/输出函数

字符输入/输出函数的原型声明在头文件 stdio.h 中。

1. 字符输出函数——putchar( )

字符输出函数的格式：

```
putchar(ch);
```

该函数的功能是向显示器终端输出一个字符。其中，ch 可以是一个字符变量或常量，也可以是一个转义字符。

说明：

1）putchar( )函数只能用于单个字符的输出，且一次只能输出一个字符。

2）从功能角度来看，printf( )函数可以完全代替 putchar( )函数，其等价形式：printf("%c",ch)。

例 2-11 输出字符的程序。

```
#include <stdio.h>
void main()
{  char x,y,z,ch;
   x='B'; y='Y';z='E';ch=007;
   putchar(x); putchar(y);putchar(z);  // 输出 3 个字符
   putchar(007);                      // 响铃一声
   putchar(ch);                       // 响铃一声
}
```

程序运行结果如下。

```
BYE(响铃两声)
```

2. 字符输入函数——getchar( )

getchar( )函数的格式：

```
getchar();
```

getchar( )函数的作用：从系统的输入设备键盘输入一个字符。从功能角度来看，scanf( )函数可以完全代替 getchar( )函数。

例如，有定义“char c1;”，则“c1=getchar( );”可使用等价语句“scanf("%c",&c1);”。

说明：

1）getchar( )函数一次只能返回一个字符，即调用一次只能输入一个字符。

2）程序第一次执行 getchar( )函数时，系统暂停等待用户输入，直到按 Enter 键结束。如果用户输入了多个字符，则该函数只取第一个字符，多余的字符（包括换行符'\n'）存放在键盘缓冲区中，如果程序再一次执行 getchar( )函数，则程序就直接从键盘缓冲区读入，直到读完后，如果还有 getchar( )函数才会暂停，再次等待用户输入。

例 2-12 输入一个字符，回显该字符并输出其 ASCII 码值。

```
#include <stdio.h>
void main()
{  char ch1,ch2;
   ch1=getchar();
   ch2=getchar();
   putchar(ch1);
   putchar(ch2);
   printf("%c\n%c",ch1,ch2);
}
```

以上程序运行后，若 ch1、ch2 分别得到字符 A、B，应输入 AB<回车>，如果输入 A<回车>，则实际上 ch1 被赋值为字符 A，ch2 被赋值为字符换行符'\n'（ASCII 值为 10）。

注意：在程序设计中，要根据情况选择合适的输入/输出函数，使用字符输入/输出函数时，通常会考虑配对的使用。

2.6 常用库函数

C 语言是函数语言，程序的基本单位是函数，用户编写程序其实就是编写一定功能函数。C 语言提供了丰富的内部函数，又叫做库函数，也称标准函数。标准 C 语言编译系统提供了上百种库函数（见附录 C）。用户编写的程序（函数）可直接调用系统提供的库函数。

由于库函数的原型说明是放在文件名后缀为“.h”的“头文件”中声明的，因此要调用 C 语言内部函数，一般需要使用“#include”命令将相应的头文件包含到程序中。其格式是：

```
#include "头文件" 或 #include <头文件>
```

有关该命令的详细使用，请参见“第 7 章　编译预处理”，库函数的原型说明通常集中在下面几个头文件中。

<stdio.h>中声明了 C 语言中大部分关于输入/输出操作的函数。在标准 C 语言系统格式输入/输出 scanf 和 printf 函数，可以不需要头文件外，其他输入/输出操作的函数都需要。

<math.h>中声明的库函数用来处理相关的数学问题，这些数学函数大部分是作用于浮点数类型的数据，其所支持的功能包括三角函数数值运算、指数对数运算、绝对值以及一些基本的数值处理。

<stdlib.h>中声明了许多相当基本的函数，让 C 语言的使用者仅仅使用标准函数库就能实现强大的功能，其中涉及数据类型转换、内存操作、随机数处理、排序和程序流程控制等方方面面的内容。

<string.h>中声明了对字符串的各种处理函数。

<ctype.h>中声明了对字符的相关处理函数。

<graphics.h>中声明了与在图形界面作图有关的处理函数。

在附录 C 中列出了标准 C 系统常用的库函数，程序中只要给出函数名和它要求的参数，就可方便地调用它们，来求得相应函数值或完成相应的操作。

函数的使用方法如下。

```
函数名([参数列表])
```

说明：

1）使用库函数要注意参数的个数及其参数的数据类型。

2）要注意函数的定义域（自变量或参数的取值范围）。例如，sqrt(x) 要求：x>=0。

3）要注意函数的值域。例如，exp(23773)的值超出了实数在计算机中的表示范围，即数据溢出。

下面介绍一些最常用的函数，更多的库函数，请读者参阅附录 C。

1. 数学函数

使用数学函数要在程序文件头部使用：#include <math.h>。

（1）取绝对值函数 abs( )、fabs( )

abs(x)：返回整数 x 的绝对值。

fabs(x)：返回浮点数的绝对值。

注意：函数 abs( )是在头文件“stdlib.h”说明，所以在文件头部使用：#include "stdlib.h"。

（2）exp( )

exp(x)：返回 e 的指定次幂，即求 e^x。

（3）对数函数 log( )、log10( )

log(x)：返回 x 的自然对数，即求 lnx。

log10(x)：返回以 10 为底的对数，即求 $\log_{10}x$。

（4）平方根函数 sqrt( )

sqrt(x)：返回 x 的平方根，如 sqrt(25)的值为 5，sqrt(2)的值为 1.4142。

此函数要求 x>0，如果 x<0 则出错。

（5）幂次函数 pow( )

pow(x,y)：返回 x 的 y 次方的值，即求 x^y。

（6）三角函数 sin( )、cos( )、tan( )

sin(x)、cos(x)、tan(x)的自变量 x 必须是弧度。例如，数学式 sin30°，C 的表达式写作为：sin(30*3.14/180)。

2. 随机函数

使用随机函数要在程序文件头部使用：#include <stdlib.h>。

（1）随机函数 rand(void)

rand( )：函数返回 0～32767 的随机整数。该函数不要参数，其括号不能省略。若要产生 1～100 的随机整数，则可通过表达式“rand( )%100;”来实现。

例 2-13 下段程序每次运行，将产生 10 个[1，100]之间的随机整数。

```
#include <stdio.h>
#include <stdlib.h>
void main()
{ int i;
   for(i=1;i<=10;i++)
   printf("Random number #%d: %d  \n",i,rand()%100+1);
}
```

（2）初始化随机数发生器 srand

srand(unsigned seed)：初始化 C 系统的随机函数发生器，可使 rand( )产生不同序列的随机数。

3. 字符函数

使用字符函数要在程序文件头部使用：#include <ctype.h>。

（1）判断字符函数 isalpha( )、isalnum( )、isdigit( )

isalpha(ch)：判断 ch 是否是字母，是返回 1，不是返回 0。

isalnum(ch)：ch 是否是字母或数字，是返回 1，不是返回 0。

isdigit(ch)：ch 是否是数字字符（0～9），是返回 1，不是返回 0。

（2）字符大小写转换函数 tolower( )、toupper( )

tolower(ch)：若 ch 是大写字母则转换成小写字母，否则不变。

toupper(ch)：若 ch 是小写字母则转换成大写字母，否则不变。

C 语言的函数非常多，这里仅仅介绍最基本的函数，初学者不必为一时掌握不了它们的功能及使用方法而着急，在以后的章节中我们还会介绍更多的函数。使用得多了，自然而然就会掌握它们的用法。读者也可通过查阅相关资料来了解更多函数的使用。

小　结

本章学习的数据类型、常量、变量、标准输入/输出函数是 C 语言程序设计的基础，在程序设计中要正确使用数据类型和库函数。

C 语言中提供的数据类型有 4 大类：基本类型、构造类型、指针类型和空类型。

在编写程序时，常常需要用到不同的数据。数据有类型之分，不同类型的数据在计算机中的存放形式不同，使用的内存空间不同，参与的运算也不同。初学者很难理解这一点，写程序时常常将数据类型用错。例如，要计算 S=1＋1/2＋1/3＋1/4＋…＋1/100。如果 S 定义为整型数据，则不能得到正确的结果。

C 语言中的变量是某个内存空间的标识，它通常有 3 个基本要素：C 合法的变量名，变量的数据类型和变量的数值；在变量使用之前，必须先对它进行定义，否则将出错。C 编译系统根据声明变量的类型给变量分配内存空间。

C 语言输入/输出功能是通过调用系统函数完成的，程序中通常在最前面使用头包含“#include <stdio.h>”。

习　题

一、判断题

1．执行“int x=3,y=4; float z;z=x/y;”后，z 的值为 0.75。（　）

2．字符常量‘A’与字符串常量“A”所占用的存储单元大小不同。（　）

3．已知一个字符在内存中占 1 个字节，字符串“Program”在内存中占 7 个字节。（　）

4．用户自定义标识符可以和 C 语言库函数同名。（　）

5．不同类型的变量在内存中占用存储空间的大小都是一样的。（　）

6．printf 函数中的格式符“%c”只能用于输出字符类型数据。（　）

7．按格式符“%d”输出 float 类型变量时，截断小数位取整后输出。（　）

8．按格式符“%6.3f”输出“i (i=123.45)”时，输出结果为 23.450。（　）

9．scanf 函数中的格式符“%d”不能用于输入实型数据。（　）

10．格式符“%f”不能用于输入 double 类型数据。（　）

11．当格式符中指定宽度时，从缓冲区中读入的字符数完全取决于所指定的宽度。（　）

12．执行语句“printf("%s","Hello\0World!");”后的输出结果是“Hello World!”。（　）

二、填空题

1．printf（"格式字符串"，输出项列表）函数中的“格式控符串”包括两种信息：________、________。

2．scanf（"格式字符串"，地址列表）函数中的“地址列表”给出各变量的地址。地址是由________后跟变量名组成的。

3．________函数只能接受单个字符，输入多于 1 个字符时，只接收第 1 个字符。

4．若有定义“int d=27;”，函数“printf("%-5d,%-5o,%-5x\n", d, d, d)”的输出结果是________。

5．若有定义“float x1=13.24, x2=−78.32;”，函数“printf("x(%d)=%.2f　x(%d)=%.2f\n", 1, x1, 2, x2)”的输出结果是________。

6．若有定义“int a,b;char ch;”，执行输入语句“scanf("%d%c%d",&a,&ch,&b);”，要使用变量“a=5,b=6,ch='＋'”，则输入数据应为________。

三、选择题

1．“E2”是（　）。

A．值为 100 的实型常数　　B．值为 100 的整型常数

C．不合法的标识符　　D．合法的标识符

2．以下选项中不正确的实型常量是（　）。

A．0.23E5　　B．2.3e−1

C．1E3.2　　D．2.3e0

3．以下数据中，不正确的数值或字符常量是（　）。

A．011　　B．3.987E−2

C．018　　D．0xabcd

4．以下字符中，不正确的 C 语言转义字符是（　）。

A．'\t'　　B．'\011'

C．'\n'　　D．'\018'

5．下列语句定义 x 为指向 int 类型变量 a 的指针，其中（　）是正确的。

A．int a, *x=a;　　B．int a, *x=&a;

C．int *x=&a, a;　　D．int a, x=a;

四、程序阅读题

1．写出下面程序的运行结果。

```
#include "stdio.h"
void main()
{   float p=3.14159;
    printf("p=%.2f\n",p);
    printf("p=%.4f\n",p);
    printf("p=%10.2f\n",p);
    printf("p=%10.4f\n",p);
    printf("p=%-10.2f\n",p);
    printf("p=%-10.4f\n",p);
}
```

2．写出下面程序的运行结果。

```
#include <stdio.h>
main()
{
    int a=15;
    float b=123.1234567;
    char c='A';
    printf("a=%d,%5d\n",a,a);
    printf("b=%f,%5.4f\n",b,b);
    printf("c=%c,%d,%o,%x\n",c,c,c,c);
    printf("%s\n","COMPUTER");
}
```

3．运行下面的程序，分别输入下面3组数据，分别会得到什么样的结果？

```
#include "stdio.h"
void main()
{   char ch;
    ch=getchar();
    putchar(ch);
    printf("----ASCII:%d",ch);
}
```

第1组数据：a<回车>

第2组数据：ab<回车>

第3组数据：abc<回车>

第3章　运算符与表达式

学习要求

- 掌握各种运算符的使用，理解运算符的优先级、结合性和要求运算的对象数目
- 掌握各类表达式的书写及其表达式的正确使用
- 理解隐式数据类型转换和强制数据类型转换

3.1　运算符概述

C 语言程序中所有的运算都是在表达式中完成的。表达式是由运算符将各种类型的变量、常量、函数等运算对象按一定的语法规则连接成的式子，它描述了一个具体的求值运算过程。

3.1.1　C 语言运算符分类

C 语言中具有十分丰富的运算符，这也是 C 语言的主要特点之一。C 语言的运算符可分为 10 大类，如表 3-1 所示。

表 3-1　C 语言的运算符分类

运算符类型	运算符及含义	说　明
算术运算符	加(+)、减(−)、乘(*)、除(/)、求余(或称模运算，%)、自增(++)、自减(−−)	用于各类数值运算
关系运算符	大于(>)、小于(<)、等于(==)、大于等于(>=)、小于等于(<=)、不等于(!=)	用于比较运算
逻辑运算符	逻辑与(&&)、或(||)、非(!)	用于逻辑运算
位运算符	位与(&)、位或(|)、位非(~)、位异或(^)、左移(<<)、右移(>>)	参与运算的量，按二进制位进行运算
赋值运算符	简单赋值(=) 复合算术赋值(+=, - =,*=,/=,%=) 复合位运算赋值(&=,|=,^=,>>=,<<=)	用于赋值运算
条件运算符	条件求值(?　:)	三目运算符，用于条件求值
逗号运算符	,	用于把若干表达式组合成一个表达式
指针运算符	取内容(*)、取地址(&)	用于取内容和取地址
字节数运算符	sizeof( )	用于计算数据类型所占的字节数
特殊运算符	括号( )，下标[ ]，成员(->，.)	用于改变运算顺序、获得构造类中的成员

3.1.2 运算符的优先级和结合性

C 语言的运算符具有不同的优先级。所谓优先级，就是在一个表达式中有各种不同的运算，在计算表达式时，各运算执行的先后顺序。

C 语言的运算符不仅具有不同的优先级，而且还有不同的结合性。所谓结合性，是指在表达式中是自左向右（左结合性）进行运算，还是自右向左（右结合性）进行运算。在表达式中，各运算量参与运算的先后顺序不仅要遵守运算符优先级别的规定，还要受运算符结合性的制约。

C 语言中，运算符的运算优先级共分为 15 级，1 级最高，15 级最低。在表达式中，优先级较高的先于优先级较低的进行运算。而在一个运算量两侧的运算符优先级相同时，则按运算符的结合性所规定的结合方向处理。

例如，算术运算符的结合性是自左至右，即先左后右。如有表达式“x－y＋z”，“－”与“＋”的优先级相同，则 y 应先与“－”号结合，执行“x－y”运算，然后再执行“＋z”的运算。这种自左至右的结合方向就称为“左结合性”。而自右至左的结合方向称为“右结合性”，最典型的右结合性运算符是赋值运算符，如“x=y=z”，由于“=”的右结合性，应先执行“y=z”再执行“x=(y=z)”运算。

C 语言运算符的优先级和结合性参见附录 B。

3.2 算术运算符与算术表达式

3.2.1 算术运算符

算术运算符要求参与运算量通常是数值类型数据，在 C 语言中，字符数据（按其 ASCII 码）可参与算术运算。各算术运算符的运算规则及优先级如表 3-2 所示（设有定义：int i=5）。

表 3-2 算术运算符的运算规则及优先级

运算符	含　义	运算优先级	实　例	结　果
++	自增	2	i++	i的值为6
--	自减		i--	i的值为4
−	负号		−i	−5
*	乘	3	5*4	20
/	除		5/2	2
%	求余、求模		5 % 2	1
＋	加	4	20＋5	25
−	减		20－5	15

说明：

1）当“/”被用于整数或字符时，结果取整。例如，在整数除法中，5/2 结果为 2，

1/2 的结果为 0。当“/”两边只要有一边是实型数据时，其结果就为实型数据。例如，在除法中，5/2.0 结果为 2.5，1.0/2 的结果为 0.5。之所以是这样的结果是因为 C 语言有类型自动转换机制（在 3.8 节介绍）。

2）取负运算的实际效果等于用－1 乘单个操作数，即任何数值前放置负号将改变其符号。

3）求余（或求模运算符）“%”，取整数除法的余数，其结果等于两数相除后的余数。要求参与运算的数据必须是整型数据（“%”不能用于 float 和 double 类型），余数的符号始终与分子（被除数）的符号一致。例如，9%4=1；－9%4=－1；9%－4=1；－9%－4=－1。

例 3-1　下面是说明%用法的程序。

```
void main()
{ int x,y;
  x=10;y=3;
  printf("%d ",x/y);              // 显示3
  printf("%d ",x%y);              // 显示1,整数除法的余数
  x=1;y=2;
  printf("%d,%d",x/y,x%y);        // 显示0,1
}
```

程序运行结果如下。

```
3 1 0,1
```

4）自增（++）和自减（--）。“++”是操作数加 1，“--”是操作数减 1，其操作数必须是变量名，不能是常量或表达式。可有以下 4 种形式。

① ++i：i 自增 1 后再参与其他运算。

② --i：i 自减 1 后再参与其他运算。

③ i++：i 参与运算后，i 的值再自增 1。

④ i--：i 参与运算后，i 的值再自减 1。

例 3-2　分析下面程序执行后的输出结果。

```
void main()
{ int x,y;
  x=10;y=++x;
  printf("%d  %d",x,y);
}
```

程序运行结果如下。

```
11  11
```

如果将程序的第 2 行改为“x=10;y=x++;”，则程序运行的输出结果如下。

```
11  10
```

通过上例可以看到在这两种情况下，x 都被置为 11，但区别在于是先参与运算，还是先使变量自增（自减），特别是当它们出现在较复杂的表达式或语句中时，则应仔细分析。

例 3-3 分析下面程序执行后的输出结果。

```
void main()
{ int a=3,b=5,c,d;
  c=++a*b;
  d=a++*b;
  printf("%d,%d,%d,%d\n",a,b,c,d);
}
```

编程分析：程序中，变量 a、b 定义量被赋初值 3 和 5。第 3 条语句“c=++a*b”中有两个运算符前置++和*，按运算顺序，++先执行，*后执行，++a 执行后，a 的值为 4，再进行*运算，所以 c 的值为 20。执行第 4 条语句“d=a++*b”，由于 a++为后置运算，所以先使用 a 的值（a 值为 4）先参与*运算，使得 d 的值仍为 20，而 a 参与*运算后其值加 1，值为 5。

所以，程序运行结果如下。

```
5,5,20,20
```

读者根据自增自减运行的特点，分析下面程序运行后的输出结果。

```
void main()
{ int i=8;
  printf("%d\n",++i);
  printf("%d\n",--i);
  printf("%d\n",i++);
  printf("%d\n",i--);
  printf("%d\n",-i++);
  printf("%d\n",-i--);
}
```

需要说明的是：C 编译程序时自增和自减操作（如：i++和 i--）生成的程序代码比等价的赋值语句（如：i=i+1 和 i=i-1）生成的代码更优化，所以采用自增或自减运算符是一种很好的选择。

3.2.2 算术表达式

数值计算是所有高级语言的非常典型的应用之一。为了能让 C 语言程序进行数值计算，还必须将代数式写成 C 语言合法的表达式。

由算术运算符、括弧、内部函数及数据组成的式子称为算术表达式。

例如，下面数学表达式对应的 C 语言表达式。

$\frac{b-\sqrt{b^2-4ac}}{2a}$ `(b-sqrt(b*b-4*a*c))/(2*a)`

$\frac{a+b}{a-b}$ `(a+b)/(a-b)`

$(2\pi r+e^{-5})\ln x$ `(2*3.14159*r+exp(-5))*log(x)`

x^2-e^5 `x*x-exp(5.0)`

由此，我们归纳 C 语言表达式的书写原则如下。

1）表达式中的所有运算符和操作数必须并排书写。不能出现上下标（如 x^2、x_2 等）和数学中的分数线（如 $\frac{x}{y}$、$\frac{1}{3}$ 等）。

2）数学表达式中省略乘号的地方，在 C 语言表达式中不能省（如 2ab、xy 等）。

3）要注意各种运算符的优先级别，为保持运算顺序，在写 C 语言表达式时需要适当添加括号。

4）若要用到库函数，必须按库函数要求书写，如上面表达式中的 sqrt、exp、log、pow 就是库函数。库函数的书写格式是：

```
库函数名（参数表）
```

5）表达式中不能出现 C 语言字符集以外的字符，如β、α、δ、π等希腊字母及≤、≥、÷、≠等数学运算符号。

6）没有乘方运算符，要计算 a^3 要写作 a*a*a 的连乘，或用标准库函数 pow(a, 3) 。

3.3 赋值运算符和赋值表达式

3.3.1 简单赋值运算符和表达式

简单赋值运算符记为“=”，由“=”连接的式子称为赋值表达式。

赋值表达式的一般形式为：

```
变量=表达式
```

例如，以下均为赋值表达式：

```
x=3                //x 的值为 3
y=z=-1             //等价于 y=(z=-1)，y 和 z 的值都为-1
a=(b=10)/(a=2)     //b 的值为 10，a 的值为 5
y=(7+6)%5/3        //y 的值为 1
```

如果在赋值表达式的最后加一个“;”，就是赋值语句。例如，

```
x=a+b;
w=0.5*a*t*t;       // 如果写成 1/2*a*t*t,则结果为 0
y=i++;
```

赋值表达式的执行过程是：先计算右边表达式的值，再赋予左边的变量，整个表达式的值就是变量的值，也是赋值表达式的值。

赋值运算符的优先级是：只高于逗号运算，比其他运算符优先级都低。

赋值运算符具有右结合性，因此“a=b=c=5”可理解为“a=(b=(c=5))”。

注意： 在 C 语言中，把“=”定义为运算符，从而组成赋值表达式。凡是表达式可以出现的地方均可出现赋值表达式。

例如，表达式“x=(a=5)＋(b=8)”是合法的。它的意义是把 5 赋予 a，8 赋予 b，再把两个赋值表达式的结果相加，结果的和赋予 x，故 x 应等于 13。

最后对赋值表达式或赋值语句作以下 3 点说明。

1）在 C 语言中，“=”为赋值运算符，而不是等号。

2）赋值运算符“=”左边必须是变量名，不能是表达式。例如，“x＋1 = y * a＋3;”和“5 = x;”都是非法的。

3）赋值运算符“=”两端的类型不一致时，系统将自动进行类型转换。具体规定如下。

① 实型赋予整型，舍去小数部分。

② 整型赋予实型，数值不变，但将以浮点形式存放，即增加小数部分（小数部分的值为 0）。

③ 字符型赋予整型，由于字符型为一个字节，而整型为 2 个字节，故将字符的 ASCII 码值放到整型量的低 8 位中，高 8 位为 0。

④ 整型赋予字符型，只把低 8 位赋予字符量。

例 3-4 用程序验证不同类型变量赋值的类型转换。

```
void main()
{ int a,b,c=322;
  float x,y=3.14;
  char ch1='a',ch2;
  a=y;  x=c; b=ch1; ch2=c;
  printf("a=%d,x=%f,b=%d,ch=%c ",a,x,b,ch2);
}
```

程序运行结果如下。

```
a=3,x=322.000000,b=97,ch=B
```

本例表明了上述赋值运算中类型转换的规则。a 为整型，将实型量 y 值 3.14 赋予 a 后只取整数 3。x 为实型，将整型量 b 值 322 赋予 x 后增加了小数部分。将字符型量 ch1 赋予整型变量 b 后，则将字符的 ASCII 码值放到 b 的低 8 位中（ch1 的字符 a 对应的 ASCII 码为 97，置于 b 的低 8 位为 01100001，高 8 位用 0 补齐，故 b 的值为 97）。将整型量 c 赋予 ch2 后，则取其低 8 位（c 在内存的存放形式“0000000101000010”，其低 8 位为 01000010，即十进制 66，按 ASCII 码对应于字符 B，故 ch2 的值为'B'）。

3.3.2 复合赋值符及表达式

在赋值符“=”之前加上其他双目运算符可构成复合赋值符。复合赋值符有下列 10 种：+=、−=、*=、／=、%=、<<=、>>=、&=、^=、|=。

复合赋值符优先级、结合性与赋值符相同。

构成复合赋值表达式的一般形式为：

```
变量  双目运算符=表达式
```

它等价于：

```
变量=变量 双目运算符 表达式
```

例如，

```
a+=5      等价于 a=a+5
x*=y+7    等价于 x=x*(y+7)         而不等价于：x=x*y+7
r%=p      等价于 r=r%p
```

复合赋值符的写法对初学者来说可能不习惯，但十分有利于编译处理，能提高编译效率并产生质量较高的目标代码。

3.4 关系运算与逻辑运算

3.4.1 关系运算符与关系表达式

关系运算符都是双目运算，是用来比较两个运算量之间的关系，由关系运算符与运算量组成的有意义的式子称为关系表达式，它用来比较两个运算对象之间的关系。C 语言中没有逻辑数据类型，表示关系运算符的表达式的结果时，以 1 表示 True（真）成立，0 表示 False（假）不成立。

C 语言中的关系运算符的运算规则如表 3-3 所示。

表 3-3 C 语言关系运算符

运算符	含 义	优先级	实 例	结 果
<	小于	为6级，比算术“+、-”运算低	15+10<20	0
<=	小于或等于		10<=20	1
>	大于		10>20	0
>=	大于或等于		32>=15+23	0
==	等于	为7级，高于位与运算(&)符	'T'=='t'	0
!=	不等于		'T'!='t'	1

由关系运算符与其他操作数构成的表达式称为关系表达式。

关系表达式的一般形式为：

```
表达式 关系运算符 表达式
```

例如，a+b>c-d、x>3/2、'a'+1<c、-i-5*j==k+1 等都是合法的关系表达式。由于表达式也可以是关系表达式，因此也允许出现嵌套的情况，如 a>(b>c),a!=(c==d)。

关系表达式的值是“真”和“假”，用“1”和“0”表示。例如，5>0 的值为“真”，即为 1。(a=3)>(b=5)由于 3>5 不成立，故其值为假，即为 0。

注意： C 语言中的关系表达式与数学中的不等式是不一样的。在 C 语言中，-5<x<5 是一个合法的关系表达式，等价于（-5<x）<5，其值恒为 1。因为-5<x 的值为真或假，即 1 或 0，小于 5 永远成立，故不管 x 的取值范围，该条件恒成立。

3.4.2 逻辑运算符与逻辑表达式

1. 逻辑运算符

逻辑运算符有 3 种：!（逻辑非，单目运算符）、&&（逻辑与）、||（逻辑或）。逻辑运算的值也以 1 表示 True（真）成立，0 表示 False（假）不成立，其运算规则如表 3-4 所示。

表 3-4 逻辑运算符的运算规则

运算符	功 能	优先级	举 例	结 果
!	逻辑取反，操作数为0时，结果为1；操作数为非0，结果为0	2级，高于算术（*，/）	!(5>3) ! (5<3)	0 1
&&	逻辑与，两操作数都为非0时，结果为1；否则为0	11级，低于关系运算（!=,==）	(2>0) && (5>=3) (5>3) && (5<3)	1 0
||	逻辑或，当两操作数都为0，结果为0；其他情况则为1	12级，高于条件运算符（？：）	5 || 0 (5<3) || (5<=3)	1 0

2. 逻辑表达式

逻辑表达式的一般形式为：

表达式 逻辑运算符 表达式

其中的表达式可以又是逻辑表达式，从而组成了嵌套的情形，如(a&&b)&&c，根据逻辑运算符的左结合性，也可写为：a&&b&&c。逻辑表达式的值是式中各种逻辑运算的最后值，以“1”和“0”分别代表“真”和“假”。

例如，数学上表示某个数在某个区域时用表达式：10≤x<20；在 C 语言程序中应写成：x>=10 && x<20。

下面两种都是不能正确表示 10≤x<20 的表达式：10<=x<20 或 10<=x || x<20。

又如，若想在程序中判断输入给字符变量 ch 的字符是不是数字字符，则要用到逻辑表达式：ch>='0' && ch<='9'。

注意： 关系表达式与逻辑表达式常常用在条件语句与循环语句中，作为条件控制程序的流程走向。

3. 逻辑运算的说明

C 编译器在求解逻辑表达式的值时，采用“非完全求解”的方法，即：当求得表达式为真后，就结束求解；只有在需要执行下一个逻辑运算时，才继续运算。

（1）表达式 a && b && c 的求解过程

只有 a 为真时，才判别 b 的值；只有 a 和 b 均为真时，才判别 c 的值。只要 a 为假，就不再判别 b 和 c 的值，直接求得表达式的值为假。求解过程如图 3-1 所示。

（2）表达式 a || b || c 的求解过程

只要 a 为真，就不再判别 b 和 c 的值，直接求得表达式的值为真。只有 a 为假时，才判别 b 的值；只有 a 和 b 均为假时，才判别 c 的值。求解过程如图 3-2 所示。

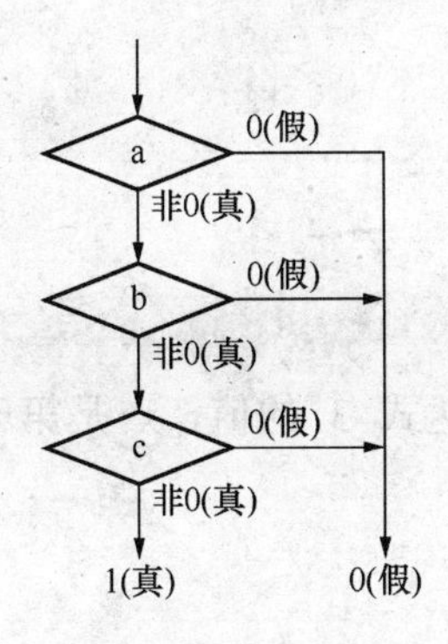

图 3-1 表达式 a && b && c 的求解过程

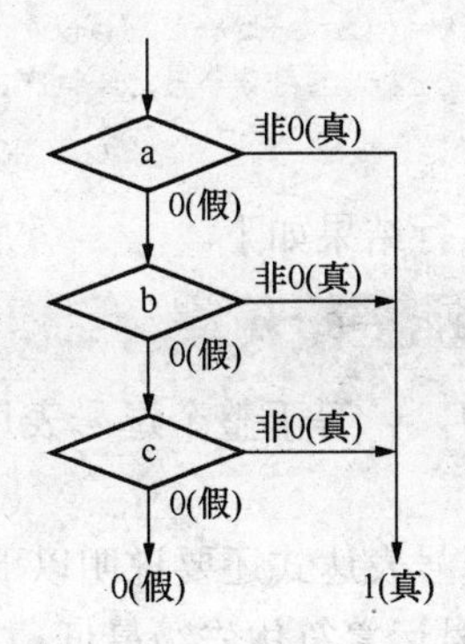

图 3-2 表达式 a || b || c 的求解过程

例 3-5 分析下面程序的运行结果。

```
void main()
{ int x=5,y=9,k=1,a;
  a=x++||y++&&k++;
  printf("a=%d, x=%d, y=%d, k=%d\n",a,x,y,k);
}
```

程序运行结果如下。

```
a=1, x=6, y=9, k=1
```

编程分析：语句“a=x++||y++&&k++;”的执行过程是先求“=”右边的值，即计算表达式“x++||y++&&k++”的值，系统从左到右进行扫描，x=5，x++是先取 x 的值（即 5，运算后 x 的值增加 1）进行“||”运行，因为不管其右边的值是什么，其结果都是成立的，即整个表达式的值为 1，C 系统就不再计算“||”右边表达式“y++&&k++”，所以 y 的值，k 的值不变。

思考与讨论：如果 x 的初值为 0，程序的运行结果如何？

3.5 逗号运算符与逗号表达式

在 C 语言中，逗号“,”不仅是一个分隔符，也是一种运算符，称为逗号运算符。其功能是把两个表达式连接起来组成一个表达式，称为逗号表达式。

其一般形式为：

```
表达式 1，表达式 2，表达式 3，…，表达式 n
```

其求值过程是：由左到右依次求表达式 1，表达式 2，表达式 3，…，表达式 n 的值，并以最后表达式 n 的值作为整个逗号表达式的值。

例 3-6 写出下列程序的运行结果。

```
void main()
{ int a=2,b=4,c=6,x,y;
  y=((x=a+b++),(b+c), x+c);
  printf("y=%d,x=%d",y,x);
}
```

程序运行结果如下。

```
y=12,x=6
```

本例中，y 等于整个逗号表达式的值，也就是表达式 3 的值，x 是第一个表达式的值。

对于逗号表达式还要说明以下几点。

1）逗号运算符优先级最低。

2）程序中使用逗号表达式，通常是要分别求逗号表达式内各表达式的值，并不一定要求整个逗号表达式的值。

3）并不是在所有出现逗号的地方都组成逗号表达式，如在变量声明中或函数参数表中的逗号只是用作各变量之间的间隔符。

3.6 位运算符

在很多系统程序中，常常要求在位（bit）一级进行运算或处理。C 语言提供了位运算的功能，这使得C语言也能像汇编语言一样被用来编写系统程序。位运算也是C语言的特色之一。

C 语言提供了 6 种位运算符，如表 3-5 所示。

表 3-5 位运算符

<table>
<tr><th>运算符</th><th>功　能</th><th colspan="2">优先级别</th><th>举　例</th></tr>
<tr><td>~</td><td>取反</td><td>2级，与++，--运算符同级</td><td rowspan="6">高
↓
低</td><td>~2结果为-3，~3结果为-4</td></tr>
<tr><td><<</td><td>左移</td><td rowspan="2">5级，低于算术（+，-）运算高于关系运算符</td><td>3<<2结果为12</td></tr>
<tr><td>>></td><td>右移</td><td>12>>2结果为3</td></tr>
<tr><td>&</td><td>按位与</td><td>8级，低于关系运算符</td><td>3 & 2结果为 2</td></tr>
<tr><td>^</td><td>按位异或</td><td>9级</td><td>3 ^ 2结果为 1</td></tr>
<tr><td>|</td><td>按位或</td><td>10级，高于逻辑运算</td><td>3|2结果为 3</td></tr>
</table>

说明：

1）位运算符中除了“～”以外，均为双目运算符。

2）运算量只能是整型或字符型的数据，不能为实型数据。

3）参与运算的数以补码形式参与运算。

除“<<”和“>>”以外的位运算符的运算规则（真值表）如表 3-6 所示。

表 3-6　位运算符的运算规则

a	b	a & b	a | b	a ^ b	~a
0	0	0	0	0	1
0	1	0	1	1	1
1	0	0	1	1	0
1	1	1	1	0	0

1. 按位与运算&

按位与运算的运算规则是：参与运算的两数各对应的二进制位均为 1 时，结果位才为 1，否则为 0。

例如，9&5 可写算式如下：

```
  00001001 （9 的二进制补码）
& 00000101 （5 的二进制补码）
-----------------------------
  00000001 （1 的二进制补码）
```

即 9&5=1。可使用下面的程序来验证：

```
void main()
{ int a=9,b=5,c;
  c=a&b;
  printf("a=%d\nb=%d\nc=%d\n",a,b,c);
}
```

按位与有如下特殊用途。

1）清零。方法是与一个各位都为零的数值按位与，结果为零。

2）取一个数 x 中某些指定位。方法是找一个数，此数的各位是这样取值的：对应 x 数要取各位，该数对应位为 1，其余位为零。此数与 x 作“按位与”运算就可以得到 x 中的某些位。

例如，把 x 的高 8 位清 0，保留低 8 位，可作 x&255 运算（255 的二进制数为 0000000011111111）。

2. 按位或运算 |

按位或运算的规则是：参加运算的两个运算量，如果两个相应位中有一个为 1，则该位结果值为 1，否则为 0。

例如，9 | 5 可写算式如下：

```
  00001001
| 00000101
-----------------------------
  00001101 （十进制为 13）
```

即 9 | 5=13。

按位或的特殊用途：常用来对一个数据的某些位置 1。方法是找一个数，此数的各位是这样取值的，对应 x 数要置 1 的位，该数对应位为 1，其余位为零。此数与 x 作“按位或”运算后就可使 x 中的某些位置 1。

例如，使 x=10100000 的低 4 位为 1，其他位不变。可将 x 与 0x0f(二进制为：00001111）相或运算，即写作：x |0x0f。

3. 按位异或运算^

按位异或运算的运算规则是：参与运算的两数对应的二进位相异时，结果为 1，否则为 0。

例如，9^5 可写成算式如下：

```
    00001001
  ^ 00000101
--------------------------
    00001100        （十进制为 12）
```

即 9^5=12。

异或运算的特殊用途：使特定位翻转。方法是找一个数，该数中与 x 数要翻转的各位为 1，其余位为零。此数与 x 作“按位或”运算即可。

例如，x=10101110，使 x 低 4 位翻转，可与 00001111 相异或运算即可实现，即写作：x^0x0f。

4. 求反运算～

求反运算符～为单目运算符，具有右结合性。其运算规则是对参与运算的数的各二进制位按位求反。

例如，～9 的运算为：～（0000000000001001）。结果为：1111111111110110。

5. 左移运算<<

左移运算符的运算规则是：把“<<”左边的运算数的各二进位全部左移，由“<<”右边的数指定移动的位数，并且高位丢弃（移出），低位补 0。

例如，a<<4 指把 a 的各二进位向左移动 4 位。如 a=00000011（十进制 3），左移 4 位后为 00110000（十进制 48）。

若左移时舍弃的高位不包含 1，则数每左移一位，相当该数乘以 2。

6. 右移运算>>

右移运算符的运算规则是：把“>>”左边的运算数的各二进位全部右移，由“>>”右边的数指定移动的位数。对于有符号数，在右移时，符号位将随同移动。当为正数时，最高位补 0，而为负数时，符号位为 1，最高位是补 0 或是补 1 取决于编译系统的规定。Turbo C 和很多系统规定为补 1。

例如，设 a=15，a>>2 表示把 000001111 右移为 00000011（十进制 3）。

7. 位运算符与赋值运算符组成复合运算符

除按位取反运算符（～）外，其他位运算符都可与赋值运算符组成复合位赋值运算

符。它们是：&=，|=，>>=，<<=，∧=。

例如，a&=b 等价于 a=a&b，a|=b 等价于 a=a|b，a>>=b 等价于 a=a>>b。

例 3-7　编程序取一个整数 a 从右端开始的 4～7 位（最右边是第 0 位）。例如，0000 0001 0100 0010，取右端 4～7 位为：0100。

实现的方法如下。

1）先使 a 右移 4 位，使要取出的几位移到最右端，a>>4。

2）设置一个低 4 位全为 1，其余为 0 的数 x。

3）将上面两者进行&运算。

实现程序如下。

```
void main()
{ unsigned a,b,x,y;
  printf("Enter a number=?\n");
  scanf("%o",&a);              // 输入 1 个八进制整数给 a
  b = a >> 4;                  // 将 a 右移 4 位
  x = ~(~0 << 4);              // 间接构造 1 个低 4 位为 1、其余各位为 0 的整数
  y = b & x;
  printf("%o\n%o\n",a,y);      // 按八进制数输出 a 和 y
}
```

程序运行结果如下。

```
Enter a number=?
502<回车>
502
4
```

说明：程序中的“x=(~0 << 4)”按位取 0 的反，各位都是 1，再左移 4 位后，其低 4 位为 0，其余各位为 1；再按位取反，则其低 4 位为 1，其余各位为 0。这个整数正是我们所需要的。其实 x 也可以直接写为“x=0x000f”。

3.7 指针变量的运算

3.7.1 指针运算符

在 2.4 节中我们学习指针变量的概念及简单使用，本节将详细介绍指针变量的运算。指针运算符有两种：&（取地址运算符）、*（取内容运算符）。其运算规则如表 3-7 所示（设有定义“int a=5,*p;”）。

表 3-7　指针运算符的运算规则

运算符	功　能	使用格式	优先级	举　例	说　明
&	取变量地址运算	&变量名	2级，高于算术（*，/）	&a	获得变量a的地址
*	取内容运算	*指针变量名		p=&a *p	让指针变量p指向a 获得a的值，即5

注意：指针运算符“*”和指针变量说明中的指针说明符“*”不同。在指针变量说明中，“*”是类型说明符，表示其后的变量是指针类型；而表达式中出现的“*”则是一个运算符用以表示指针变量所指的变量。

3.7.2 指针变量的运算

指针变量只能进行赋值运算和部分算术运算及关系运算。本节简单介绍一下指针的几种运算符。假设做如下定义“int a,*p;”。

1. p++与++p

在 3.2.1 节中已经介绍，++运算符的功能是使变量的值加 1，但是对于指针变量而言，并非使其值（即某个地址）加 1。假设变量 a 的地址为 2000，p=&a;，假设系统用两个字节存放整型数据，则：

1）p++表达式的值为 2000，而 p 的值变为 2002，因为 p 指向一块大小为 2 字节的存储空间，p+1 将指向相邻的下一块大小为 2 字节的存储空间。

2）++p 表达式的值为 2002，p 的值也变为 2002。

同理可知，p--表达式的值为 2000，而 p 的值变为 1998；--p 表达式的值为 1998，p 的值也变为 1998。

2. &*p 与*&a

&和*运算符的优先级相同，因结合方向为自右向左，所以：

1）&*p 等价于&(*p)和&a，即变量 a 的地址，也就是变量 p。注意不要写成&*a，因为*运算符要求的运算量是一个指针变量。

2）*&a 等价于*(&a)和*p，即变量 a。

由此可见，&和*是一对互逆的运算符。

3. *p++与*++p

*与++运算符的优先级相同，结合方向为自右向左，因此：

1）*p++等价于*(p++)，*p++表达式的执行过程是：先取 p 所指向变量的值（即为 a 的值），然后让 p 指向下一个存储单元，即 p 的值变为 2002。

2）*++p 等价于*(++p)，*++p 表达式的执行过程是：先执行++，即让 p 指向下一个存储单元 2002，表达式的值为起始地址 2002、大小 2 字节的存储空间中的内容。

同理可知，*p--表达式的值为变量 a 的值，而 p 的值变为 1998；*--p 表达式的值为起始地址 1998、大小 2 字节的存储空间中的内容，而 p 的值变为 1998。

例 3-8 使用指针交换两个整型变量的值。

```
#include <stdio.h>
void main()
{ int a=10,b=20,*p1,*p2,t;
  p1=&a;  p2=&b;
  printf("a=%d,b=%d\n",a,b);
```

```
    t=*p1;
    *p1=*p2;
    *p2=t;
    printf("a=%d,b=%d\n", a,b);
  }
```

程序输出结果如下。

```
a=10,b=20
a=20,b=10
```

思考与讨论：如定义变量 t 为指针变量，如何修改程序？请上机验证。

3.8　表达式中的类型转换

整型、实型、字符型数据之间可以进行混合运算。由于参与混合运算的各数据的类型不同，在运算时需要进行类型转换。数据类型转换有两种方式：隐式类型转换和强制类型转换。

1. 隐式数据类型转换

C 语言表达式中常常有不同类型常量或变量参与运算，对于双目运算，若参与运算的两个数据类型不同，编译程序按照一定的规则将它们变换为同一类型的量进行运算，这种转换称为隐式数据类型转换。这种转换发生在不同类型数据进行混合运算时，由编译系统自动完成，如图 3-3 所示。转换规则如下。

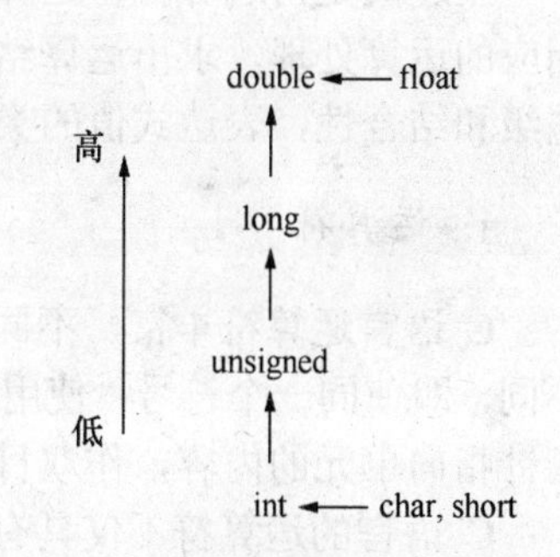

图 3-3　数据类型隐式转换规则

1）类型不同，先转换为同一类型，然后进行运算。

2）图 3-3 中纵向的箭头表示当运算对象为不同类型时转换的方向。可以看到箭头由数据长度小的向数据长度大的转换，即按数据长度增加的方向进行，保证精度不降低。

3）图 3-3 中横向向左的箭头表示必定的转换（不必考虑其他运算对象）。如字符数据参与运算必定转化为整数，float 型数据在运算时一律先转换为双精度型，以提高运算精度（即使是两个 float 型数据相加，也是先转换为 double 型，然后再相加）。

例如，为了计算表达式 3/2+1.5 的值，首先作运算“3/2”，两个整型数据相除，其结果仍为整型，计算值为 1。然后作运算“1+1.5”，发现类型不一样，进行类型转换，将整型数 1 转换成实型数 1.0 后再运算，即 1.0+1.5，最后计算结果为 2.5。

4）在赋值表达式中的类型转换（见 3.3 节）不遵守图 3-3 的规则。赋值运算的类型转换是：赋值号右边的类型转换为左边的类型。这种转换是截断型的转换，不按四舍五入。

2. 强制类型转换

强制类型转换符是由类型符加一对圆括号构成，其功能是强制将一个表达式结果的数据类型转换为特定类型。

强制类型转换的一般形式为：

```
(类型符) 表达式
```

类型符是标准C语言中的一个数据类型。例如，为确保表达式x/2的结果具有类型float，可写为：

```
(float) x/2
```

表示将变量x的内容强制转换为浮点数，再除以2。

说明：

1）类型符和表达式都需要加括号（单个变量可以不加括号）。

2）无论隐式转换，强制转换都是临时转换，不改变数据本身的类型和值。

小　结

本章学习的运算符和表达式，内容较多较杂，但对学习C语言程序设计来讲是必要的。很多内容要在今后使用中才能深入理解、熟练掌握。

表达式是由运算符将运算对象连接成的式子，系统能够按照运算符的运算规则完成相应的运算处理，求出运算结果，这个结果就是表达式的值。求值时要注意运算符的优先级和结合性，表达式值的类型转换分为隐式转换（自动转换）和强制转换。

1. 运算符

C语言运算符丰富，不同运算符的功能不同，要求参与的数据类型、运算量个数也不同，即使同一个符号，使用在不同的地方，其功能也不一样。例如，*作单目运算是取指针指向单元的内容，作双目运算，则是乘法运算。

C语言的运算符不仅具有不同的优先级，而且还有不同的结合性。在表达式中，各运算量参与运算的先后顺序不仅要遵守运算符优先级别的规定，还要受运算符结合性的制约。

2. 表达式

注意C表达式的书写。初学者在写C表达式时常常写成数学中的表达式，通常容易犯的错误有以下几种。

1）出现3x+1、10(x−y)等形式的省略乘号的数学表达式。

2）表达式中出现≤、≥、≠、÷等数学运算符。

3）表达式中出现诸如π、ψ、ω这样的希腊字母作为对应的变量名。

4）将条件“1≤X≤20”写成“1<=X<=20”（正确的应该是：X>=1 && X<=20）。

另外，为了保证运算的正确性，提高程序的可读性，不要在程序中使用太复杂或多用途的复合表达式。

习　题

一、判断题

1．并联电阻的计算公式 $\frac{R_1R_2}{R_1+R_2}$ 对应的 C 语言表达式是 R1*R2/R1+R2。（　　）

2．进行赋值操作时，若赋值号左右两边的数据类型不同，则将赋值号右边的数据转换成左边数据的数据类型再进行赋值。（　　）

3．不同类型的变量在内存中占用存储空间的大小都是一样的。（　　）

4．语句 c=*p++的执行过程是 p 所指向的存储单元的值自加后赋值给变量 c。（　　）

5．求解逗号表达式 a=5,6*a 后表达式的值为 5。（　　）

6．设“int x=5;”，则表达式 x%2/4 的结果为 0.25。（　　）

二、填空题

1．C 算术表达式“a+b / (b+c / (d+e / sqrt (2*a*b)))”对应的数学表达式________。

2．设“float x=2.5, y=4.7; int a=7;”表达式“x+a%3*(int)(x+y)%2/4”值为_________。

3．设“int x=17, y=5;”执行语句“x+=--x%--y”后 x 的值为_________。

4．设“int x=10, *p=&x;”执行语句“printf(“%d”,(*p)++)”的输出结果是________。

5．设“int b=5;”，求解赋值表达式“a=5+(b+=6)”后表达式值、a、b 的值依次是____________。

6．求解赋值表达式“a=(b=10)%(c=6)”后表达式值、a、b、c 的值依次是_________。

7．求解逗号表达式“x=a=3,6*a”后表达式值、x、a 的值依次是______________。

8．数学表达式 $\sin 65^\circ + \frac{2\pi+2e^y}{x-y}$ 的 C 算术表达式为________________。

9．有定义“int a=10,b=20,*pa=&a,*pb=&b;”，则执行语句“*pb=*pa=*pb+5;”后变量 a 和 b 的值分别是______________。

10．有定义“char x=3,y=6,z;”，则执行语句“z=x^y<<2;”后，z 的十进制是________。

11．表达式“~3&(2&3^4)”的值为_______________。

12．若 a 是整型变量，表达式“~(a^~a)”等于____________________。

13．10<x<100 或 x<0 但 x≠-2 对应的表达式 ______________。

14．有甲、乙、丙 3 人，每人说一句话如下。

甲说：乙在说谎。

乙说：丙在说谎。

丙说：甲和乙都在说谎。

分别用整型变量 a、b、c 表示甲、乙、丙 3 个人，且变量值为 1 表示该人说的是真话，值为 0 表示该人在说谎。试写出能确定谁在说谎的条件（即逻辑表达式）______________。

三、选择题

1．假设所有变量均为整型，表达式“(a=2,b=5,b++,a+b)”的值是（　　）。

A．7　　B．8

C．9　　D．2

2．设有如下的变量定义：

```
int i=8, k, a, b;  unsigned long w=5; double x=1.42, y=5.2;
```

则符合C语言语法的表达式是（　　）。

A．a+=a-=b=4*(a=3)　　B．x%(－3)

C．a=a*3=2　　D．y=float（i）

3．假定有以下变量定义：“int k=7,x=12;”，则能使值为3 的表达式是（　　）。

A．x%=k%=5　　B．x%=k－k%5

C．x%=k－k%3　　D．(x%=k)-(k%=5)

4．若有说明“int i,j=7,*p=&i;”，则与“i=j;”等价的语句是（　　）。

A．i=*p;　　B．*p =*& j;

C．i=&j;　　D．i=**p;

5．若有以下程序段：

```
int c1=1,c2=2,c3;
c3=1.0/c2*c1;
```

则执行后，c3中的值是（　　）。

A．0　　B．0.5　　C．1　　D．2

6．将数学表达式sin30°写成C语言表达式为（　　）。

A．sin30　　B．sin(30)

C．sin(30*3.14/180)　　D．sin(30/3.14*180)

7．下列程序的输出结果是（　　）。

A．(0.00,1)　　B．(0.85,1.7)

C．(0.50,1)　　D．以上都不对

```
#include  <stdio.h>
void main ()
{  int y;
   double d=3.4,x;
   x=(y=d/2.0)/2;
   printf("(%0.2lf,%d)",x,y);
}
```

8．若想在程序中判断输入给字符变量c的字符是否为数字字符，则要使用的表达式是（　　）。

A．0<=c<=9　　B．0<=c && c<=9

C．'0'<=c<='9'　　D．'0'<=c && c<='9'

9．判断变量 a 和 b 都不等于 0 的表达式是（　　）。

A．(a!=0)||(b!=0)　　　　B．a||b

C．!(a=0)&&(b!=0)　　　　D．a && b

10．设 a、b、c、d、m、n 均为 int 型变量，且 a=5、b=6、c=7、d=8、m=2、n=2，则逻辑表达式(m=a>b)&&(n=c>d)运算后，n 的值为（　　）。

A．0　　　　B．1

C．2　　　　D．语法错误

四、程序阅读题

1．写出下列程序的运行结果。

```
#include <stdio.h>
void main()
{
    int a=10,b=29,c=5,d,e;
    d=(a+b)/c;
    e=(a+b)%c;
    printf("d=%d,e=%d\n",d,e);
}
```

2．写出下列程序的运行结果。

```
#include <stdio.h>
main()
{  int x=1;
   x += -3*4%(-6)/3;
   printf("%d \n" , x);
}
```

3．写出下列程序的运行结果。

```
#include <stdio.h>
main()
{  int a=11, b=1;
   a+=b+1;
   printf("a=%d \n",a);
   a /=b+1;
   printf("a=%d \n",a);
}
```

五、编程题

1．编写程序，输入一个 3 位整数，打印输出其个位数、十位数和百位数。

2．编写程序，从键盘上输入两个无符号整数，求它们按位求与、或、异或的值，输出其结果。

3．编写程序，从键盘输入梯形的上下底边长度和高，计算梯形的面积。

4．编写一个程序，输入直角三角形两条直角边 a 和 b 的长度，利用勾股定理，计算斜边 c 的长度。要求结果保留 2 位小数。勾股定理为：$a^2+b^2=c^2$。

第4章　算法与控制结构

学习要求

- 掌握C语言语句（以下简称C语句）、C语言程序的结构关系
- 理解算法及算法的表示
- 掌握顺序结构程序设计
- 掌握选择结构程序设计
- 掌握循环结构程序设计
- 掌握break语句和continue语句的应用
- 能够运用3种结构进行综合程序设计

4.1　C语句结构

在第1章中，我们已初步了解了C语言程序的组成结构。一个大型C语言程序的结构如图4-1所示，即一个C语言程序可以由若干个源程序文件组成，一个源文件一般包含预处理命令、全局变量声明、函数原型声明和若干个自定义函数。一个函数又由数据定义部分和执行部分组成。

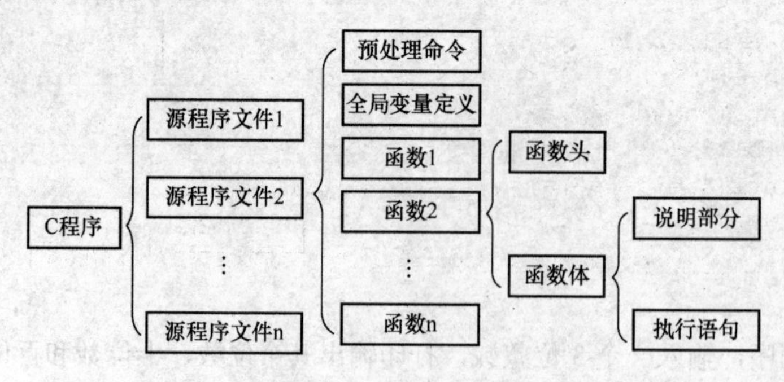

图4-1　C语言程序结构

C语句是C语言程序的最基本成分。C语句必须由分号“;”结尾，哪怕只有一个分号也能构成一个空语句。在C语言中只有“可执行语句”，没有“非执行语句”。

从形式上分，C语句分为以下5类。

1. 控制语句

控制语句用于控制程序的流程，以实现程序的各种结构方式。它们由特定的语句定义符组成。C 语言有 9 种控制语句，分为以下 3 类。

1）条件判断语句：if 语句、switch 语句。

2）循环执行语句：for 语句、do while 语句、while 语句。

3）转向语句：break 语句、goto 语句、continue 语句、return 语句。

2. 函数调用语句

函数调用语句由函数名和实际参数加上分号“;”组成。其一般形式为：

```
函数名(实际参数列表);
```

执行函数调用语句就是调用函数体并把实际参数赋予函数定义中的形式参数，然后执行被调函数体中的语句。例如，

```
printf("C Program");          // 调用库函数，输出字符串
```

3. 表达式语句

表达式语句由表达式加上分号“;”组成。其一般形式为：

```
表达式;
```

执行表达式语句就是计算表达式的值。例如，

```
x=y+z;          // 赋值语句
y+z;            // 加法运算语句，但计算结果没有保留，无实际意义
i++;            // 自增 1 语句，i 值增 1
```

表达式语句中使用最多的是赋值语句。赋值语句是由赋值表达式加上一个分号“;”构成。在使用赋值语句时需要注意以下几点。

1）在变量说明中，注意区别给变量赋初值和赋值语句。给变量赋初值是变量说明的一部分，赋初值后的变量与其后的其他同类变量之间必须用逗号间隔，而赋值语句则必须用分号结尾。

2）注意赋值表达式和赋值语句的区别。赋值表达式是一种表达式，它可以出现在任何允许表达式出现的地方，而赋值语句则不能。

下述语句是合法的：

```
if((x=y+5)>0) z=x;          // 语句的功能是：若表达式 x=y+5 大于 0 则 z=x
```

下述语句是非法的：

```
if((x=y+5;)>0) z=x;       // 因为 x=y+5;是语句，不能出现在表达式中
```

说明：赋值符“=”右边的表达式可以是变量、常量、函数调用等特殊的表达式。

3）语句中的“=”称为赋值号，它不同于数学中的等号，如 x=x+1 在数学中是不成立的，但在程序设计中则是经常用到的，它表示取变量 x 单元中的值，将其加 1 后，仍然放回到 x 变量的存储单元。

4）赋值符号“=”左边必须是变量名（数组元素也可），不能是常量、符号常量、表达式。例如：

```
z=x+y;              // 将变量 x 和变量 y 的值的和赋值给变量 z
```

如果写成“x+y=z;”就错了。下面的赋值语句都是错的：

```
5=x;                // 左边是常量
sin(x)=20;          // 左边是函数调用，即是表达式
```

5）赋值符号“=”两边的数据类型一般要求应一致。如果两边的类型不同，则以左边变量的数据类型为基准，如果右边表达式结果的数据类型不能自动转换成左边变量的数据类型，则应强制转换后赋值给左边的变量，否则将出错。

若都是数值型，但精度不同，则将右边数据的精度强制转换成左边变量的数据精度。例如，有定义：

```
int x; float y;
x=3.5415926;        // 取其整数赋值给 x，x 的值为 3
y=123;              // 将整数 123 转换实数 123.0 赋值给 y，执行后 y 的值是 123.0
```

4. 空语句

只有一个分号的语句，它什么也不做。有时用来做被转向点或循环语句中的循环体（循环体是空语句，表示循环体什么也不做）。

例如，下面的循环体为空语句。

```
while(getchar()!='\n')
;
```

本语句的功能是：只要从键盘输入的字符不是回车，则一直循环让用户重新输入。

5. 复合语句

把多个语句用花括号“{}”括起来组成的语句称为复合语句。在程序中，应把复合语句看成是单条语句，而不是多条语句。例如，下面就是一条复合语句。

```
{ x=y+z;
  a=b+c;
  printf("%d%d",x,a);
}
```

复合语句内的各条语句都必须以分号“;”结尾，在括号“}”外不需再加分号。

4.2　算法及算法的表示

4.2.1　算法概述

没有原料是无法加工成所需菜肴的，而对同一种原料可以加工出不同风味的菜肴。著名计算机科学家沃思（Nikiklaus Wirth）提出一个公式：

算法 + 数据结构 = 程序

人们使用计算机，就是要利用计算机处理各种不同的问题，而要做到这一点，人们就必须事先对各类问题进行分析，确定解决问题的具体方法和步骤，再编制好一组让计算机执行的指令即程序，让计算机按人们指定的步骤有效地工作。这些具体的方法和步骤，其实就是解决一个问题的算法。根据算法，依据某种规则编写计算机执行的命令序列，就是编制程序，而书写时所应遵守的规则，即为某种计算机语言的语法。

广义地讲，算法是为完成一项任务所应当遵循的一步一步的规则的、精确的、无歧义的描述，它的总步数是有限的。

狭义地讲，算法是解决一个问题采取的方法和步骤的描述。

下面通过两个简单的例子加以说明。

例 4-1　输入 3 个数，然后输出其中最大的数。

首先，应将这 3 个数存放在内存中，我们定义 3 个变量 A、B、C，将 3 个数依次输入到 A、B、C 中，另外，再准备一个变量 Max 存放最大数。

由于计算机一次只能比较两个数，首先把 A 与 B 比，大的数存入 Max 中，再把 Max 与 C 比，又把大的数存入 Max 中。最后，把 Max 输出，此时 Max 中存放的就是 A、B、C 3 个数中最大的数。算法可以表述如下。

① 输入 A、B、C。

② 若 A>B，则 Max←A；否则，Max←B。

③ 若 C>Max，则 Max←C。

④ 输出 Max，Max 即为最大数。

例 4-2　输入 10 个数，打印输出其中最大的数。

算法设计如下。

① 输入一个数，存入变量 A 中，将记录数据个数的变量 N 赋值为 1，即 N=1。

② 将 A 存入表示最大值的变量 Max 中，即 Max=A。

③ 再输入一个值给 A，如果 A>Max，则 Max=A；否则 Max 不变。

④ 让记录数据个数的变量增加 1，即 N=N+1。

⑤ 判断 N 是否小于 10，若成立则转到第 3）步执行；否则转到第 6）步。

⑥ 打印输出 Max。

任何一个问题能否用计算机解决，关键就是看能否设计出合理的算法，有了合适的算法，再使用合适的计算机语言，就能方便地编写出程序来。

由此可见，程序设计的关键之一，是设计合理的算法。在高级语言的学习中，一方面应熟练掌握该语言的语法，因为它是算法实现的基础，另一方面必须认识到算法的重要性，加强思维训练，以写出高质量的程序。

4.2.2 算法的特性

从上面的例子，我们看到算法是对一个问题的解决方法和步骤的描述，是一个有穷规则的集合。一个算法应该具有以下的特性。

1）有穷性：一个算法必须在执行有穷多个计算步骤后终止。

2）确定性：一个算法给出的每个计算步骤，必须都是精确定义、无二义性的。

3）有效性：算法中的每一个步骤必须有效地执行，并能得到确定结果。

4）有零个或多个输入：一个算法中可以没有输入，也可以有一个或多个输入信息，这些输入信息是算法所需的初始数据。

5）有一个或多个输出：一个算法应有一个或多个输出，一个算法得到的结果（中间结果或最后结果）就是算法的输出，没有输出的算法是没有意义的。

4.2.3 算法的表示

算法的表示形式很多，通常有自然语言、伪代码、传统流程图、N-S 结构化流程图等。

1. 自然语言与伪代码表示算法

自然语言就是指人们日常使用的语言，可以是汉语、英语或其他语言。在 4.2.1 节中介绍的算法，是用自然语言表示的。用自然语言表示的优点是通俗易懂，缺点是文字冗长，容易出现“歧义性”。另外，用自然语言表示分支和循环的算法不方便。

伪代码是用介于自然语言和计算机语言之间的文字和符号（包括数学符号）来描述算法。它如同写一篇文章，自上而下地写下来，每一行（或几行）表示一个基本操作。它不用图形符号，因此书写方便、格式紧凑，也比较好懂，便于向计算机语言程序转换。

例如，例 4-1 可用如下的伪代码表示。

```
Begin（算法开始）
输入 A，B，C
IF A>B 则
   A→Max
   否则  B→Max
IF C>Max 则  C→Max
Print  Max
End (算法结束)
```

例 4-2 的伪代码表示如下。

```
Begin（算法开始）
N=1
Input  A   (输入数据给变量 A)
Max=A
当 N<10 则
```

```
        { Input A
          IF A>Max  则 Max=A
          N=N+1 }
    Print  Max
    End (算法结束)
```

2. 用流程图表示算法

流程图是一种传统的算法表示方法，它使用不同的几何图形框来代表各种不同性质的操作，用流程线来指示算法的执行方向。由于它直观形象，易于理解，所以应用广泛。

（1）常用的流程符号

起止框：表示算法的开始和结束。

处理框：表示初始化或运算赋值等操作。

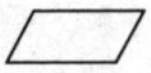

输入/输出框：表示数据的输入/输出操作。

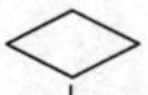

判断框：表示根据一个条件成立与否，决定执行两种不同操作中的其中一个。

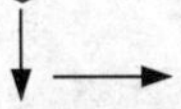

流程线：表示流程的方向。

（2）3种基本结构的表示

1）顺序结构。顺序结构是简单的线性结构，各框按顺序执行。其流程图如图4-2所示，语句的执行顺序为：语句1→语句2。

2）选择（分支）结构。这种结构是对某个给定条件进行判断，条件为真或假时分别执行不同的框的内容。其基本形状有两种，如图4-3所示。图4-3（a）的执行序列为：当条件为真时执行语句1，否则执行语句2。图4-3（b）的执行序列为：当条件为真时执行语句1，否则什么也不做。

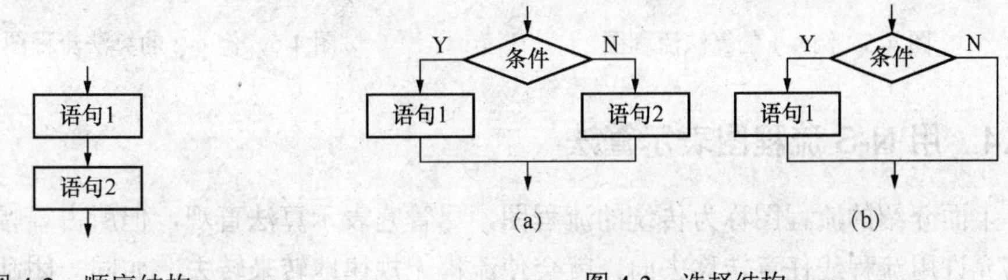

图4-2　顺序结构

图4-3　选择结构

3）循环结构。循环结构分为当型循环和直到循环两种。

① 当型循环：执行过程是先判断条件，当条件为真时，反复执行“语句组”（也称循环体），一旦条件为假，跳出循环，执行循环的后继语句，如图4-4（a）所示。

② 直到循环：执行过程是先执行“语句组”，再判断条件，条件为真时，一直循环执行语句组，一旦条件为假，结束循环，执行循环的后继语句，如图4-4（b）所示。

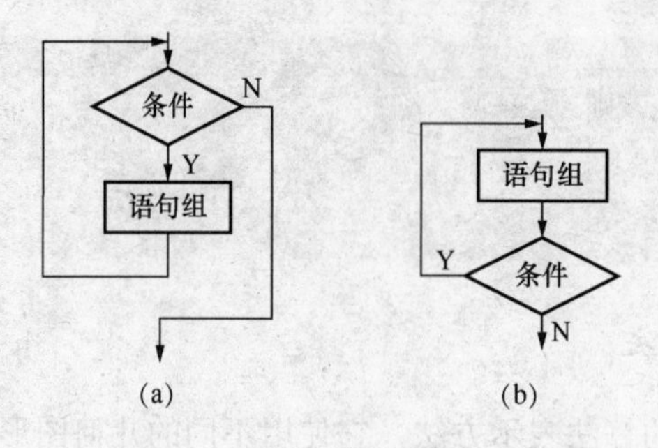

图 4-4 循环结构

将例 4-1、例 4-2 的算法分别用流程图表示，如图 4-5 和图 4-6 所示。

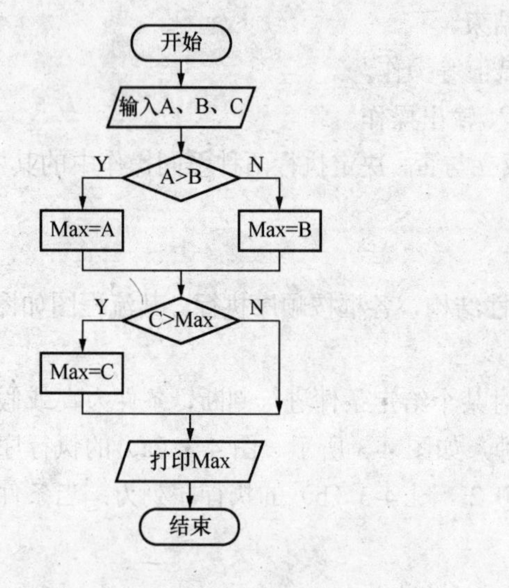

图 4-5 例 4-1 的算法流程图

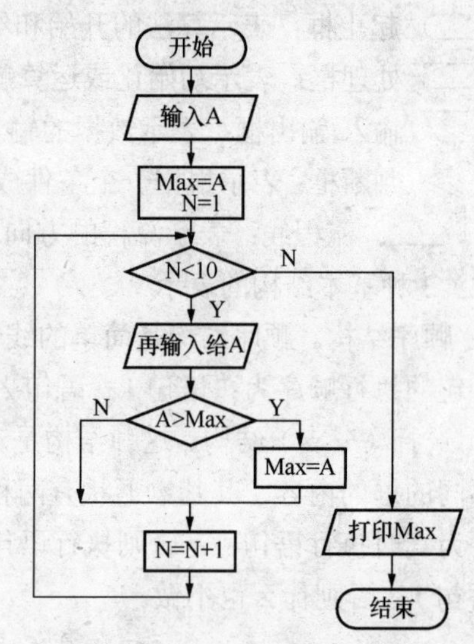

图 4-6 例 4-2 的算法流程图

4.2.4 用 N-S 流程图表示算法

上面介绍的流程图称为传统的流程图，尽管它表示算法直观，但所占篇幅大，尤其是它允许用流程线任意转移去向，就会使流程无规律地转来转去，如同一团乱麻一样，分不清其来龙去脉。

N-S 图是美国学者 I.Nassi 和 B.Shneiderman 提出的一种新的流程图。在这种图中，完全去掉了带箭头的流程线，把全部算法写在一个矩形框内，在框内还可以包含其他从属于它的框，它是一种适于结构化程序设计的流程图。

3 种基本结构的 N-S 图描述如下所示。

1．顺序结构

顺序结构的 N-S 图如图 4-7 所示，执行顺序为先<语句 1>后<语句 2>。

2. 选择结构

对应于选择结构（图 4-3）的 N-S 图如图 4-8 所示。图 4-8（a）条件为真时执行语句 1，条件为假时执行语句 2。图 4-8（b）条件为真时执行语句 1，为假时什么都不做。

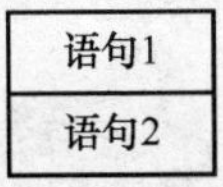

语句1
语句2

图 4-7　顺序结构的 N-S 图

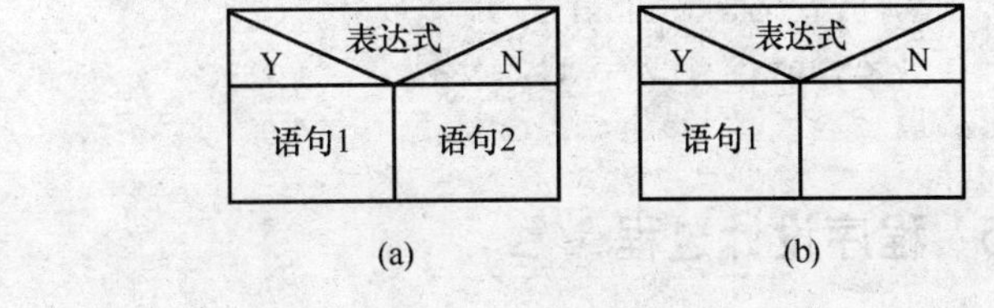

图 4-8　选择结构的 N-S 图

3. 循环结构

对应于循环结构（图 4-4）的 N-S 图如图 4-9 所示。图 4-9（a）为当型循环结构的 N-S 图，图 4-9（b）为直到循环结构的 N-S 图。

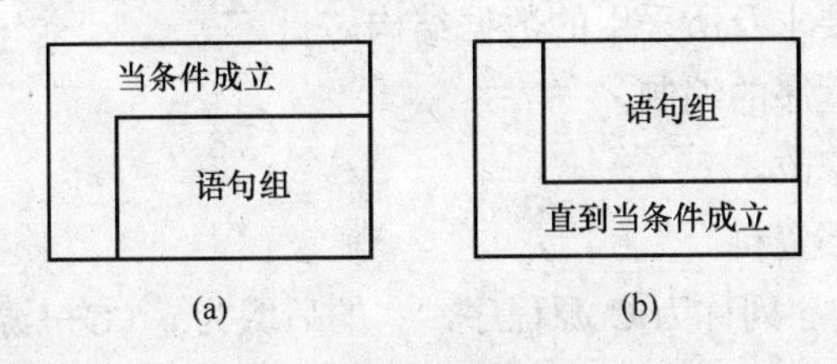

图 4-9　循环结构的 N-S 图

例 4-1 和例 4-2 的算法用 N-S 流程图表示，分别如图 4-10 和图 4-11 所示。

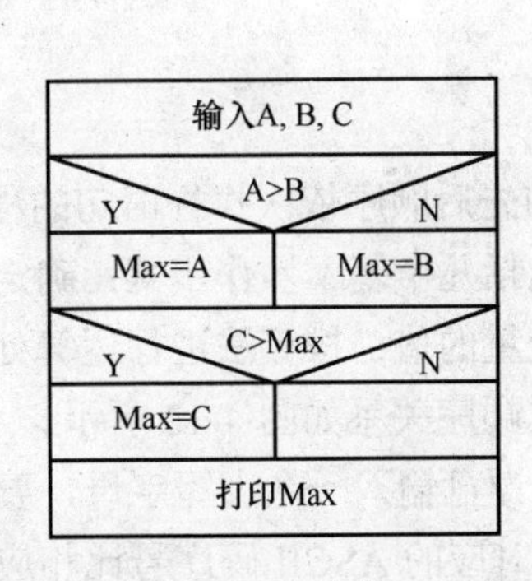

图 4-10　例 4-1 的算法的 N-S 流程图

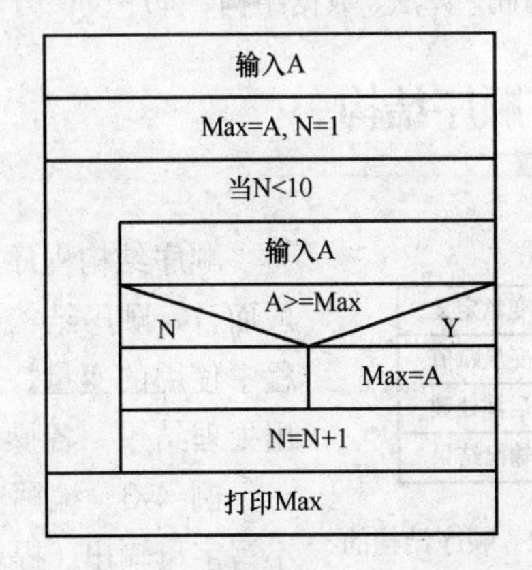

图 4-11　例 4-2 的算法的 N-S 流程图

例如，依据图 4-10 的算法流程图，可以很方便地转化为相应的程序。下面就是用 C 语言编写的程序段。

```
void main()
{ int a,b,c,max;
```

```
    scanf("%d %d %d",&a,&b,&c);
    if(a>b)
       max=a;
    else
       max=b;
    if(c>max) max=c;
    printf("Max=%d",max);
 }
```

4.2.5 程序设计过程

什么是程序设计？对于初学者来说，往往简单地把它理解为编制一个程序。其实这是不对的，至少是不全面的。实际上，程序设计包括多方面的内容，而具体编制程序只是其中的一个方面。有人将程序设计描述成如下的一个公式。

程序设计＝算法＋数据结构＋方法＋工具

从这个概念出发，程序设计的过程一般包括以下内容。

1）问题的提出、要求及所采用的数据结构。

2）算法的确定、程序的编制。

3）程序的调试及修改。

4）整理并写出文档资料。

我们所写的 C 语句序列称为 C 源程序，它的后缀为.c（C++源程序为.cpp），C 源程序经过编译（compile）后生成一个后缀为.obj 的二进制文件，最后由连接程序（link）把此.obj 文件与 C 语言提供的各种库函数连接起来生成一个.exe 文件，它就是可执行文件。

因此，算法、数据结构、程序设计方法和语言工具是一个程序设计人员应具备的知识。

4.3 顺序结构

变量定义
变量赋值
运算处理
输出结果

图 4-12 顺序结构的一般算法

顺序结构程序是按照语句的先后顺序依次执行语句的程序。一般而言，顺序结构的算法中应包括几个基本操作步骤：确定求解过程中使用的变量、变量类型和变量的值；按算法进行运算处理；输出处理结果。各操作步骤的逻辑顺序关系如图 4-12 所示。

例 4-3 编写一个程序，从键盘输入一个大写字母，要求改用小写字母输出（提示：大写字母对应的 ASCII 码序号比相应的小写字母的 ASCII 码序号小 32）。

```
#include "stdio.h"
void main()
{  char c1,c2;
   c1=getchar();
   printf("%c,%d\n",c1,c1);
```

```
    c2=c1+32;
    printf("%c,%d\n",c2,c2);
}
```

程序运行结果如下。

```
A<回车>
A,65
a,97
```

例 4-4　编写一个程序，输入时间（小时、分和秒），打印输出共计多少秒？

编程分析：用变量 hh 代表小时，mm 代表分钟，ss 代表秒，tss 代表总的秒数值，则其总时间为 tss=hh*3600+mm*60+ss。

程序代码如下。

```
void main()
{ int hh, mm, ss;
  long tss;      // 定义为长整型数据存放时间总秒数
  printf("Enter hh:mm:ss=");                 // 提示用户输入数据
  scanf("%d:%d:%d",&hh,&mm,&ss);             // 输入数据之间需用“:”分隔
  tss =hh * 3600.0 + mm * 60 + ss;
  printf("The Total second=%ld",tss);
}
```

程序运行结果如下。

```
Enter  hh:mm:ss=15:26:38<回车>
The  Total  second=55598
```

4.4 选择结构

选择结构是根据条件选择执行不同的分支语句，以完成问题的要求。而实现选择程序设计的关键就是理清条件和操作之间的逻辑关系。C 语言中用 if 语句和 switch 语句来实现选择结构。

4.4.1 if 条件语句

if 语句有单分支、双分支和多分支等结构，根据问题的不同，选择适当的结构。

1. 单分支结构——if 语句

使用格式：

```
if(表达式)
    语句;
```

1）语句的执行过程如图 4-13 所示。

2）表达式：一般为关系表达式、逻辑表达式，也可为算术表达式。其值按非 0 为 True，0 为 False 进行判断。

3）如果当条件成立时要执行多个语句，就要使用“{ }”来构成复合语句。

例如，已知两个数 x 和 y，比较它们的大小，使得 x 大于等于 y。

```
if(x<y)
{t=x;x=y;y=t;}          //t 为中间变量
```

2. 双分支结构——if…else…语句

使用格式：

```
if(表达式)
    语句 1;
else
    语句 2;
```

语句的执行过程如图 4-14 所示，即当表达式的值为非零（条件成立）时执行<语句 1>，否则执行 else 后面<语句 2>。

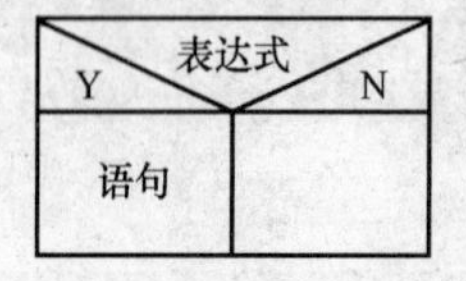

图 4-13 单分支选择结构的执行过程

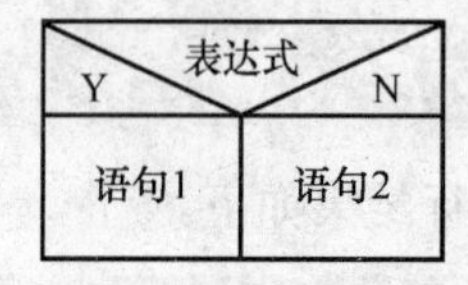

图 4-14 双分支选择结构执行过程

例如，输出 x 和 y 两个数中，值较大的一个。

```
if(x>y)
    printf("%d" x);
else
    printf("%d" y);
```

3. 多分支结构——if…else if 语句

使用格式：

```
if(表达式 1)
    语句 1;
else if(表达式 2)
    语句 2;
    …
else if(表达式 n)
    语句 n;
else
    语句 n+1;
```

执行过程是，首先判断表达式 1，如果其值为非 0，则执行<语句 1>，然后结束 if 语句。如果表达式 1 的值为 0，则判断表达式 2；如果其值为非 0，则执行<语句 2>，然后结束 if 语句。如果表达式 2 的值为 0，再继续往下判断其他表达式的值；如果所有表达式的值都为 0，则才执行<语句 n+1>。语句的执行流程如图 4-15 所示。

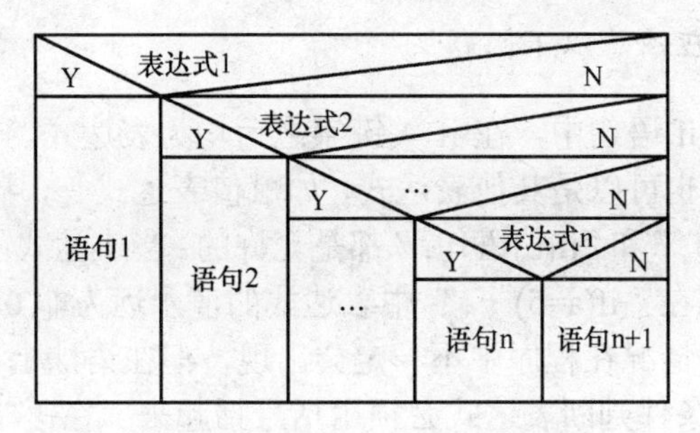

图 4-15　多分支 if 语句执行过程

例 4-5　输入一组学生成绩，评定其等级。方法是：90～100 分为“A”，80～89 分为“B”，70～79 分为“C”，60～69 分为“D”，60 分以下为“E”。

使用 if 语句实现的程序段如下。

```
void main()
{  int x;
   scanf("%d",&x);
   if(x>=90)
      printf("A");
   else if(x>=80)
      printf("B");
   else if(x>=70)
      printf("C");
   else if(x>=60)
      printf("D");
   else
      printf("E");
}
```

思考与讨论：上面的程序段中每个 else if 语句中的表达式都作了简化，如第一个 else if 的表达式本应写为“x>=80 && x<90”，而这里写为“x>=80”，为什么能作这样的简化？如果将程序段改写成下面两种形式是否正确？

第一种形式：

```
if(x>=60)
   printf("D");
else if(x>=70)
   printf("C");
else if(x>=80)
   printf("B");
```

第二种形式：

```
if(x<60)
   printf("E");
else if(x<70)
   printf("D");
else if(x<80)
   printf("C");
```

```
else if(x>=90)                    else if(x<90)
   printf("A");                      printf("B");
else                              else
   printf("E");                      printf("A");
```

4. 使用 if 语句时应注意以下问题

1）在 3 种形式的 if 语句中，在 if 关键字之后均为表达式。该表达式通常是逻辑表达式或关系表达式，但也可以是其他表达式，如赋值表达式等，甚至也可以是一个变量。

例如，“if(a=5)语句;”和“if(b)语句;”都是允许的。当表达式的值为非 0，即为“真”，就执行后面的语句。如在“if(a=5)…;”中表达式的值永远为非 0，所以其后的语句总是要执行的，当然，这种情况在程序中不一定会出现，但在语法上是合法的。

2）在 if 语句中，条件判断表达式必须用括号括起来，在语句之后必须加分号。

3）在 if 语句的 3 种形式中，所有的语句应为单个语句，如果要想在满足条件时执行一组（多个）语句，则必须把这一组语句用“{}”括起来组成一个复合语句。但要注意的是，在“}”之后不能再加分号。例如，

```
if(a>b)
{ a++;
  b++;
}
else
{ a=0;
  b=10;
}
```

5. if 语句的嵌套

当 if 语句中的执行语句又是 if 语句时，则构成了 if 语句嵌套的情形。其一般形式可表示如下。

```
if(表达式 1)
   if(表达式 2)
   语句;
```

或者为：

```
if(表达式 1)
   { if(表达式 2)
     语句 1;
   }
else
   if(表达式 3)
   语句 2;
```

在嵌套内的 if 语句可能又是 if-else 型的，这将会出现多个 if 和多个 else 重叠的情况，这时要特别注意 if 和 else 的配对问题。例如，

```
if(表达式 1)
   if(表达式 2)
      语句 1;
   else
      语句 2;
```

其中的 else 究竟与哪一个 if 配对呢？

应该理解为：

```
if(表达式1)
  ┌if(表达式2)
 ┤    语句1;
  └else
      语句2;
```

还是应理解为：

```
┌if(表达式1)
┤    if(表达式2)
│       语句1;
└else
        语句2;
```

关于 if 与 else 配对问题，C 语言规定，else 总是与它前面最近的 if 配对，因此对上面的例子应按前一种情况理解，如果要实现后一种情况，则可使用“{ }”将 if(表达式 2)语句 1 括起来，就可实现，即写成如下形式。

```
if(表达式 1)
{ if(表达式 2)
     语句 1;
}
else
     语句 2;
```

例 4-6 输入两个数，比较它们的大小。

```
void main()
{   int a,b;
    printf("please input a,b:   ");
    scanf("%d%d",&a,&b);
    if(a!=b)
       if(a>b)  printf("a>b\n");
       else     printf("a<b\n");
    else  printf("a=b\n");
}
```

本例中用了 if 语句的嵌套结构。采用嵌套结构实质上是为了进行多分支选择，本例实际上有 3 种选择，即 a>b、a<b 或 a=b。这种问题用 if…else if 语句也可以完成，而且程序更加清晰。

```
void main()
{ int a,b;
  printf("please input a,b:\n");
  scanf("%d%d",&a,&b);
  if(a==b) printf("a=b\n");
  else if(a>b)  printf("a>b\n");
  else  printf("a<b\n");
}
```

4.4.2 条件运算符和条件表达式

如果在条件语句中，只执行单个的赋值语句，常可使用条件表达式来实现。这样做不但使程序简洁，也提高了运行效率。

条件运算符为“?”和“:”，它是一个三目运算符，即有3个参与运算的量。由条件运算符组成条件表达式的一般形式为：

```
表达式1? 表达式2: 表达式3
```

其求值规则为：先计算表达式1，如果表达式1的值为真（即为非0值），则计算表达式2，并以表达式2 的值作为条件表达式的值，否则计算表达式3，并以表达式3的值作为整个条件表达式的值。条件表达式通常用于赋值语句之中。

例如，条件语句是：

```
if(a>b)  max=a;
else  max=b;
```

可用条件表达式写为：

```
max=(a>b)?a:b;
```

该语句的语义是：如a>b为真，则把a赋予max，否则把b 赋予max。使用条件表达式时，还应注意以下几点。

1）条件运算符的运算优先级低于关系运算符和算术运算符，但高于赋值符。因此，“max=(a>b)?a:b”可以去掉括号而写为“max=a>b?a:b”。

2）条件运算符“?”和“:”是一对运算符，不能分开单独使用。

3）条件运算符的结合方向是自右至左。

例如，“a>b?a:c>d?c:d”应理解为：a>b?a:(c>d?c:d)。这也就是条件表达式嵌套的情形，即其中的表达式3又是一个条件表达式。

下面是用条件表达式对上例重新编程，输出两个数中的大数。

```
void main()
{ int a,b,max;
  printf("\n input two numbers:\n");
  scanf("%d%d",&a,&b);
  printf("max=%d",a>b?a:b);
}
```

例4-7 从键盘上输入一个字符，如果它是大写字母，则把它转换成小写字母输出；否则，直接输出。

```
void main()
{ char ch;
  printf("Input a character:\n");
  scanf("%c",&ch);
  ch=(ch>='A' && ch<='Z')?(ch+32):ch;
```

```
    printf("ch=%c\n",ch);
}
```

4.4.3　switch 语句

if 语句能方便处理从两者间选择之一，当要实现几种可能之一时，就要用 if…else if 甚至多重的嵌套 if 来实现。当分支较多时，程序变得复杂冗长，可读性降低，如例 4-5，虽然可以使用 if 语句来实现，但不直观。C 语言中提供了处理多分支的开关语句——switch 语句，可以方便、直观地处理多分支的控制结构，使程序变得简洁。

switch 语句的一般格式为：

```
switch(表达式)
{ case 常量表达式 1：语句组 1；
  case 常量表达式 2：语句组 2；
  …
  case 常量表达式 n:语句组 n;
  default:语句组 n+1;
}
```

switch 语句的执行过程是：首先计算表达式的值，并逐个与其后的常量表达式值相比较，当表达式的值与某个常量表达式的值相等时，即执行其后的语句，然后不再进行判断，继续执行后面所有 case 后的语句，除非执行到 break 语句。如表达式的值与所有 case 后的常量表达式均不相同时，则执行 default 后的语句。如果每个 case 分支的语句组中最后有 1 个 break 语句，则 switch 语句的执行过程如图 4-16 所示。

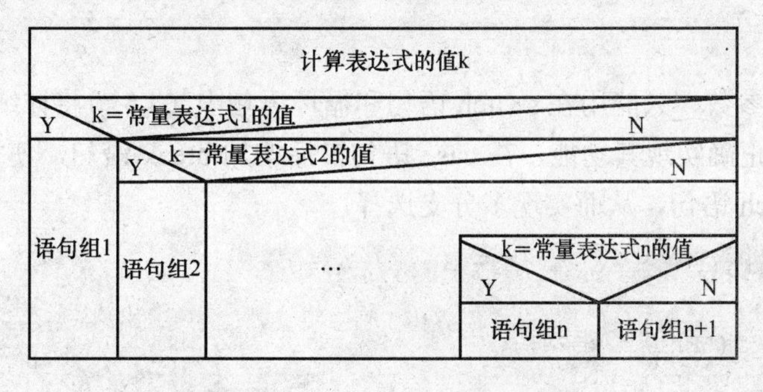

图 4-16　switch 语句的执行过程

说明：

1）switch 后面圆括号中的表达式的类型，在 ANSI 标准允许为任何类型，但一般为整型、字符型。

2）case 后的常量表达式应与 switch 后表达式的类型一致。

3）常量表达式的值要互不相同，但不同的常量表达式可以共用一组语句。

4）一个 case 后面有多个语句时，可以不用花括号“{}”组成复合语句。

例 4-8　使用 switch 语句来实现例 4-5，其程序如下。

```
void main()
{ int x;
```

```
    printf("Enter x=?");
    scanf("%d",&x);
    switch((int)(x/10))
    { case 10:
      case 9: printf("A");
      case 8: printf("B");
      case 7: printf("C");
      case 6: printf("D");
      default:printf("E");
    }
}
```

程序运行结果如下。

```
Enter  x=?  75<回车>
CDE
```

本程序输入一个学生成绩 75，输出 CDE。显然程序执行了“case 7:”后的所有语句。这当然是不希望看到的。结果为什么会出现这种情况呢？这恰恰反应了 switch 语句的一个特点。在 switch 语句中，“case 常量表达式”只相当于一个语句标号，表达式的值和某标号相等则转向该标号执行，但不能在执行完该标号的语句后自动跳出整个 switch 语句，而继续执行所有后面 case 语句。这是与前面介绍的 if 语句完全不同的，应特别注意。

为了避免上述情况，保证多路分支的正确实现，C 语言还提供了一种 break 语句，可以跳出 switch 语句，break 语句的使用格式如下。

```
break;
```

该语句没有参数，只能用在 switch 语句和循环语句中（4.5 节将详细介绍）。为了使例 4-8 的程序能正确实现其功能，在 case 语句最后增加 break 语句，使执行完一个 case 语句后跳出 switch 语句，从而实现多分支选择。

```
void main()
{  int x;
   printf("Enter x=?");
   scanf("%d",&x);
   switch((int)(x/10))
   { case 10:
     case 9: printf("A"); break;
     case 8: printf("B"); break;
     case 7: printf("C"); break;
     case 6: printf("D"); break;
     default: printf("E");
   }
}
```

思考与讨论：

1）case 后有多个语句，为什么可以不用“{ }”来构成复合语句？

2）在 switch 结构中如果有两个 case 语句后的常量表达式相同，程序会出错吗？

3）为什么在“case 10:”和“default: printf("E");”之后不加 break 语句？

4.4.4 选择结构的嵌套

在 if 语句的分支中可以完整地嵌套另一 if 语句或 switch 语句，同样，switch 语句每一个 case 分支中都可嵌套另一完整的 if 语句或 switch 语句。下面是两种正确的嵌套形式。

```
1）if(表达式 1)
   {…
        if（表达式 2）
        { …
        }
        else
        {…
        }
     else
        if(表达式 3)
        {…
        }
        else
        {…
        }
   }
```

```
2）if(表达式 1)
   { …
     switch(表达式 2)
     {   …
       case  …
         if（表达表 3）
          {…
          }
         else
          {…
          }
       case …
         …
     }
     …
   }
```

说明：

1）嵌套只能在一个分支内嵌套，不出现交叉。其嵌套的形式将有很多种，嵌套层次也可以任意多。

2）在 switch 结构中，每一个 case 分支可以完整包含另一个 if…else…结构，也可以完整包含另一个 switch 结构。

为了便于阅读和维护，建议在写含有多层嵌套的程序时，使用缩进对齐方式。

4.4.5 选择结构程序举例

例 4-9 设计一个求解一元二次方程 $ax^2+bx+c=0$ 的程序，要求考虑实根、虚根等情况，实际上，根据输入的 a、b、c 值，一元二次方程有以下几种可能。

1）a=0，不是二次方程。

2）b^2-4ac=0，有两个相等实根。

3）b^2-4ac>0，有两个不等实根。

4）b^2-4ac<0，有两个共轭复根。

求解一元二次方程的算法流程图如图 4-17 所示。

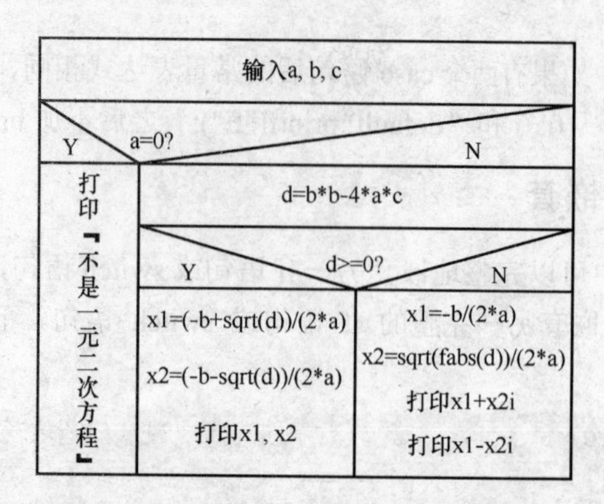

图 4-17　求一元二次方程根的算法流程图

程序代码如下。

```
#include <math.h>
void main()
{ float a, b, c, x1, x2, d;
  printf("Enter number a,b,c=");
  scanf("%f,%f,%f",&a,&b,&c);
  if(fabs(a)>0.00001)              //如果 a 不等于 0，思考为什么不写成 a! =0
   {d=b*b-4*a*c;
    if(d>=0)                             // 实根情况
     { x1=(-b+sqrt(d))/(2*a);
      x2=(-b-sqrt(d))/(2*a);
      printf("x1=%f,x2=%f\n",x1,x2);
     }
    else                                 // 虚根情况
     { x1=-b/(2*a);
      x2=sqrt(abs(d))/(2*a);
      printf("x1=%f + %fi\n",x1,x2);     // 输出复数形式的虚根
      printf("x2=%f - %fi\n",x1,x2);
     }
   }
  else
    printf("不是一元二次方程");
}
```

程序运行结果如下（分三次运行）：

```
Enter number a,b,c=2,6,1<回车>
X1=-0.177124,x2=-2.822876
Enter number  a,b,c=1,3,5<回车>
X1=-1.500000+1.658312i
X2=-1.500000-1.658312i
Enter number  a,b,c=2,4,2<回车>
X1=-1.000000,x2=-1.000000
```

读者认真分析，上面的程序是较容易理解的，程序中使用了多个 if 语句来处理多种不同的情况，这就是 if 语句使用的多种形式。

例 4-10　计算器程序。用户输入运算数和四则运算符，输出计算结果。

```
void main()
{  float a,b;
    char c;
    printf("input expression: a+(-,*,/)b\n");
    scanf("%f%c%f",&a,&c,&b);
    switch(c)
    {
       case '+': printf(" =%f\n",a+b);break;
       case '-': printf(" =%f\n",4-b);break;
       case '*': printf(" =%f\n",a*b);break;
       case '/':
            if (b==0)
               printf("Data error:data divided by zero \n");
            else
               printf(" =%f\n",a/b);break;
       default: printf("input error\n");
    }
}
```

本例可用于四则运算求值。switch 语句用于判断运算符，然后输出运算值。当输入运算符不是“+，-，*，/”或除数为 0 时，程序将给出相应的错误提示。

4.5　循环结构

循环结构是一种重复执行的程序结构。它判断给定的条件，如果条件成立，则重复执行某一些语句（称为循环体）；否则，结束循环。通常循环结构有“当型循环”（先判断条件，后执行循环）和“直到型循环”（先执行循环，后判断条件）。在 C 语言中，实现循环结构的语句主要有以下 3 种。

1）while 语句。

2）do…while 语句。

3）for 语句。

4.5.1　while 语句

while 语句是当型循环控制语句，一般形式为：

```
while (表达式)
    语句;
```

while 语句的执行过程如图 4-18 所示。计算表达式的值，若表达式的值为真（非 0）时，则执行循环体语句；不断反复，直到表达式的值为假（0），则不执行循环体语句，而直接转向循环体外的第一条语句。

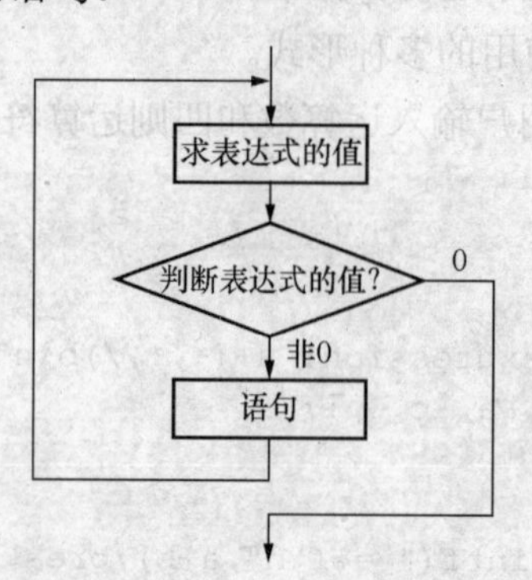

图 4-18 while 语句的执行过程

<语句>是循环反复执行的部分，称为“循环体”，当需要执行多条语句时，应使用“{}”括起来组成一个复合语句。

while 语句是先判断条件，后执行循环体，为当型循环，因此，若条件不成立，有可能一次也不执行循环体。

例 4-11 求 n!，n 由键盘输入。

编程分析：求阶乘是一个累乘问题，n! =n×（n−1）×（n−2）×…×2×1。根据其特点 1! =1，2! =1×2，3!=2!×3…n!=(n−1)! ×n。

用变量 jct 代表阶乘值，jct 的初值为 1；变量 i 为循环控制变量，i 从 1 变到 n，每一步执行 jct=jct*i，则最终 jct 中的值就是 n!。

```
void main()
{ int n,i;
  float jct;
  printf("please input n(n>=0):");
  scanf("%d",&n);
  jct=1.0;i=1;      //给变量 jct、i 赋初值
  while(i<=n)
  { jct*=i;
     i++;
  }
   printf("%d!=%.0f\n",n, jct);
}
```

程序运行结果如下。

```
Please input n(n>=0):10<回车>
10! =3628800
```

思考与讨论：

1）程序中控制循环结束的变量 i 必须在循环体中被改变，否则，循环将无限进行下去，成为死循环。

2）如果程序中变量 jct 定义为整数，程序运行会出现什么情况？

例 4-12 利用格里高利公式：$\frac{\pi}{4} \approx 1-\frac{1}{3}+\frac{1}{5}-\frac{1}{7}+\cdots$ 计算 π 的近似值，直到最后一项的绝对值小于10^{-6}为止。

本例在循环时需要保持一个累计结果的变量，每次计算当前项时，需要变号操作。注意当前项计算值和循环控制变量的关系。

```
#include <math.h>
void main()
{ float pi,t,n;
  int sign=1;
  pi=0.0; n=1.0; t=1.0;
  while (fabs(t) >= 1e-6)
  { t=sign/n;
    pi+=t;
    n+=2;
    sign=-sign;
  }
  pi=pi*4;
  printf("pi = %f\n",pi);
}
```

程序运行结果如下。

```
pi = 3.141598
```

程序中 t 表示多项式的某一项，sign 代表符号，在每一次循环中，只要改变 sign、n 的值，就可求出 t。一般情况下，while 型循环最适合于这种情况：知道控制循环的条件为某个逻辑表达式的值，而且该表达式的值会在循环中被改变，如同本例的情况一样。

4.5.2 do…while 语句

在 C 语句中，直到型循环的语句是 do…while，它的一般形式为：

```
do
{ 语句;
} while (表达式);
```

其中，语句通常为复合语句，称为循环体，即使循环体是一个单语句，其花括号{}也不能少。

do…while 语句的执行过程如图 4-19 所示，其基本特点是：先执行后判断。因此，循环体至少被执行一次。当表达式的值为非 0（即为真）时执行循环，当表达式值为 0（即为假），则结束循环。

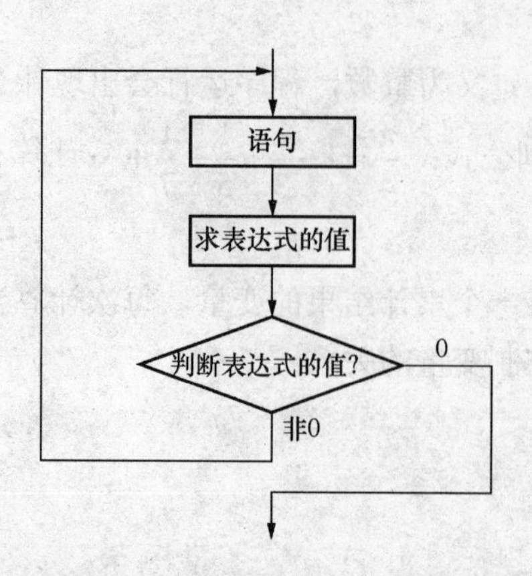

图 4-19 do…while 语句的执行过程

例 4-13 计算 $\sin x = x - \frac{x^3}{3!} + \frac{x^5}{5!} - \frac{x^7}{7!} + \cdots$，直到最后一项的绝对值小于 1e−7 时为止。

编程分析：这道题使用递推方法来做。让多项式的每一项与一个变量 n 对应，n 的值依次为 1，3，5，7，…，从多项式的前一项算后一项，只需将前一项乘一个因子：$(-x^2)/((n-1)*n)$，用 s 表示多项式的值，用 t 表示每一项的值，程序如下。

```
#include <math.h>
void main()
{ double s,t,x;
  int n;
  printf("please input x:");
  scanf("%lf",&x);
  t=x;  n=1; s=x;
  do
  { n=n+2;
    t= -t*x*x/(n-1)/n;                    // 计算通项
    s=s+t;                                // 累加求和
  }while(fabs(t)>=1e-7);                  // 当累加项的值大于 1e-7 继续循环
  printf("sin(%f)=%lf",x,s);
}
```

程序运行结果如下。

```
Please input x:2<回车>
sin(2.000000)=0.909297
```

思考与讨论：

1）使用当型循环形式（while 语句）改写上面的程序。

2）程序中累加求和项 t 的正负号是如何实现的？将程序中计算通项 t 的语句改写为“t=−t*(x/(n−1))*(x/n)”，是否等价？分析哪种形式更优。

例 4-14 求两个整数的最大公约数、最小公倍数。

编程分析：求最大公约数的算法如下。

1）对于已知两数 m、n，使得 m>n。

2）m 除以 n 得余数 r。

3）若 r=0，则 n 为求得的最大公约数，算法结束；否则执行 4）。

4）m←n，n←r，再重复执行 2）。

（最小公倍数=两个整数之积/最大公约数）

算法的 N-S 流程图如图 4-20 所示。

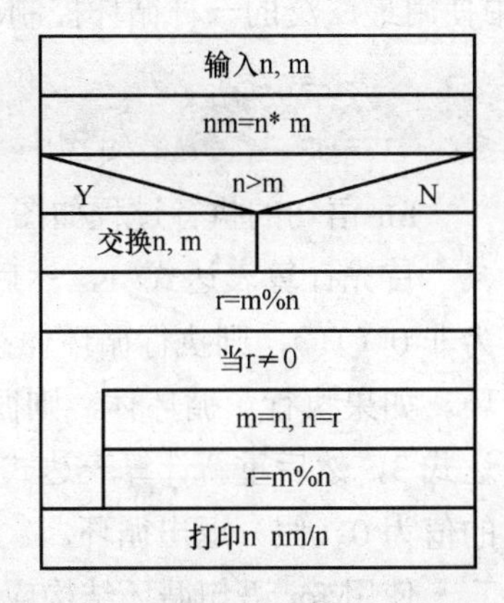

图 4-20　求最大公约数的 N-S 流程图

实现的程序代码如下。

```
void main()
{ int n,m,nm,r,t;
  printf("Enter m,n=?");
  scanf("%d%d",&m,&n);
  nm=n*m;                          // 将 m 和 n 的积保存到变量 mn 中
  if (m<n)                         // 如果 m<n
    { t=m; m=n; n=t;}              // 交换变量 m 和 n 的值
  r=m%n;                           // 求余
  while(r!= 0)
  { m=n;
    n=r;
    r= m%n;
  }
  printf("The max Gyshu=%d\n", n);
  printf("The min Gbshu=%d\n", nm/n);
}
```

程序运行结果如下。

```
Enter m,n=? 12  8  <回车>
The max Gyshu=4
The min Gbshu=24
```

思考与讨论：

1）如何将程序中的 while 语句改用 do…while 语句来实现？

2）如果将程序中的“nm=n*m;”语句删除，将输出最大公约数的语句改写成：

```
printf("The min Gbshu=%d\n", n*m/n);
```

程序的输出结果是什么？

4.5.3 for 循环语句

for 语句是循环控制结构中使用最广泛的一种循环控制语句。它的一般形式为：

```
for(<表达式 1>;<表达式 2>;<表达式 3>)
    语句;
```

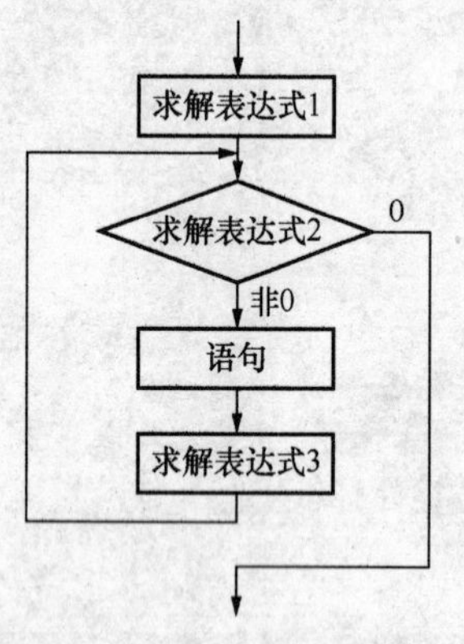

图 4-21 for 语句的执行过程

for 语句的执行过程如图 4-21 所示。

首先计算表达式 1，然后计算表达式 2，若表达式 2 为非 0（真），则执行循环体；若为 0（假），则退出 for 循环。如果执行了循环体，则循环体每执行一次，都执行表达式 3，然后重新计算表达式 2，依此循环，直至表达式 2 的值为 0（假）退出循环。

使用 for 语句循环结构应注意以下问题。

1）控制变量的初始化。表达式 1：一般为赋值表达式，给控制变量赋初值。

2）循环的条件。表达式 2：通常为关系表达式或逻辑表达式，循环控制条件。

3）循环控制变量的更新。表达式 3：一般为赋值表达式，给控制变量增量或减量。

4）语句：循环体，当有多条语句时，必须使用“{ }”构成复合语句。

for 语句最简单的应用形式也就是最易理解的如下形式：

```
for(循环变量赋初值；循环条件；循环变量增值)
     语句;
```

例 4-15 使用 for 循环语句改写例 4-11。

其程序如下。

```
void main()
{ int i,n;
  float t;
  printf("please input n(n>=0):");
  scanf("%d",&n);
  t=1.0;                          //给变量 t 赋初值
  for(i=1;i<=n;i++)
      t=t*i;
  printf("%d!=%f\n",n,t);
}
```

显然，用 for 语句简单、方便。对于 for 语句的一般形式也可以改写为 while 循环的等价形式：

```
表达式 1;
while(表达式 2)
{ 语句;
  表达式 3;
}
```

对 for 语句的几点说明如下。

1）for 语句的一般形式中的“表达式 1”可以省略，此时应在 for 语句之前给循环变量赋初值。

注意：省略表达式 1 时，其后的分号不能省略。

例如，

```
i=1;
for(; i<=n; i++)  t=t*i;
```

执行 for 语句时，跳过“求解表达式 1”这一步，其他步骤不变。

2）如果表达式 2 省略，即不判断循环条件，循环无终止地进行下去。也就是认为表达式 2 始终为真，在形式上构成死循环。程序设计者应考虑在循环体内使用 break 语句让循环能正常结束。

例如，

```
for(i=1; ; i++)  t=t*i;
```

表达式 1 是一个赋值表达式，表达式 2 省略。它相当于：

```
i=1;
while(1)
{ t=t*i;
  i++;
}
```

3）表达式 3 也可以省略，但此时程序设计者应另外设法保证循环能正常结束，表达式 3 的功能放到循环体内。例如，

```
for(i=1;i<=n;)
{ t=t*i;
  i++;
}
```

4）可以省略表达式 1 和表达式 3，只有表达式 2，即只给循环条件。例如，

```
for(;i<=n;)                      while(i<=n)
{ t=t*i;           相当于         { t=t*i;
  i++;}                            i++;}
```

在这种情况下，完全等同于 while 语句。可见 for 语句比 while 语句功能强，除了可

以给出循环条件外，还可以赋初值，使循环变量自动增值等。

5）3 个表达式都可省略，如 for(;;) 语句相当于 while(1)语句，即不设初值，不判断条件（认为表达式 2 为真值），循环变量不增值，循环为“死循环”。

6）表达式 1 和表达式 3 可以是一个简单的表达式，也可以是逗号表达式，即包含一个以上的简单表达式，中间用逗号间隔。例如，

```
for(t=1, i=1;i<=n ; t=t*i, i++);
```

for 循环功能强大，使用也很灵活，语句中的 3 个表达式都可以是任何表达式，如上面的语句中，一些有关的操作也作为表达式 1 或表达式 3 出现，这样，程序变得短小简洁，但程序的可读性降低。所以，为了程序的可读性，建议不要把与循环控制无关的内容放到 for 语句中。

例 4-16 求 Fibonacci 数列：1，1，2，3，5，8，…前 20 个数，即

$$\begin{cases} f_1=1 & (n=1) \\ f_2=1 & (n=2) \\ f_n=f_{n-1}+f_{n-2} & (n\geqslant 3) \end{cases}$$

编程分析：把 20 个数分为每 2 个一组，每组中的两个数的计算方法为：

$$\begin{cases} f1=f2+f1 \\ f2=f1+f2 \end{cases}$$

程序代码如下。

```
#include <stdio.h>
main()
{
  int f1,f2;
  int i;
  f1 = 1; f2 = 1;                   // 初始化数列的前 2 个数
  for(i=1; i<=10; i++)              // 1 组 2 个，10 组 20 个数
  {
    printf("%12d %12d ",f1,f2);  // 输出当前的 2 个数
    if (i%2 ==0) printf("\n");    // 输出 2 次(4 个数),换行
    f1 = f2 + f1;                 // 计算下 2 个数
    f2 = f1 + f2;
  }
}
```

程序运行结果如下。

```
    1           1           2           3
    5           8          13          21
   34          55          89         144
  233         377         610         987
 1597        2584        4181        6765
```

4.5.4　循环的嵌套——多重循环结构

如果在一个循环内完整地包含另一个循环结构，则称为多重循环或循环嵌套。嵌套的层数可以根据需要来确定，嵌套一层称为二重循环，嵌套两层称为三重循环。

上面介绍的几种循环控制结构可以相互嵌套，下面是几种常见的二重嵌套形式。

1）

```
for(…)
{ …
    for(…)
    { …
     …}
}
```

2）

```
for(…)
{ …
   while(…)
   { …
   }
}
```

3）

```
while(…)
{ …
    for(…)
    { …
    }
}
```

4）

```
while(…)
{ …
   while (…)
   { …
   }
}
```

5）

```
do
{ …
    for(…)
    { …
    }
} while(…);
```

6）

```
do
{…
   do
   {…
   }while(…);
   …
}while(…);
```

例 4-17　打印九九乘法口诀。

编程分析：九九乘法口诀表呈三角形，共有 9 行，第 1 行有 1 列，第 2 行有 2 列，…，第 9 行有 9 列。打印方法是，用外循环控制行数，包括打印一行中所有列和换行，在内循环中，打印某一行上的各列。

程序如下。

```
#include <stdio.h>
void main()
{   int i, j;
    for( i=1; i <= 9; i++ )          // 外循环控制打印行数
    {   for( j=1; j <= i; j++ )  // 内循环控制打印个数，列数与行数相关
        printf( "%1dx%1d=%-4d", j, i, j*i );
             //每个算式占 8 位，最后一行占 72 列
        printf("\n");              // 换行
    }
}
```

程序运行结果如下。

```
1×1=1
1×2=2  2×2=4
1×3=3  2×3=6   3×3=9
1×4=4  2×4=8   3×4=12  4×4=16
1×5=5  2×5=10  3×5=15  4×5=20  5×5=25
1×6=6  2×6=12  3×6=18  4×6=24  5×6=30  6×6=36
1×7=7  2×7=14  3×7=21  4×7=28  5×7=35  6×7=42  7×7=49
1×8=8  2×8=16  3×8=24  4×8=32  5×8=40  6×8=48  7×8=56  8×8=64
1×9=9  2×9=18  3×9=27  4×9=36  5×9=45  6×9=54  7×9=63  8×9=72  9×9=81
```

思考与讨论：

1）在本程序的设计中，输出格式是值得思考的。在微机上，用printf函数输出时，屏幕上课显示25行80列字符。每个算式的输出控制在8个字符内，若改为其他数字，请查看运行结果如何？

2）为了使输出的算式更紧凑，程序中数据的输出使用了左对齐。若改为右对齐，为了排列整齐，输出格式如何修改？

4.5.5 3种循环语句比较

一般情况下，3种循环语句可以相互代替，表4-1给出了3种循环语句的区别。

表4-1 3种循环语句的区别

	for(表达式1；表达式2；表达式3) 语句；	While(表达式) 语句；	do {语句； } while (表达式);
循环类别	当型循环	当型循环	直到型循环
循环变量初值	一般在表达式1中	在while之前	在do之前
循环控制条件	表达式2非0	表达式非0	表达式非0
提前结束循环	break	break	break
改变循环条件	一般在表达式3中	循环体中用专门语句	循环体中用专门语句

说明：

1）3种循环中，for语句功能最强大，使用最多，任何情况的循环都可使用for语句实现。for语句与while语句的等价代换形式如下。

```
for(<表达式 1>; <表达式 2>; <表达式 3>)
   语句;
```

```
表达式 1;
while (表达式 2)
{ <语句>;
  表达式 3; }
```

2）当循环体至少执行一次时，用do…while语句与while语句等价。如果循环体可能一次不执行，则只能使用while语句或for语句。

4.6　其他控制语句

C 语言中提供了另外 3 个控制语句：break、continue 和 goto 语句。

4.6.1　break 语句

在学习 switch 语句时已经接触到 break 语句，在 case 子句执行完后，通过 break 语句使控制立即跳出 switch 结构。在循环语句中，break 语句的作用是立即结束循环，使控制立即跳出循环结构，转而执行循环语句后的语句。break 语句常常与选择结构一并出现在循环体中，即当满足某个条件时立即跳出循环结构。break 语句只能用在 switch 语句和循环语句中

例 4-18　打印为 1～1000 中能同时被 3 和 5 整除的前 10 个数。

```
#include <stdio.h>
void main()
{  int k,n=0;
   for(k=1;k<=1000;k++)
     if(k%3==0 && k%5==0)
     {  printf("%d  " ,k);
        n++ ;
        if(n==10) break;
     }
}
```

程序运行结果如下。

```
15  30  45   60  75  90  105  120  135  150
```

当 break 处于循环嵌套结构中时，它将只跳出最内层结构，而对外层结构无影响。例如，以下的程序段将实现当满足条件“j%2==0”时，结束“for(j=1;j<=50;j++)”控制的内循环，对“for(k=1;k<=100;k++)”控制的外循环没有影响。

```
for(k=1;k<=100;k++)
{…
   for(j=1;j<=50;j++)
   { …
      if (j%2==0) break;
   }
}
```

4.6.2　continue 语句

continue 语句只能用于循环结构中，一旦执行了 continue 语句，程序就跳过循环体内位于该语句后的所有语句，提前结束本次循环并开始新一轮循环。

例 4-19　计算半径为 1～15 的圆的面积，仅打印出圆面积超过 50 的值。

```
void main()
{ int r;
  float area;
  for(r=1;r<=15;r++)
  { area=3.141593*r*r;
    if(area<50.0) continue;
    printf("square=%f\n",area);
  }
}
```

同 break 一样，continue 语句也仅仅影响该语句本身所处的循环层，而对外层循环没有影响。

注意：上面的例子仅仅是说明 continue 语句的使用，当然也可以改用另外的语句来实现，如将上面的程序改写成如下等价形式。

```
for(r=1;r<=15;r++)
{ area=3.141593*r*r;
  if(area>=50.0)  printf("square=%f\n",area);
}
```

4.6.3 goto 语句

goto 语句也称为无条件转移语句，其一般格式如下：

```
goto 语句标号;
```

其中，语句标号是按标识符规定书写的符号，放在某一语句行的前面，标号后加冒号。语句标号起标识语句的作用，与 goto 语句配合使用。例如，

```
label: i++;
```

C 语言不限制程序中使用标号的次数，但各标号不得重名。goto 语句的语义是改变程序流向，转去执行语句标号所标识的语句。

goto 语句通常与条件语句配合使用，可用来实现条件转移、构成循环、跳出循环体等功能。

例 4-20 统计从键盘输入一行字符的个数。

```
#include  "stdio.h"
void main()
{   int n=0;
    printf("input a string\n");
    lp: if(getchar()!='\n')
    { n++;
      goto lp;
    }
    printf("%d",n);
}
```

本例用 if 语句和 goto 语句构成循环结构。当输入字符不为'\n'时，即执行 n++进行计数，然后转移至 if 语句循环执行，直至输入字符为'\n'才停止循环。

需要强调的是，goto 语句允许任意转向，是非结构化语句，在结构化程序设计中一般不主张使用 goto 语句，以免造成程序流程的混乱，使理解和调试程序都产生困难。因此，读者自己写程序应做到少用或者不用 goto 语句。

思考与讨论：请用 while 语句改写例 4-20 的程序，完成相同的功能。

4.7　应用程序举例

4.7.1　素数与哥德巴赫猜想

例 4-21　判断一个给定的整数是否为素数。

编程分析：素数指除了 1 和自身外，不能被其他整数整除的自然数。判断整数 m 是不是素数的基本方法是：将 m 分别除以 2，3，…，m-1，若都不能整除，则 m 为素数。事实上不必除那么多次，因为 m=sqrt(m)*sqrt(m)，所以，当 m 能被大于等于 sqrt(m)的整数整除时，一定存在一个小于等于 sqrt(m)的整数，使 m 能被它整除，因此只要判断 m 能否被 2，3，…，sqrt(m)整除即可。判断 m 能否被 i 整除可用表达式 m % i==0。算法流程如图 4-22 所示。程序代码如下。

```
#include "math.h"
void  main()
{ int m,i,k;
   printf("Enter m=\n");
   scanf("%d",&m);
   k=sqrt(m);
   for(i=2;i<=k;i++)
      if(m%i==0) break;
   if(i>k)
      printf("Yes\n");
   else
      printf("No\n");
}
```

思考与讨论：

1）将程序中的 for 循环分别改用 while、do…while 循环语句来实现，程序应如何编写？

2）如果要打印输出 100 以内的所有素数。只需将上面程序中的 m 分别等于 3，4，…，100 即可，即在外面加一层循环变量为 m 的循环，由于大于 2 的偶数不是素数，事实上，只要判断 m 分别等于 3，5，7，…，99 时是否为素数就可以了。其算法流程图如图 4-23 所示。请根据该流程图写出相应的程序。

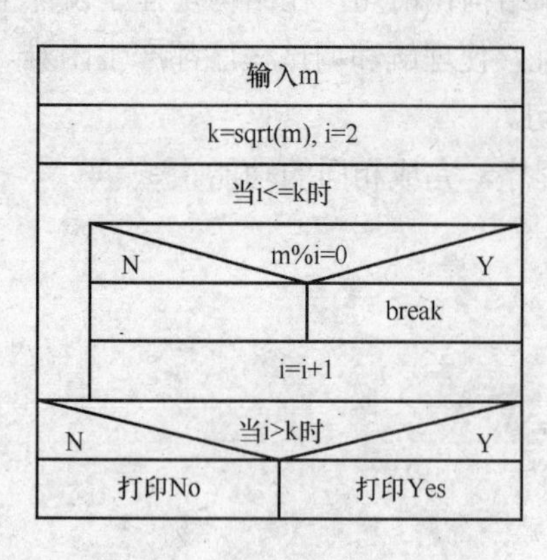

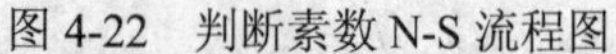

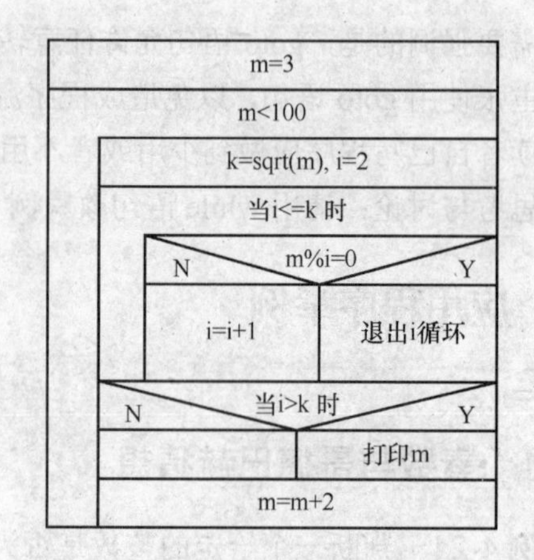

图 4-22 判断素数 N-S 流程图

图 4-23 打印 100 以内的所有素数的 N-S 流程图

例 4-22 编一个程序，验证哥德巴赫猜想：一个大于等于 6 的偶数可以表示为两个素数之和，如：

$$6=3+3 \qquad 8=3+5 \qquad 10=3+7$$

编程分析：设 n 为大于等于 6 的任一偶数，将其分解为 n1 和 n2 两个数，使用 n1+n2=n，分别判断 n1 和 n2 是否为素数，若都是，则为一组解。若 n1 不是素数，就不必再检查 n2 是否素数。先从 n1=3 开始，直到 n1=n/2 为止。算法流程图如图 4-24 所示。

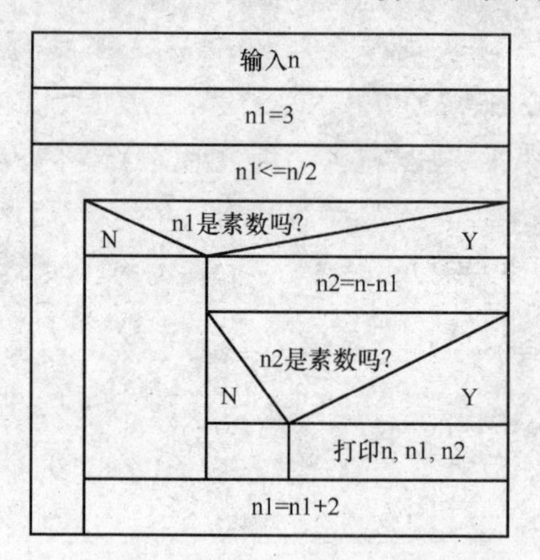

图 4-24 验证哥德巴赫猜想的 N-S 流程图

程序代码如下。

```
#include "math.h"
void main()
{  int n,n1,n2,j,k;
   printf("Enter a number n=?\n");
   scanf("%d" ,&n);
   for(n1=3;n1<=n/2;n1++)
   { k=sqrt(n1);
```

```
        for(j=2;j<=k;j++)
          if(n1%j==0)    break;
        if(j<=k) continue;
        n2=n-n1;
        k=sqrt(n2);
        for(j=2;j<=k;j++)
           if(n2%j==0)    break;
        if(j>k) printf("%d=%d+%d\n",n,n1,n2);
    }
}
```

程序运行后，输入 64 的运行结果如下。

```
Enter a  number n=?
64<回车>
64=3+61
64=5+59
64=11+53
64=17+47
64=23+41
```

思考与讨论：

1）程序中执行 continue 语句后，程序转到哪里去执行？

2）程序中对 n1 的循环为什么要从 3 开始？对此循环还可以进行优化，可根据大于 2 的偶数都不是素数，使 n1 不取偶数，程序如何修改？

4.7.2 穷举法

穷举法（又称“枚举法”）的基本思想是：一一列举各种可能的情况，并判断哪些可能是符合要求的解。这是一种“在没有其他办法的情况的方法”，是一种最“笨”的方法，然而对一些无法用解析法求解的问题往往能奏效，常常采用循环来处理穷举问题。

例 4-23 将一张面值为 100 元的人民币等值换成 100 张 5 元、1 元和 0.5 元的零钞，要求每种零钞不少于 1 张，问有哪几种组合？

编程分析：如果用 x、y、z 来分别代表 5 元、1 元和 0.5 元的零钞的张数，根据题意得到下面两个方程。

$$\begin{cases} x+y+z=100 \\ 5x+y+0.5z=100 \end{cases}$$

显然从数学上，本问题无法得到解析求解，但用计算机可以方便地求出各种可能的解，通常使用穷举法来求解这类问题。

```
void main()
{  int x, y, z, n;
   printf( " 5yuan     1yuan     0.5yuan\n");
   n=0;
   for(x=1; x<=100;x++)
       for(y=1;y<=100;y++)
           for(z=1;z<=100;z++)
              if(x+y+z==100 && 5*x+y+0.5*z==100)
                { printf(" %d       %d         %d\n",x,y,z);
```

```
                n++; }
        printf(" Total  %d",n);
    }
```

程序运行结果如下。

```
5yuan    1yuan     0.5yuan
1         91         8
2         82         16
3         73         24
4         64         32
5         55         40
6         46         48
7         37         56
8         28         64
9         19         72
10        10         80
11         1         88
Total    11
```

思考与讨论：上面的算法设计效率低，通过分析注意到：x 最大取值应小于 20；因每种面值不少于 1 张，因此 y 最大取值应为 100−x；同时，在 x 和 y 取定值后，z 值便确定了，即 z=100−x−y，所以本问题的算法使用二重循环即可实现，优化后的程序代码如下。

```
void main()
{  int x, y, z, n;
   printf( " 5yuan    1yuan    0.5yuan\n");
   n=0;
   for(x=1; x<=20; x++)
      for(y=1;y<=100-x;y++)
         { z=100-x-y;
           if(5*x+y+0.5*z==100)
              { printf(" %d      %d         %d\n",x,y,z);
                n++; }
         }
      printf(" Total  %d",n);
}
```

4.7.3 迭代法

迭代法在数学上也称“递推法”，其方法是：对于要求解的值，由一个给定的初值，通过某一算法（迭代公式）可求得新值，通常该新值比初值更接近要求解的值，再由新值按照同样的算法又可求得另一个新值，这样经过有限次迭代即可求得其解。

例 4-24 用迭代法求某个数的平方根。

已知求平方根 $\sqrt{a}$ 的迭代公式为

$$x_1 = \frac{1}{2}\left(x_0 + \frac{a}{x_0}\right)$$

编程分析：设平方根 $\sqrt{a}$ 的解为 x，可假定一个初值 x0=a/2（估计值），根据迭代公式得到一个新的值 x1，这个新值 x1 比初值 x0 更接近要求的值 x；再以新值作为初值，即 x1→x0，重新按原来的方法求 x1，重复这一过程直到|x1 - x0|<ε（某一给定的精度）。此时可将 x1 作为问题的解。

程序代码如下。

```
#include <math.h>
void main()
{ float x, x0, x1, a;
  printf("Enter a number a=?");
  scanf("%f",&a);
  if(fabs(a)<0.000001)
     x=0;
  else if(a<0)
      printf("Data Error\n");
  else
  { x0 = a / 2;                    // 取迭代初值
    x1 = 0.5 * (x0 + a / x0);
    while(fabs(x1 - x0) > 0.00001)
    { x0 = x1;                     // 将新值作为下一次迭代的初值
      x1 = 0.5 * (x0 + a / x0);
    }
    x = x1;
  }
  printf("%f \'s sqrt is:%f\n", a,x);
}
```

程序运行结果如下。

```
Enter a  number a=?  2<回车>
2.000000’s  sqrt is:1.414214
```

思考与讨论：

1）上面的 if 语句在处理 a=0 的情况时，为什么不用 if(a==0)，而改用 if(fabs(a) < 0.000001)来判断？读者可以用此程序求得的结果与直接调用 C 系统的库函数 sqrt( )计算结果进行比较。

2）将程序中的循环控制语句 do…while 改用 while 语句来实现，程序中 x0 的初值可否取其他值？这对计算结果有无影响?

小　结

C 语言是结构化程序设计语言，任何一个复杂程序，从其执行的流程来看，可分为 3 种最基本的结构：顺序结构、选择结构以及循环结构。

顺序结构程序是按照语句的先后顺序依次执行语句的程序。

选择结构一般由 if 语句提供两种分支的选择，if 语句的嵌套可以实现多分支的选择；

switch 语句是根据表达式的不同取值而执行不同分支的多种选择。

循环结构是在满足一定的条件下，重复执行给定的一组语句。循环结构一般用 while、do…while、for 语句来实现。在循环语句中，break、continue 语句提供了更有效控制循环的手段。在程序设计中，应避免过多使用 goto。滥用 goto 语句会导致程序结构混乱，大大降低程序的可读性，使程序难以修改和维护。

循环结构中可以嵌套另一个循环结构以构成多重循环。在编写循环结构的程序时，除了要熟悉各种循环结构的语法特点外，更重要的是如何根据问题归纳出循环算法，包括循环控制条件，设置与循环有关的变量初始值，循环控制条件的改变以及循环体等。

顺序结构、选择结构和循环结构是编程的基础，它不仅是结构化程序设计的基础，同时也是今后进一步学习面向对象程序设计的基础。如果说学好 C 语言比做盖好一座大厦，那么掌握这一章的内容，可以比喻为“打好了大厦的基础”。请读者务必多看书、多研究例题、多上机训练，把这一章的内容掌握好。

习　题

一、判断题

1．在 switch 结构中的每一个 case 分支必须包含 break 语句，否则程序会出错。 (　　)

2．break 语句的功能是中断程序运行，返回操作系统。 (　　)

3．用 do…while 语句实现循环时，不管条件真假，都将首先无条件地执行一次循环。 (　　)

4．break 语句是中断程序运行，continue 语句是继续程序执行。 (　　)

5．else 语句一定要与 if 语句配对使用，程序中 else 语句的个数一定少于或等于 if 语句的个数。 (　　)

二、选择题

1．若执行下面的程序时从键盘上输入 3 和 4，则输出结果是（　　）。

A．14　　B．16

C．18　　D．20

```
void main()
{  int a, b, s;
   scanf("%d%d", &a, &b);
   s=a;
   if(a<b) s=b;
   s=s*s;
   printf("%d\n", s);
}
```

2．根据以下程序，下列选项中正确的是（　　）。

```
void main()
```

```
{ int x=3, y=0, z=0;
  if(x=y+z) printf("****");
  else   printf("####");
}
```

A. 有语法错误不能通过编译

B. 输出 ****

C. 可以通过编译，但是不能通过连接，因而不能运行

D. 输出 ####

3. 根据以下程序，输出的结果是（　　）。

```
void main()
{ int x=3;
  do{
     printf("%d\n", x-=2);
  }while(!(--x));
}
```

A. 1　　　　B. 1 和-2

C. 3 和 0　　　　D. 死循环

4. 若执行下面的程序时从键盘上输入 5，则输出结果是（　　）。

```
void main()
{ int x;
  scanf("%d", &x);
  if(x++>5)printf("%d\n", x);
  else  printf("%d\n", x--);
}
```

A. 7　　　　B. 6

C. 5　　　　D. 4

5. 下面程序段求两个数中的大数，不正确的是（　　）。

A. `max =x>y?x:y;`

B. `if(x>y)  max = x; else max=y;`

C.
```
max=x;
if (y>=x)  max =y;
```

D.
```
if(y>=x ) max=y;
max = x;
```

6. 下列循环可以正常结束的是（　　）。

A.
```
i=5;
do
{i--;
}while (i<0);
```

B.
```
i=1;
do
{i=i+1;
}while (i=10);
```

C.
```
i=10;
do
{i=i+1;
} while (i>0);
```

D.
```
i=6;
do
{i=i-2;
}while (i==1);
```

三、程序阅读题

1．写出下面程序的运行结果。

```
void main()
{ int x=100,a=10,b=20,ok1=5,ok2=0;
  if(a<b)
   if(b!=5)
      if(!ok1)
         x=1;
       else
       if(ok2) x=10;
    x+=5;
    printf("%d\n",x);
}
```

2．写出下面程序的运行结果。

```
void main()
{  int a,b;
   for(a=1,b=1;a<=100;a++)
   {  if(b>=20)  break;
      if(b%3==1)
      { b+=3;
        continue;
      }
     b-=5;
   }
   printf("a=%d\n",a);
}
```

3. 在执行以下程序时，如果从键盘上输入：ABC123def<回车>，则输出结果是什么？

```
#include <stdio.h>
void main()
{   char ch;
    while((ch=getchar())!='\n')
    { if(ch>='A' && ch<='Z') ch=ch+32;
      else if(ch>='a' && ch<'z') ch=ch-32;
      printf("%c",ch);
    }
   printf("\n");
}
```

四、程序填空题

1．以下程序的功能是计算：s=1+12+123+1234+12345。请填空。

```
#include <stdio.h>
void main()
```

```
{  int  t=0,s,i;
   ___________;
   for( i=1; i<=5; i++){
     t=i+___________;
     s=s+t;
    }
   printf("s=%d\n",s);
}
```

2．下面的程序段是检查输入的算术表达式中圆括号是否配对，并显示相应的结果。通过键盘输入表达式，以输入回车作为表达式输入结束，然后显示结果。

```
#include  "stdio.h"
void main()
{ int count;
  char ch;
  while((ch=getchar())!='\n')
  { if( ___________ ==' (')
    count++;
    else if ( ____________ )
    ___________________;
  }
  if( ______________ )
     printf("left (=right) \n");
  else
  if(______________ )
     printf("left (=%d \n", count);
  else
     printf("right )=%d \n", -count);
}
```

3．下面的程序使用递减法求两个自然数 m、n 的最大公约数。

```
void main()
{ int m,n, div;
  printf("Enter Two Number n,m=?\n");
  scanf("%d,%d",&m,&n);
  div=m;
  if(n<m)  __________________;
  while ( m%div !=0 || n%div !=0 )
     _______________;
     printf ( "最大公约数=\n",div);
}
```

五、编程题

1．输入 3 个数据，如果这 3 个数据能够构成三角形，则计算并输出三角形的面积。

提示：

1）构成三角形的条件是：任意两边之和大于第三边。

2）计算三角形面积的公式是 $s=\sqrt{x(x-a)(x-b)(x-c)}$，其中，$x=\frac{1}{2}(a+b+c)$。

2．编一个计算个人所得税的程序，要求输入一个职工的月工资 salary，输出按个人所得税现行税收标准计算的应缴税 tax。

假设现行个人所得税的税率（rate）标准如下：

```
1000 >salary                  rate=0%
1000≤salary<1500              rate=5%
1500≤salary<2500              rate=10%
2500≤salary<3500              rate=15%
3500≤salary<5000              rate=20%
5000≤salary                   rate=30%
```

并采取分段收税法，即如果一个职工的工资是 2000 元，则应交税：（1500-1000）×0.05+（2000-1500）×0.1。

3．编程序计算：$1-\frac{1}{2!}+\frac{1}{3!}-\frac{1}{4!}+\cdots+(-1)^{n-1}\frac{1}{n!}$，精度为 0.000001。

4．编一个程序，显示出所有的水仙花数。所谓水仙花数，是指一个 3 位数，其各位数字立方和等于该数字本身。例如，153 是水仙花数，因为 $153=1^3+5^3+3^3$。

5．打印由数字组成的如图 4-25 所示的金字塔图案。

```
        1
       222
      33333
     4444444
    555555555
   66666666666
  7777777777777
 888888888888888
99999999999999999
```

图 4-25　金字塔图案

6．编程序解决百钱买百鸡问题。公元前 5 世纪，我国数学家张丘建在《算经》中提出“百鸡问题”：鸡翁一值钱五，鸡母一值钱三，鸡雏三值钱一。百钱买百鸡，问鸡翁、鸡母、鸡雏各几何？

7．迭代法求 $x=\sqrt[3]{a}$。求立方根的迭代公式为 $x_1=\frac{2}{3}x_0+\frac{a}{3x_0^2}$。

提示：初值 x_0 可取为 a，精度为 0.000001，a 值由键盘输入。

8．计算 π 的近似值，π 的计算公式为：

$$\pi=2\times\frac{2^2}{1\times3}\times\frac{4^2}{3\times5}\times\frac{6^2}{5\times7}\times\cdots\times\frac{(2n)^2}{(2n-1)(2n+1)}$$

要求：精度为 0.000001，并输出 n 的大小。注意表达式的书写，避免数据的“溢出”。

9．编一个程序，打印输出 6～1000 范围内所有的合数。所谓合数是指一个数等于其诸因子之和的数。例如，6=1+2+3，28=1+2+4+7+14，则 6、28 就是合数。

10．编程求方程 $x^2+y^2+z^2=2000$ 的所有整数解。

11．有一分数序列：

$$\frac{2}{1},\frac{3}{2},\frac{5}{3},\frac{8}{5},\frac{13}{8},\frac{21}{13},\cdots$$

编写程序求出这个数列的前 20 项之和。

第5章　数组、字符串与指针

学习要求

- 理解数组的概念
- 掌握一维数组和二维数组的定义及应用
- 掌握使用指针处理数组的方法
- 掌握使用字符数组及指针处理字符串数据的方法
- 掌握与数组有关的常用算法（如排序、查找、插入、删除等）的程序设计

5.1　数组概述

在实际问题中，经常会遇到对批量数据进行处理的情况，如对一组数据进行排序、求均值，在一组数据中查找某一数值，矩阵运算，表格数据处理，图形图像处理等。在C语言中，通常用数组来处理类型相同的一批数据问题。先看下面的例子。

例5-1　输入10个数，输出它们的平均值及大于平均值的数。

编程分析：如果使用前面所学的知识来解决此问题，就需要定义10个变量来存放输入的数据，首先求出其平均值，然后将10个数依次与平均值比较，如果大于平均值，则打印输出。

例如，下面的程序代码（很不好的程序）。

```
#include <stdio.h>
void main()
{
  float  s, ave, a1, a2, a3,a4,a5,a6,a7,a8,a9, a10;
  scanf("%f%f%f%f%f",&a1,&a2,&a3,&a4,&a5);
  scanf("%f%f%f%f%f",&a6,&a7,&a8,&a9,&a10);
  s=a1+a2+a3+a4+a5+a6+a7+a8+a9+a10;
  ave=s/10;
  if (a1>ave)   printf("%f",a1);
  if (a2>ave)   printf("%f",a2);
  if (a3>ave)   printf("%f",a3);
  …                                //实际程序是不能这样写的
  if (a10>ave) printf("%f" ,a10);
}
```

从上面的程序可以看到程序显得很冗长，假设不是10个数，而是100，1000，甚至是10000，按上面方法编写程序就非常冗长，也是不现实的。通过分析不难看到，输入的10个数据如果能使用类似数学中的下标变量 a_i（i=1，2，…，10）的形式，这样就可使用循环语句来写程序。C语言中表示下标变量就是通过定义数组来实现的。使用数组编程如下。

```
#include <stdio.h>
void main()
{  int n,i;
   float s=0.0,ave,a[10];              //给s赋初值
   for(i=0;i<10;i++)                   //循环输入学生成绩，并求和
   {
      printf("Enter a number=?");      //提示用户输入数
      scanf("%f",&a[i]);
      s=s+a[i];                        //求和
   }
   ave=s/10;                           //求平均值
   printf("ver=%f\n",ave);
   for(i=0;i<10;i++)                   //输出大于平均值的数
      if (a[i]>ave)  printf("%f\n",a[i]);
}
```

上面程序中的a[i]是C语言中表示数学中下标变量的方法。使用数组时将10个数输入存放在数组元素a[0]～a[9]，通过循环操作数组元素。如果不是10个数，而是100，则只需将程序中的10改为100即可，程序不会增加代码。比较前面的程序，可以看到使用数组处理大量数据要比使用多个简单变量的程序简明得多。

在程序中使用数组，一是可以用数组名加下标来表示同类型的数据，不需要定义多个变量；二是同类型的数据在内存中连续存放，便于实现对数据的高效管理。

C语言中的数组的分类如下。

1）按元素的数据类型可分为：整型数组、实型数组、字符数组、结构体数组、共用体数组、指针数组等。

2）按数组的维数可分为：一维数组、二维数组、多维数组。

5.2 一维数组

只有一个下标的数组，称为一维数组。数组中的某个元素只需一个下标变量就可表示该元素在数组中的位置，可通过下标变量引用其中的元素，如例5-1中的a[i]。

5.2.1 一维数组的定义

定义一个一维数组，需要明确数组名、数组元素的数据类型和数组中包含的数组元素的个数（即数组的长度）。

一维数组的定义格式为：

```
类型符 数组名[常量表达式];
```

例如，float a[10],b[20]; 定义实型数组 a，有 10 个元素；实型数组 b，有 20 个元素。

说明：

1）数组的类型实际上是指数组元素的取值类型。对于同一个数组，其所有元素的数据类型都是相同的。

2）数组名是用户定义的数组标识符，不能与同一函数中其他变量名相同。

3）C 语言中数组的下标从 0 开始，如上面定义的数组 a 的元素为 a[0]，a[1]，…，a[9]。

4）定义数组时，方括号内的“常量表达式”表示数组元素的个数，可以是整型常量、符号常量，也可以是整型常量表达式，但不能在方括号中用变量或含有变量的表达式来表示元素的个数。例如，下面的数组定义是允许的。

```
#define NUM 50
int y[NUM];                //正确，因为 NUM 是符号常量
```

一个初学者容易犯的错误是试图定义可变长度的数组，例如，

```
int n;
scanf("%d",&n);
int a[n];                  //错误，因为 n 是变量
```

其想法是，在运行程序时再输入元素个数，但却发现这段程序不能通过编译。为什么呢？除了这里所讲的 C 语言是不允许定义可变数组的语法规则外，还有另一个语法错误，数组定义（第 3 行）不能位于可执行语句（第 2 行）的后面。

不难理解，若定义：

```
int n, a[n];           //错误，因为 n 是变量
```

也是错误的，因为 n 是变量。

5）允许在同一个数据类型定义语句中，定义多个数组和多个变量。例如，

```
int x,y,z,a[10],b[20];
```

6）数组中各元素在内存占一片连续的存储空间，一维数组在内存中存放的顺序是按下标由小到大排列，如图 5-1 所示。

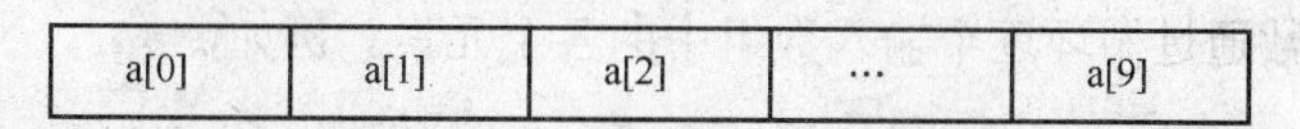

图 5-1　数组中各元素的存储顺序

由于数组要在内存中占用连续的存储单元，数组第一个元素存放的地址为数组在内存区域的首地址，C 语言规定，可以使用数组名表示数组的首地址。

5.2.2　一维数组元素赋值

通常有两种方法给数组元素赋值，即在数组定义时初始化和使用赋值语句。同其他变量一样，数组定义后，如果没有给元素赋值，其元素是不定值。

1. 数组定义时初始化

数组初始化是指在数组定义时给数组元素赋予初值。数组初始化是在编译阶段进行的，这样将减少运行时间，提高效率。

初始化赋值的一般形式为：

```
类型符 数组名[常量表达式]={值,值...值};
```

在花括号“{ }”中的各数据值即为各元素的初值，各值之间用逗号间隔。例如，int a[10]={ 0,1,2,3,4,5,6,7,8,9 }；相当于 a[0]=0;a[1]=1;…a[9]=9;。

C 语言对数组的初始赋值还有以下几点规定。

1）对数组的全部元素赋初值，此时可以省略数组长度。上面定义可写为：

```
int a[]={ 0,1,2,3,4,5,6,7,8,9 };
```

2）可以只给部分元素赋初值。当“{ }”中值的个数少于元素个数时，只给前面部分元素赋值，其余元素系统自动赋值为 0。例如，

```
int a[10]={0,1,2,3,4};
```

表示只给 a[0]～a[4] 5 个元素赋值，而后 5 个元素系统自动赋 0 值。

3）只能给元素逐个赋值，不能给数组整体赋值。例如，给数组 a 的 10 个元素全部赋值为 1，只能写为：

```
int a[10]={1,1,1,1,1,1,1,1,1,1};
```

而不能写为“int a[10]=1;”。

2. 使用赋值语句

用赋值语句给数组元素赋值是在程序执行过程中实现的。例如，

```
int a[3];
a[0]=5;a[1]=8;a[2]=9;
```

3. 使用输入函数给数组元素输入数据

使用输入函数通过循环逐个输入数组中的各个元素。例如，

```
int a[10],i;
for(i=0;i<10;i++)
  scanf("%d",&a[i]);          //使用数组名 scanf("%d",a+i);
```

5.2.3 一维数组元素的引用

首先要说明的是：C 语言中，不允许直接引用数组本身进行某种运算，只能通过引用数组的元素间接引用数组。数组元素是组成数组的基本单元，数组元素也是一种变量。引用数组元素有下标法和指针法。本小节介绍下标法，指针法将在 5.4 节中介绍。

使用下标法引用一维数组元素的一般形式为：

```
数组名[下标]
```

其中，下标为整型变量、常量或整型表达式。如为实数时，C 编译程序将自动取整。

例如，有下面的数组定义：

```
int a[10],b[10];
a[1]=a[2]+b[1]+5;     //取数组元素运算，并将结果赋值给第 1 个元素
b[i+1]=a[i+2];        //将数组 a 的第 i+2 个元素的值赋值给数组 b 的第 i+1 个元素
```

说明：

1）数组元素的引用（下标变量）和数组定义在形式中有些相似，但这两者具有完全不同的含义。数组定义的方括号中给出的是某一维的长度，即表示元素的个数；而数组元素中的下标是该元素在数组中的位置标识。前者只能是常量，后者可以是常量、变量或表达式。

例如，int a[10];中，a[10]只是定义数组有 10 个元素。但是引用中不能用 a[10]，因为 C 语言中下标从 0 开始，数组 a 的最后一个元素是 a[9]。

2）避免出现数组越界。C 语言中对数组的引用不检验数组边界，即当引用下标超界时（下标小于 0 或大于上界），系统虽然不出错，但可能使其他变量或数组甚至程序代码被破坏，使得程序运行中断或输出错误的结果。

3）在 C 语言中只能逐个引用数组元素，而不能一次引用整个数组。例如，输出有 10 个元素的数组必须使用循环语句逐个输出各下标变量：

```
for(i=0; i<10; i++)  printf("%d",a[i]);
```

而不能用一个语句输出整个数组，如 printf("%d",a)。

5.2.4 一维数组的基本操作

1. 求数组中最大元素及其下标

例 5-2 输入 N 个数据存入数组中，输出其中的最大元素。

编程分析：

1）设 a[0]为最大元素，用变量 max 存放最大值，下标 imax=0。

2）逐个元素比较，如果 a[i] > max，令 max = a[i]，修改 imax = i。

```
#include <stdio.h>
#define  N 10
void main()
{   int i,imax,max,a[N];                  //imax 代表最大值元素所在的位置
    printf("Enter %d Numbers\n",N);  //提示输入数据
    for(i=0;i<N;i++)
      scanf("%d",&a[i]);
    max = a[0];                           //假设第 0 个元素就是最大元素
    imax= 0;
```

```
    for(i=1;i<N;i++)
       if(a[i] > max)
       { max = a[i];
         imax = i;
       }
    printf(" The Max Number a[%d] =%d\n",imax,max);
}
```

程序运行结果如下。

```
Enter 10 Numbers
2 45 6 9 88 1 -19 20 78 55 <回车>
The Max Number a[4]=88
```

思考与讨论：若要求数组中最小元素及其下标，程序如何修改？

2. 一维数组的倒置

算法分析：将第0个元素与最后1个元素的交换、第1个元素与倒数第2个元素的交换……即第i个与第n－i－1个元素的交换，直到i<n/2。操作过程如图5-2所示。

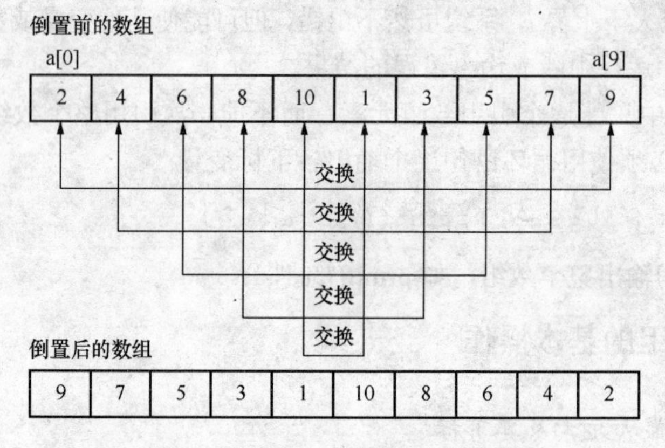

图5-2 将数组元素倒置的操作过程

例5-3 输入N个数据存入数组中，将其倒置存放，并打印输出。

```
#include <stdio.h>
#define  N 10
void main()
{ int i,t,a[N];
   printf("Enter %d Numbers\n",N);   //提示输入数据
   for(i=0;i<N;i++)
      scanf("%d",&a[i]);
   for(i=0;i< N/2;i++)                    //将数组倒置
   { t=a[i];
     a[i]=a[N-i-1];
     a[N-i-1]=t;
   }
```

```
    for(i=0;i<N;i++)                    //输出倒置后的数组
      printf("%d ",a[i]);
  }
```

程序运行结果如下。

```
Enter 10 Numbers
2 4 6 8 10 1 3 5 7 9 <回车>
9 7 5 3 1 10 8 6 4 2
```

5.2.5　一维数组的应用举例

例 5-4　利用数组求 Fibonacci 数列前 20 个数，并按每行打印 5 个数的格式输出。数列的第 1、2 个均为 1，此后各项值均为前 2 个之和。

编程分析：定义数组 f[20]，其值是 Fibonacci 数列的值，同使用循环处理 Fibonacci 数列相比，使用数组可以保存 Fibonacci 数列的值，并且处理变得简单，容易理解。程序代码如下。

```
#include <stdio.h>
void main()
{  int i;
   int f[20]={1,1};           // 定义 Fibonacci 数组 f,前 2 个元素赋初值 1
   for(i=2;i<20;i++)
      f[i]= f[i-1]+f[i-2];    // 按照 Fibonacci 数列的规则,计算后续元素的值
   for(i=0;i<20;i++)
   {  if(i%5==0) printf(" \n"); // 每输出 5 个元素换行一次
      printf("%12d" ,f[i]);
   }
   printf(" \n");
}
```

程序运行结果如下。

```
  1           1           2           3           5
  8          13          21          34          55
 89         144         233         377         610
987        1597        2584        4181        6765
```

思考与讨论：本程序中，如果求数列的表达式写成 f[i+2]= f[i+1]+f[i]是否可以？此时循环变量 i 的初值应设为多少？循环条件应如何修改？

例 5-5　统计一个班某门课程考试成绩的分布，即统计成绩在 0～9，10～19，20～29，…，80～89，90～99 分数段及 100 分的学生人数。

编程分析：可另用数组 bn 来存各分数段的人数，并用 bn[0]存 0～9 分的人数，bn[1]存 10～19 分的人数，…，bn[9]存 90～99 分的人数，bn[10]存 100 分的人数。

程序代码如下。

```
#include <stdio.h>
#define NUM 20                    //定义代表班上学生人数的符号常量
```

```
    void main()
    {   int a[NUM],bn[11]={0},i,k;
        float sum,aver;
        printf("Enter Student Score\n");     //提示用户输入学生成绩
        for(i=0;i<NUM;i++)                   //循环输入学生成绩
          scanf("%d", &a[i]);
        for(i=0;i<NUM;i++)                   //统计各分数段的人数
        { k = a[i] / 10;
          bn[k] = bn[k] + 1;             //对应分数段的人数加 1
        }
        for(i=0;i<10;i++)                    //打印输出各分数段的学生人数
          printf("%2d --%2d = %d\n", i * 10,i * 10 + 9,bn[i]);
        printf( "  100---= %d " ,bn[i]);
    }
```

程序运行结果如下。

```
Enter Student Score
23 4 45 67 89 98 76 65 80 78<回车>
68 81 46 45 99 100 19 56 95 66<回车>
0 -- 9=1
10--19=1
20--29=1
30--39=0
40--49=3
50--59=1
60--69=4
70--79=2
80--89=3
90--99=3
100 -- =1
```

思考与讨论：

1）理解本例输出格式控制的书写方法。

2）本例通过合理使用数组，使程序简化。读者可使用以前学过的 if-else if 语句或 switch 语句改写该程序。

5.3 二维数组与多维数组

5.2 节介绍的数组只有一个下标，称为一维数组，其数组元素也称为单下标变量。在实际问题中有很多量是二维的或多维的。二维数组是用来处理像二维表格、数学中的矩阵等问题。例如，矩阵 a 的数据：

$$a=\begin{bmatrix}1 & 2 & 3\\4 & 5 & 6\\7 & 8 & 9\end{bmatrix}$$

其中，每个元素需要两个下标（表示行、列）来确定位置，如 a 中值为 8 的元素的行是 2，列为 1（注：C 语言下标从 0 开始），它们共同确定该元素在矩阵 a 的位置。当用一个数组存储该矩阵时，每个元素的位置都需要用行和列两个下标来描述，如 a[1][2]表示 a 数组中第 1 行第 2 列的元素。a 数组是一个二维数组。同理，数组中的元素有 3 个下标的数组称为三维数组。三维及三维以上的数组也称为多维数组。

5.3.1　二维数组的定义

二维数组类型定义的一般形式是：

```
类型符 数组名[常量表达式 1][常量表达式 2];
```

其中，<常量表达式 1>表示第一维下标的长度，<常量表达式 2>表示第二维下标的长度。二维数组的大小（元素个数）为：常量表达式 1×常量表达式 2。

例如，int a[3][4]; 定义了一个 3 行 4 列的数组，数组名为 a，其元素变量的类型为整型。该数组的元素共有 3×4 个，其元素为：

```
a[0][0], a[0][1], a[0][2], a[0][3]
a[1][0], a[1][1], a[1][2], a[1][3]
a[2][0], a[2][1], a[2][2], a[2][3]
```

二维数组 a[3][4]理解为：有 3 个元素 a[0]、a[1]、a[2]。a[0]、a[1]、a[2]又当作一维数组名，每个数组名各包含 4 个元素，如图 5-3 所示。

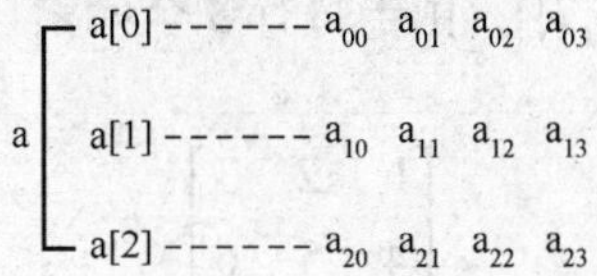

a
a[0] ------- a_{00}　a_{01}　a_{02}　a_{03}
a[1] ------- a_{10}　a_{11}　a_{12}　a_{13}
a[2] ------- a_{20}　a_{21}　a_{22}　a_{23}

图 5-3　二维数组可理解为由多个一维数组构成

5.3.2　二维数组元素的引用

二维数组的元素也称为双下标变量，其表示的形式为：

```
数组名[下标 1][下标 2]
```

其中，下标应为整型常量或整型表达式。例如，

```
a[1][2]=10;            //将第 1 行第 2 列元素赋值为 10
a[i][j]=a[i-1][j-1]+2;
```

在程序中常常通过二重循环来使用二维数组元素。

5.3.3　二维数组的初始化

与一维数组一样，也可以对二维数组进行初始化。在对二维数组进行初始化时要注意以下几点。

1）二维数组可按行分段赋值，也可按行连续赋值。例如，

```
int a[5][3]={ {80,75,92},{61,65,72},{59,63,70},{85,87,90},
              {76,97,85} };

int a[5][3]={ 80,75,92,61,65,72,59,63,70,85,87,90,76,97,85 };
```

这两种赋初值的结果是完全相同的。

2）可以只对部分元素赋初值，未赋初值的元素自动取 0 值。例如，int a [3][3]={{1},{0,2},{0,0,3}}; 赋值后的数组为：

$$\begin{bmatrix} 1 & 0 & 0 \\ 0 & 2 & 0 \\ 0 & 0 & 3 \end{bmatrix}$$

3）如对全部元素赋初值，则第一维的长度可以不给出（但一对方括号不能省略）。例如，int a[3][3]={1,2,3,4,5,6,7,8,9}; 可以写为 int a[][3]={1,2,3,4,5,6,7,8,9};，赋值后的数组为：

$$\begin{bmatrix} 1 & 2 & 3 \\ 4 & 5 & 6 \\ 7 & 8 & 9 \end{bmatrix}$$

说明：如果省略第一维的长度按行连续赋初值，系统根据数据的多少自动确定数组的行数。

例如，int a[][3]={1,2,3,4,5,6,7};，由于每行 3 个元素，而初值有 7 个，所以赋值后的数组为：

$$\begin{bmatrix} 1 & 2 & 3 \\ 4 & 5 & 6 \\ 7 & 0 & 0 \end{bmatrix}$$

5.3.4　二维数组的基本操作

二维数组的操作一般需要使用二重循环。

1. 给二维数组输入数据

设所有变量及数组已定义，其程序段如下。

```
for(i=0;i<N;i++)              // N 为第一维下标的长度
  for(j=0;j<M;j++)            // M 为第二维下标的长度
    scanf("%d",&a[i][j]);
```

2. 求最大元素及其所在的行和列

例 5-6　输出下面二维数组中的最大元素及其下标。

$$a=\begin{bmatrix}12 & 23 & 3 & 5\\45 & 32 & 56 & 6\\6 & 16 & 34 & 21\end{bmatrix}$$

基本思路同在一维数组中求最大值一致，用变量 max 存放最大值，row、col 存放最大值所在行列号，设 a[0][0]为最大值，再逐行逐列进行比较，可用下面程序实现。

```
#include <stdio.h>
void main()
{   int i,j,max,row ,col;
    int a[3][4]={{12,23,3,5},{45,32,56,6},{6,16,34,21}};
    max = a[0][0];
    row =0; col =0;
    for(i=0;i<3;i++)
      for(j=0;j<4;j++)
         if(a[i][j] > max )
         { max = a[i][j];
           row = i;
           col = j;
         }
    printf("The Max Number is: a[%d][%d]=%d\n", row, col,max);
}
```

程序运行结果如下。

```
The Max number is: a[1][2]=56
```

思考与讨论：如果数组 a 中有多个最大值，本程序是否只记录和输出其中行列号最小的元素？程序中是否可去掉“row =0; col =0;”语句？

3. 计算两矩阵相乘

设矩阵 A 有 M×P 个元素，矩阵 B 有 P×N 个元素，则矩阵 C=A×B 有 M×N 个元素。矩阵 C 中任一元素的公式如下。

$$c[i][j]=\sum_{k=1}^{P}(a[i][k]\times b[k][j])\qquad (i=1,2,\cdots,m;\ j=1,2,\cdots,n)$$

例 5-7　求下面两矩阵的乘积矩阵。

$$a=\begin{bmatrix}1 & 5 & 6\\3 & 2 & 8\end{bmatrix}\qquad b=\begin{bmatrix}1 & 2 & 3\\4 & 5 & 6\\7 & 8 & 9\end{bmatrix}$$

下面是两矩阵相乘的程序。

```
#include <stdio.h>
#define M 2
#define N 3
```

```
#define P 3
void main()
{  int i,j,k,c[M][N];
   int a[M][P]={{1,5,6},{3,2,8}};
   int b[P][N]={{1,2,3},{4,5,6},{7,8,9}};
   for(i=0;i<M;i++)                    //矩阵相乘
     for(j=0;j<N;j++)
     {   c[i][j] = 0;
         for(k=0;k<P;k++)
           c[i][j] = c[i][j] + a[i][k] * b[k][j];
     }
   for(i=0;i<M;i++)                    //打印输出相乘所得的矩阵 c
   { for(j=0;j<N;j++)
         printf("%d ",c[i][j]);
     printf("\n");                     //换行
   }
}
```

4. 矩阵的转置

如果是方阵，即 a 是 M×M 的二维数组，则可以不必定义另一数组，否则就需要再定义新数组。方阵的转置以对角线为基准，对应元素交换，下面两段的程序代码都能实现方阵的转置。

```
for(i=0; i<N; i++)
  for(j=i+1; j<N; j++)
  { t=a[i][j];
    a[i][j]=a[j][i];
    a[j][i]=t;
  }
```

```
for(i=1; i<N; i++)
  for(j= 0; j<i; j++)
  { t=a[i][j];
    a[i][j]=a[j][i];
    a[j][i]=t;
  }
```

例 5-8 将下面的矩阵转置存放，并打印输出。

$$a=\begin{bmatrix}1 & 4 & 7\\2 & 5 & 8\\3 & 6 & 9\end{bmatrix}$$

实现矩阵转置的完整程序如下。

```
#include <stdio.h>
#define N 3
void main()
{  int i,j,t;
   int a[N][N]={{1,4,7},{2,5,8},{3,6,9}};
   for(i=0; i<N; i++)
     for(j=i+1; j<N; j++)
     {  t=a[i][j];  a[i][j]=a[j][i];  a[j][i]=t;
     }
   for(i=0;i<N;i++)                    //打印输出转置后的矩阵
```

```
    { for(j=0;j<N;j++)
        printf("%d ",a[i][j]);
      printf("\n");                  //换行
    }
}
```

说明：如果不是方阵，则要定义另一个数组。设 a 是 M×N 的矩阵，要重新定义一个 N×M 的二维数组 b，将 a 转置得到 b 的程序代码如下。

```
for(i=0; i<M; i++)
    for(j=0; j<N; j++)
      b[j][i]=a[i][j];
```

5.3.5　二维数组应用举例

例 5-9　设一个学习小组有 5 个学生，每个学生有 3 门课的考试成绩。求全组每个学生的平均成绩。学生成绩如下。

学号	Math	English	C
NO1	80	75	92
NO2	61	65	72
NO3	59	63	70
NO4	85	87	90
NO5	76	97	85

编程分析：可使用一个二维数组 a[5][3]存放 5 个人 3 门课的成绩。再设一个一维数组 aver[5]存放所求得每个学生的平均成绩，实现的程序代码如下。

```
#include <stdio.h>
void main()
{  int i,j,sum,a[5][3], aver[5];
   printf("input score\n");
   for(i=0;i<5;i++)                          //i 代表学生序号
   { sum=0;                          //每位学生成绩输入前,其总成绩赋初值 0
     for(j=0;j<3;j++)                        //j 代表课程代号
     { scanf("%d",&a[i][j]);                 //输入第 i 号学生第 j 门课程的成绩
         sum=sum+a[i][j];                    //累加求总成绩
     }
     aver[i]=sum/3;                          //求第 i 个学生的平均成绩
   }
   printf("NO.  math  English  C  Aver\n");  //输入标题行
   for(i=0;i<5;i++)                          //输出计算结果
   { printf("NO%d. ",i);                     //输出学号
     for(j=0;j<3;j++)                        //输出各科成绩
        printf("%5d ",a[i][j]);
     printf("%5d\n",aver[i]);                //输出平均成绩
   }
}
```

程序中使用两个双重循环，在第一个双重循环的内循环中依次读入某一学生的 3 门

课程的成绩，并把各科成绩累加起来，退出内循环后再把该累加成绩除以 3，即求得平均成绩送入 aver[i]之中。外循环共循环 5 次，分别求出 5 个学生的平均成绩并存放在 aver 数组之中。第二个双重循环打印输出学生的成绩。

程序运行结果如下。

```
input score
80 75 92 <回车>
61 65 72 <回车>
59 63 70 <回车>
85 87 90 <回车>
76 97 85 <回车>
NO.   math English  C   Aver
NO0.   80     75    92  82
NO1.   61     65    72  66
NO2.   59     63    70  64
NO3.   85     87    90  87
NO4.   76     97    85  86
```

思考与讨论：

1）代表每个学生总成绩变量的 sum 的赋初值为什么要放到外循环内？如果将该语句移到外循环以外，程序输出结果如何？

2）如果不使用一维数组 aver，只用一个二维数组来处理该问题，将每位学生的平均成绩存放在二维数组的第 4 列，即数组 a 的定义为“int a[5][4]; ”，上面的程序将如何修改？

3）如何计算每门课程的平均分？

5.3.6 多维数组的定义和引用

在处理三维空间问题等其他复杂问题时要使用到三维及三维以上的数组，通常把三维及三维以上的数组称为多维数组。例如，三维图形的点坐标（x,y,z）就要用到三维数组。

定义三维数组的格式如下：

```
类型符 数组名[常量表达式 1][常量表达式 2][常量表达式 3];
```

例如，

```
int  a[5][5][5];                        //定义 a 是三维数组
float b[2][6][10][5];                   //定义 b 是四维数组
```

多维数组的使用与二维数组的使用大同小异，只要确定各维的下标值，就可以使用多维数组的元素了。操作多维数组常常要用到多重循环，一般每一层循环控制一维下标。要注意下标的位置和取值范围。

另外要说明的是：由于数组在内存中占据一片连续的存储空间，多维数组如果每维下标定义太大，可能造成大量存储空间浪费，从而严重影响程序的执行速度。例如，定义一个双精度数组 a[100][100][100]，则存储这一数组需要用 100×100×100×8 字节的连续存储空间，这是一块非常大的内存空间，极有可能使计算机内存不够用。

5.4　数组与指针

数组在内存占用一片连续的存储空间，这个连续空间的首地址为数组的指针，即数组的指针是指数组的首地址。数组元素的地址称为数组元素的指针。因此，同样可以用指针变量来指向数组或数组元素。

5.4.1　指向一维数组的指针

1. 用指针引用数组元素

假设定义一个一维数组，系统将给该数组在内存中分配的一个存储空间，C 语言规定其数组名就是数组在内存中的首地址。若再定义一个指针变量，并将数组的首地址传给指针变量，则该指针就指向了这个一维数组。可以说数组名是数组的首地址，也就是数组的指针。而定义的指针变量就是指向该数组的指针变量。对一维数组的引用，既可以用 5.2 节的下标法，也可使用指针的表示方法。

```
int a[10] , *p;           //定义数组与指针变量* /
```

做赋值操作：

```
p=a;   或      p=&a[0];
```

则 p 就得到了数组的首地址。其中，a 是数组的首地址，&a[0]是数组元素 a[0]的地址，由于 a[0]的地址就是数组的首地址，所以，两条赋值操作效果完全相同。指针变量 p 就是指向数组 a 的指针变量，如图 5-4 所示。

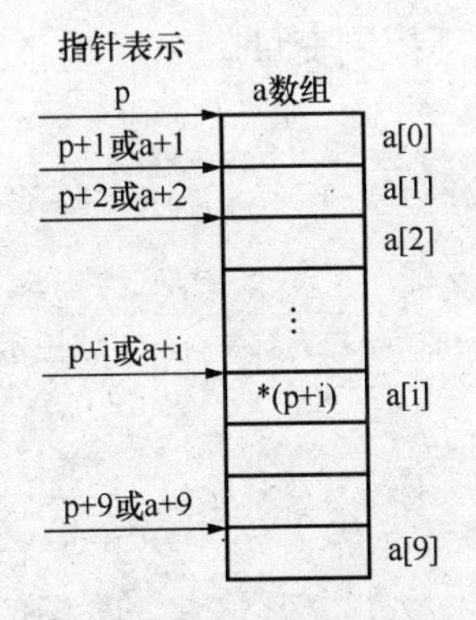

图 5-4　一维数组的指针法访问

当使指针 p 指向数组 a 后，可以用指针 p 访问数组的各个元素。如果指针 p 指向数组 a（指向数组的第一个元素 a[0]），则

```
p+1 指向下一个元素 a[1]
p+i 指向元素 a[i]
```

注意： p+1 不是将 p 值简单加 1。如果数组元素是整型，p+1 表示 p 的地址加 2；如果数组元素是实型，p+1 表示 p 的地址加 4；如果数组元素是字符型，p+1 表示 p 的地址加 1。

使用指针法引用一维数组的第 i 个元素的方法有如下 3 种。

1）*(p+i)访问元素 a[i]。

2）*(a+i)访问元素 a[i]。

3）指向数组的指针变量也可以带下标，即 p[i]与*(p+i)等价，表示元素 a[i]。

例 5-10 使用指针法改写例 5-2。即输入 N 个数据存入数组中，输出其中的最大元素。

方法一：通过数组名计算数组元素的地址，引用数组元素。

```
#include <stdio.h>
#define  N 10
void main()
{  int i,imax,max,a[N];                  //imax 代表最大值元素所在的位置
   printf("Enter %d Numbers\n",N);       //提示输入数据
   for(i=0;i<N;i++)
       scanf("%d",a+i);
   max = a[0];                           //假设第 0 个元素就是最大元素
   imax= 0;
   for(i=1;i<N;i++)
      if (*(a+i) > max)
      { max = *(a+i);
        imax = i;
      }
   printf(" The Max Number a[%d]=%d\n",imax,max);
 }
```

方法二：使用指针变量作循环控制变量。

```
#include <stdio.h>
#define  N 10
main()
{ int i,imax,max,a[N],*p;                //imax 代表最大值元素所在的位置
  printf("Enter %d Numbers\n",N);        //提示输入数据
  for(p=a;p<a+N;p++)
      scanf("%d",p);
      max = a[0];                        //假设第 0 个元素就是最大元素
      imax= 0;
      p=a;               //此语句不能少，因为在输入数据后，指针已指向数组外了
      for(i=0;i<N;i++,p++)     //此语句可以写成 for(i=0;p<a+N;i++,p++)
         if(*p > max)
         { max = *p);
           imax = i;
         }
      printf(" The Max Number a[%d]=%d\n",imax,max);
 }
```

这两种方法与下标法的比较如下。

1）方法一与例 5-2 的下标法执行效率是相同的，C 编译系统是将 a[i]转换为*(a+i)处理，即先计算元素的地址。

2）方法二比方法一和下标法执行效率高，用指针变量直接指向元素，不必每次都重新计算地址，使用指针运算 p++指向下一个元素，这种有规律地改变地址值 p++能大大提高程序执行效率。

3）用下标法比较直观，能直接知道是第几个元素。使用指针法，一定要知道当前指针指向哪个元素，否则可能得到意想不到的结果。

使用指针引用数组元素，应注意以下问题。

1）若指针 p 指向数组 a，虽然 p+i 与 a+i、*(p+i)与*(a+i)意义相同，但仍应注意 p 与 a 的区别（a 代表数组的首地址，是不变的；p 是一个指针变量，可以指向数组中的任何元素），例如，

```
for(p=a; a<(p+10); a++) //错误，因为 a 代表数组的首地址，是不变的，a++不合法
  printf("%d", *a);
```

2）指针变量可以指向数组中的任何元素，注意指针变量的当前值。

例 5-11　输入 10 个数据存入数组 a 中，然后打印输出数组 a。

程序代码如下。

```
#include <stdio.h>
void main()
{  int *p, i, a[10];
   p = a;
   for(i=0;i<10;i++)
      scanf("%d", p++);
   for(i=0;i<10; i++,p++)
      printf("%d ", *p);
}
```

程序运行结果如下。

```
2 10 3 20 14 56 70 11 22 78
0 1244996 1245064 4199161 1 8064608 8064352 0 0 2147299328
```

思考与讨论：运行结果显然是不对的，这是什么原因呢？其原因是使用指针访问数组越界。在例 5-11 中，第 2 次 for 循环开始时，p 已经越过数组的范围，如图 5-5 所示。C 语言编译器不能发现该问题，避免指针访问越界是程序员自己的责任。此例只需要在第 2 次 for 循环前面加一个语句“p=a;”，即让指针指向数组首地址即可避免。

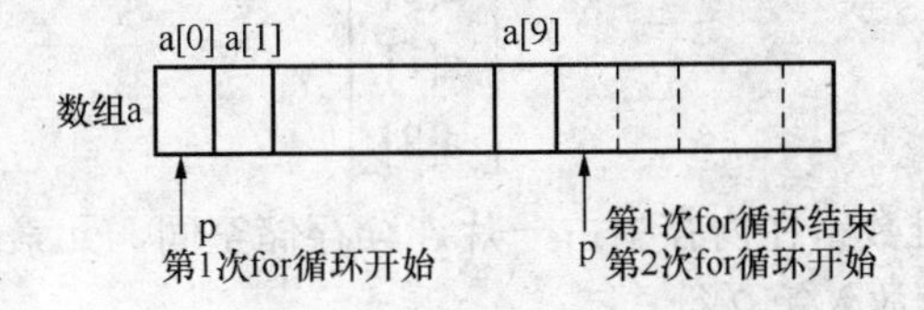

图 5-5　例 5-11 程序执行过程中的指针变化情况

2. 指向数组元素的指针的一些运算

设有定义“int a[10],*p=a;”，则对指向数组的指针变量的一些操作运算如表 5-1 所示。

表 5-1 指向数组元素指针的一些运算

运算操作	说 明
p++（或p += 1）	p指向下一个元素
*p++	相当于*(p++)。因为*和++同优先级，++是右结合运算符
*(p++)	先取*p，再使p加1，即先取得p所指向元素的值，让指针指向下一个元素
*(++p)	先使p加1，再取*p，即先让p+1指向下一个元素，再取指向元素的值
(*p)++	p指向的元素值加1，指针仍指向原来的元素

例 5-12 指向数组的指针变量的运算示例。

```
#include <stdio.h>
void main()
{ int a[6]={2,4,6,8,10,12},*p;
  p=a+2;
  printf("%d ",*p++);     //输出p所指向的元素,即a[2],让p指向下一个元素,即a[3]
  printf("%d ",*(p++)); //输出p所指向元素a[3],让p指向下一个元素a[4]
  printf("%d ",*++p);    //让p指向下一个元素a[5],输出p所指向元素a[5]的值
  printf("%d ",(*p)++);//输出p所指向元素a[5]的值,让p所指向元素的值加1
  printf("%d ",*p);      //输出p所指向元素的值,即a[5]
}
```

根据程序的注释，不难分析出程序运行的输出结果：

```
6 8 12 12 13
```

5.4.2 指向二维数组的指针

1. 二维数组的指针

例如，有如下二维数组的定义：

```
int a[3][4] = {{1,2,3,4},{5,6,7,8},{9,10,11,12}};
```

根据 5.3.1 节所述，二维数组 a 可理解为包含 3 个元素的一维数组：a[0]、a[1]、a[2]，即可理解为：

$$a=\begin{bmatrix} a[0] \\ a[1] \\ a[2] \end{bmatrix}$$

在 C 语言中，二维数组在内存中占一片连续存储空间，元素的存放是按行排列的，即存放完一行之后顺次放入第 2 行。

1）二级指针常量。因为数组名可以看成是由 3 个元素 a[0]、a[1]、a[2]构成的一维

数组，每个元素指向该行的首地址。因此，二维数组名是一个二级指针常量。

2）一级指针常量。a[0]可以看成是由a[0][0]、a[0][1]、a[0][2]、a[0][3]构成的一维数组，可以将a[0]这个特殊数组名理解为指向int类型的一级指针常量。a[1]与a[0]具有同样性质，a[1]与a[0]的偏移量是一行元素的长度。

二维数组a的指针如图5-6所示（假设第一个元素的地址是0x2000）。

行指针	行 / 元素指针	元素	地址
a	a[0]	a[0][0]	0x2000
	a[0]+1	a[0][1]	0x2002
	a[0]+2	a[0][2]	0x2004
	a[0]+3	a[0][3]	0x2006
a+1	a[1]	a[1][0]	0x2008
		a[1][1]	0x200a
		a[1][2]	0x200c
		a[1][3]	0x200e
a+2	a[2]	a[2][0]	0x2010
		a[2][1]	0x2012
		a[2][2]	0x2014
		a[2][3]	0x2016

图5-6 二维数组a在内存中的映像

按行顺次存放，先存放a[0]行，再存放a[1]行，最后存放a[2]行。每行中有4个元素，也是依次存放。由于数组a声明为int类型，该类型占2个字节的内存空间，所以每个元素均占有2个字节。

a+0表示第0行的首地址，与a[0]或&a[0][0]的值相同，但意义及参与的运算不同。

a+1表示第1行元素的首地址，与a[1]或&a[1][0]的值相同。

a+2表示第2行元素的首地址，与a[2]或&a[2][0]的值相同。

由于把a[0]、a[1]、a[2]看成一维数组，它们代表各自数组的首地址，即

a[0]相当于&a[0][0]。

a[1]相当于&a[1][0]。

a[2]相当于&a[2][0]。

根据一维数组的表示方法，则有

a[0]+1：表示一维数组中第二个元素的地址，相当于&a[0][1]。

a[0]+2：表示一维数组中第三个元素的地址，相当于&a[0][2]。

a[1]+1：表示二维数组中第二个元素的地址，相当于&a[1][1]。

综上所述，二维数组a的地址用图5-6来说明。

注意：a+0和a[0]都代表第1行元素的首地址，但它们的含义是不同的，前者是行指针，它的每一个增量单位是一行，后者是一个元素指针，它的增量单位是一

个元素。*(a+0)相当于 a[0]，实际上*(a+0)相当于将行指针转换成列指针（指向元素的指针）。

已知某元素的指针后，可以用*运算符访问该元素。例如，*(a[1]+2)=*(*(a+1)+2)=a[1][2]=13。

二维数组相关地址数据及元素值如表 5-2 所示（假设使用标准 C 语言系统，每个元素占 2 字节，数组 a 首地址为 65464）。

表 5-2　二维数组相关地址数据及元素值

表示形式	含　义	地址（或元素）值
a，&a[0]	为行指针，二维数组的地址，其增量是一行元素所占内存数量，即为行指针	65464
a[0], *(a+0), *a, &a[0][0]	第0行第0列元素地址	65464
a+1, &a[1],	第1行首地址，为行指针	65472
*(a+1), a[1], &a[1][0]	第1行第0列元素地址	65472
a+2, &a[2]	第2行首地址，为行指针	65480
*(a+2), a[2], &a[2][0]	第2行第0列元素地址	65480
*(a[1]+1), *(*(a+1)+1)	第1行第1列元素值	6

从表 5-2 及程序运行结果可以看出，虽然 a+1、&a[1]与 a[1]、*(a+1)、&a[1][0]的地址值是相同的，但其含义显然不同。a+1、&a[1]是行指针，所以其运行“+1”增加的是数组一行元素所占内存大小（8 个字节）；a[1]、*[a+1]、&a[1][0]是元素指针，其运行“+1”增加的是一个元素占内存大小（2 个字节）。

2. 使用指向元素的指针变量来引用数组元素

定义一个指向二维数组元素类型的指针变量，通过指针变量来引用数组元素。

例 5-13　用指针变量输出数组元素的值。

```
#include <stdio.h>
void main()
{  int a[3][4] = {1,2,3,4,5,6,7,8,9,10,11,12}, i,*p;
   p=a[0];              //或写成 p=&a[0][0]，但是不能写成 p=a
   for(i=0; i<12; i++)
   { printf("%4d", *p++);
     if((i+1)%4==0)printf("\n");
   }
}
```

注意：本例用指针顺序访问二维数组的元素。若需访问二维数组 a[n][m]（n 行 m 列）的某个元素 a[i][j]，计算该元素的相对位置公式为：p+i*m+j (i, j=0, 1, 2, …)。

这种方法相当于把二维数组转化为一维数组来使用。

请读者比较下面直接用二维数组下标访问元素的方法。

```
void main()
{  int a[3][4] = {1,2,3,4,5,6,7,8,9,10,11,12};
   int i,j;
   for(i=0; i<3; i++)
   { for(j=0;j<4;j++) printf("%4d",a[i][j]);
     printf("\n");
   }
}
```

这种方式虽然清晰，但需进行两层循环，且为了计算每一个元素 a[i][j]的位置，均进行 i×4+j 的运算，执行效率低。

3. 使用行指针变量来引用数组元素

例 5-13 中使用指向元素的指针变量 p，p+1 所指向是 p 所指向的下一个元素。对于二维数组，可以定义一个指向一行（即一个一维数组）的行指针变量，行指针变量就是一个二级指针变量，其性质与二维数组名相同。

行指针的定义形式如下：

```
类型标识符  (*指针变量名)[元素个数];
```

例如，

```
int  (*p)[4];
```

定义一个指向一行有 4 个整型元素的行指针变量。

例 5-14　使用行指针变量改写例 5-13。

```
#include <stdio.h>
void main()
{  int a[3][4] = {1,2,3,4,5,6,7,8,9,10,11,12}, i, j, (*p)[4];
   p=a;     // 不能写成 p=&a[0][0]
   for(i=0; i<3; i++)
   {  for(j=0;j<4;j++) printf("%4d",*(*p+j));
      p++;
      printf("\n");
   }
}
```

说明：

1）不要将 int(*p)[4]写成 int *p[4]，后者表示定义一个包含 4 个元素的一维数组，并且每个元素是基类型为整型的指针变量，前者定义的是一个指向一个一维数组的行指针变量 p，每执行一次 p++，指针将移动 2×4 个字节，即指向二维数组的下一行，*p+j 指向当前行第 j 个元素，*(*p+j)为当前行第 j 个元素的值。

2）二维数组名 a 是一个行指针常量，不能进行 a++、a--的运算，p 是行指针变量，可以进行 p++等指针运算操作。

3）访问数组元素 a[i][j]，可以采用*(*(p+i)+j)的指针形式。

5.5 字符数组与字符串

数组中的每一个元素都存放一个字符数据的数组叫做字符数组。C 语言没有字符串数据类型，对字符串数据的处理都是通过字符数组或指向字符的指针变量来处理。

5.5.1 字符数组与初始化

字符数组的定义形式与前面介绍的数值数组相同。例如，

```
char ch[10];          //定义 ch 为字符数组，包含 10 个元素
char xh[10][20];      //定义 xh 为 10*20 的二维字符数组
```

字符数组的初始化与前面介绍的数值数组一样，可通过定义时初始化或通过赋值语句初始化。

1）逐个元素初始化，当初始化数据少于数组长度，多余元素自动为“空”（二进制 0）。当初始化数据多于元素个数时，将出错。例如，

```
char ch[10] = {'c',' ','p','r','o','g','r','a','m'};
```

给前 9 个元素赋初值，最后一个系统自动加上'\0'。数组在内存中的存放形式如图 5-7 所示。

ch[0]	ch[1]	ch[2]	ch[3]	ch[4]	ch[5]	ch[6]	ch[7]	ch[8]	ch[9]
c		p	r	o	g	r	a	m	\0

图 5-7 字符数组在内存中的存放形式

```
char d[2][10]={ { 'I',' ','a','m',' ','a',' ','b','o', 'y'},{'G','o',
                'o','d',' ','b','o','y'}};
```

二维数组 d 初始化后，在内存中的存放形式如图 5-8 所示。

d[0][0]	d[0][1]	d[0][2]	d[0][3]	d[0][4]	d[0][5]	d[0][6]	d[0][7]	d[0][8]	d[0][9]
I		a	m		a		b	o	Y
G	o	o	d		b	o	y	\0	\0
d[1][0]	d[1][1]	d[1][2]	d[1][3]	d[1][4]	d[1][5]	d[1][6]	d[1][7]	d[1][8]	d[1][9]

图 5-8 二维数组 d 在内存中的存放形式

2）指定初值时，若未指定数组长度，则长度等于初值个数。

```
char c[ ] = {'I',' ','a','m',' ','h','a','p','p','y'};
```

等价于：

```
char c[10] = {'I',' ','a','m',' ','h','a','p','p','y'};
```

3）使用赋值语句逐个元素赋值，例如，

```
char c[10];
c[0]='I'; c[1]=' '; c[2]='a'; c[3]='m'; c[4]=' ';
c[5]='h'; c[6]='a'; c[7]='p'; c[8]='p'; c[9]='y';
```

5.5.2 字符数组的引用

引用字符数组中的一个元素，可得到一个字符，其引用形式与数值数组相同。

例 5-15 从键盘上输入一行字符，统计其中数字字符的个数。

程序代码如下。

```
#include <stdio.h>
void main()
{  char str[10];
   int i,digit=0;
   printf("Input 10 characters:\n");
   for(i=0;i<10;i++)                          // 输入 10 个字符
     scanf("%c",&str[i]);
   for(i=0;i<10;i++)
     if(str[i]>='0' && str[i]<='9')
       digit++;
   printf("The number of digit is %d.\n",digit);
}
```

例 5-16 从键盘上输入一行字符（不多于 40 个，以回车换行符作为输入结束标记），将其中的大写字母变为小写字母，其他字符不变，然后逆向输出。

程序代码如下。

```
#include <stdio.h>
void main()
{ char a[40];
  int n=0;
  do
  { scanf("%c",&a[n]);                    //输入单个字符存入数组 a
    if('A'<=a[n]&&a[n]<='Z')
      a[n]+=32;                           //是大写字母改小写字母
      n++;
  } while(a[n-1]!='\n');                  //若输入字符不是'\n'继续循环
  n=n-2;                                  //将下标定在最后一个有效字符上
  while(n>=0)                             //反复输出第 n 个下标对应的字符
    printf("%c",a[n--]);                  //每次下标减 1，保证逆向输出
}
```

5.5.3 字符串与字符数组

C 语言中没有字符串变量，在第 2 章介绍了字符串常量，即由双引号括起来的多个字符，如"This is a book"。C 语言中，字符串的处理可使用字符数组和指向字符的指针变量（字符串与指针在 5.6 节中介绍）。实际上，字符串就是一种字符型数组，并且这个数

组的最后一个元素是一个字符串结束标志'\0'，也就是说字符串是一种以'\0'结尾的字符数组。

1）字符数组可以用字符串来初始化，例如，

```
char c[] = {"Good!"};
```

也可不要花括号，即按下面形式初始化。

```
char c[] = "Good!";
```

字符数组在内存的存放形式如图 5-9 所示。

c[0]	c[1]	c[2]	c[3]	c[4]	c[5]
G	o	o	d	!	\0

图 5-9　字符串初始化的数组在内存中的存放形式

2）字符串在存储时，系统自动在其后加上结束标志（占 1 字节，其值为二进制 0）。但字符数组并不要求其最后一个元素是'\0'，例如，要注意下面数组使用的区别。

```
char c1[5]={'G','o','o','d','!'};
char c2[]={"Good!"};
```

注意： 字符串常量只能在定义字符数组时赋初值给字符数组，不能将 1 个字符串常量直接赋值给字符数组。例如，下面的使用方法是错误的。

```
char st[5];
st={"Good!"};
st="Good!";
```

这是因为 st 是数组名，不能直接被赋值，要将一个字符串常量“赋值”给一个字符数组，可以使用 5.6.3 节介绍的字符串处理函数来实现。

5.5.4　字符数组的输入/输出

字符数组的输入/输出一般采用下面两种方法。

（1）用“%c”格式符逐个输入/输出

例如，有定义：

```
char c[6]; int i;
```

则通过循环，使用“%c”格式逐个输入/输出字符数组元素。

```
for(i=0; i<6; i++) scanf("%c",&c[i]);
for(i=0; i<6; i++) printf("%c",c[i]);
```

（2）用“%s”格式符按字符串输入/输出

例如，有定义：

```
char c[6];
```

可使用如下两个语句来输入/输出。

```
scanf("%s",c);
printf("%s",c);
```

说明：

1）输出时，遇'\0'结束，且输出字符中不包含'\0'。

2）“%s”格式输出字符串时，printf( )函数的输出项是字符数组名，而不是元素名。

3）“%s”格式输出时，若数组中包含一个以上的'\0'，遇第一个'\0'时结束。

例如：

```
char c[] = {"Good!\0boy"};
printf("%s",c);   //输出结果是：Good!
```

4）使用 scanf("%s"，c)输入时，遇回车键、空格字符结束，但获得的字符中不包含回车键本身，而是在字符串末尾添'\0'。因此，定义的字符数组必须有足够的长度，以容纳所输入的字符（如输入 5 个字符，定义的字符数组至少应有 6 个元素）。例如，

```
char str[12];
scanf("%s",str);
printf("%s",str);
```

如果输入“how are you？”，则输出结果为“how”。

如要想 str 获得全部输入（包含空格及后面的字符），可使用 5.6.3 节介绍的 gets 函数。

5.6　字符串与字符指针

5.6.1　指向字符串的指针

在 5.5.3 节中学习了使用字符数组来处理字符串，但在实际使用过程中并不方便。例如，前面是在定义字符数组的同时将字符串存放其中的，如“char s[]={"Good!"};”。如果要将其他字符串存放在一个已经定义好的字符数组 s 中，以下两种形式均为非法。

```
s[]="Welcome";              //不能对数组整体赋值
s="Welcome";                //数组名 s 是一个常量，不能赋值
```

只能通过将各个字符逐一赋值给字符数组中的各个元素的形式，将其他字符串存放到一个已经定义好的字符数组中。此外，在字符数组中存放的字符串不能超出数组长度。为了在程序中能够处理不同长度的字符串，只能将字符数组的长度定义足够长，这样就造成了存储空间的浪费。

使用指针变量处理字符串可以解决上述问题。

为了使用指针变量处理字符串，首先需要定义一个基类型为字符型的指针变量，例如，

```
char *s;
```

字符指针变量初始化的方法有以下两种形式。

（1）在定义指针变量的同时进行初始化

例如，

```
char *sp={"Welcome"};
char *sp="Welcome";                    // 也可以不使用{}
```

需要特别注意的是：对字符指针初始化就是将字符串的首地址赋值给指针变量，而不是将字符串本身复制到指针中。指针变量初始化就是使指针变量指向该字符串。

（2）使用赋值语句来初始化指针变量

可以将需要处理的字符串直接赋值给已经定义好的字符指针变量，例如，

```
char *s;
s="Welcome";
```

如果需要处理其他字符串，可直接将需要处理的字符串赋值给已经定义好的指针变量，例如，

```
s="Hello";
```

上述赋值语句的含义是将字符串所占据存储空间的起始地址赋值给指针变量，而不是把字符串本身复制给 s。指针变量就指向字符串的首字符，指针变量每进行一次++运算即指向下一个字符，如图 5-10 所示。

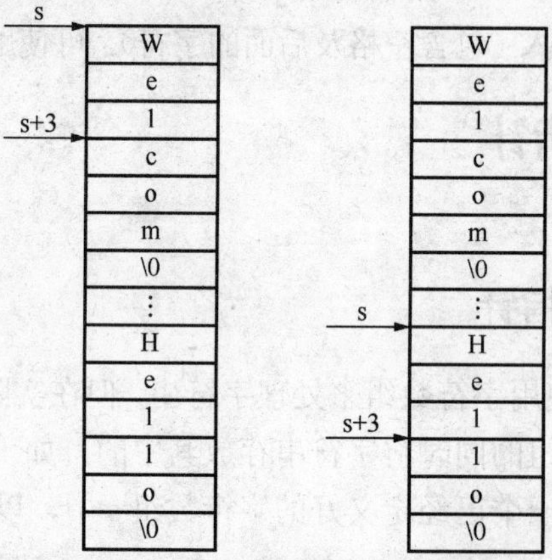

图 5-10　指向字符串的指针变量

例 5-17　用指针将字符串“Zhejiang University of Science and Technology”中的大写字母输出。

程序代码如下。

```
#include<stdio.h>
void main()
{ char *s,*t;
  s="Zhejiang University of Science and Technology";
  t=s;
  puts(t);
  printf("\n");
  while(*t!='\0')
  {
```

```
    if(*t>='A'&&*t<='Z')
       putchar(*t);
       t++;
  }
 putchar('\n');
}
```

程序运行结果如下。

```
ZUST
```

例 5-18　编写程序实现字符串的复制。

编程分析：字符串的复制可以使用字符数组，通过循环控制逐个赋值来完成，也可使用指针变量，根据被复制的字符串长度，通过动态分配一个同样大小的内存空间，使用指针变量来完成复制。

方法一：使用字符数组。

程序代码如下。

```
#include <stdio.h>
void main()
{ char s1[]="Hello World!\n",s2[20];//数组 s2 的长度要定义合适
  int i;
  for(i=0;s1[i]!='\0' ;i++)
     s2[i]=s1[i];
  s2[i]='\0';                          //复制循环中未复制的字符串结束标志
  puts(s1);                            //可使用 printf("%s",s1);
  puts(s2);
}
```

方法二：使用指针变量。

程序代码如下。

```
#include <stdio.h>
#include <stdlib.h>
#include <string.h>
void main()
{ char *s1="Hello World!\n",*s2,*t;
  puts(s1);
  //初始化 s2，使其指向一块能够容纳所复制字符串的存储空间
  s2=calloc(strlen(s1)+1,sizeof(char));
  t=s2;
  while(*s1!= '\0' )
    {*s2=*s1;
      s1++;
      s2++;
    }
  *s2='\0';                        //复制循环中未复制的字符串结束标志
  s2=t;
  puts(s2);
}
```

注意：使用指针变量时一定要初始化。上面程序中的 while 语句结束后，s1 和 s2 已经不再指向字符串的首字符，因此引入指针变量 t 保存 s2 的初始值。

5.6.2 使用字符串指针变量与字符数组的区别

用字符数组和字符指针变量都可实现字符串的存储和运算，但是两者是有区别的。理解两者的区别对于正确使用字符数组和字符指针来灵活操作字符串是非常重要的。

（1）定义方式的区别

定义一个数组后，编译系统分配具体的内存单元，各单元有确切的地址；定义一个指针变量，编译系统分配一个存储地址单元，在其中可以存放地址值，也就是说，该指针变量可以指向一个字符型数据。

（2）存储方式的区别

字符数组由若干元素组成，每个元素存放一个字符；而字符串指针中存放的是地址（字符串的首地址），绝不是将整个字符串放到字符指针变量中。

（3）赋值方式的区别

对字符串指针方式“char *ps="C Language";”可以写为“char *ps;ps="C Language";”；而对数组方式“char st[]={"C Language"};”不能写为“char st[20];st={"C Language"}”，只能对字符数组的各元素逐个赋值。

（4）运算方面的区别

指针变量的值允许改变，如果定义了指针变量 str，则 str 可以进行++，--等运算；而数组名虽然代表地址，但它是常量，其值不能改变。

5.6.3 字符串处理函数

可以通过编程方法实现字符串的复制、连接等处理，其实 C 语言提供了丰富的字符串处理函数，大致可分为字符串的输入、输出、合并、修改、比较、转换、复制、搜索几类。用于输入/输出的字符串函数，在使用前应包含头文件“stdio.h”；使用其他字符串函数则应包含头文件“string.h”。下面介绍几个最常用的字符串函数。

（1）字符串输出函数 puts( )

字符串输出函数 puts 使用格式：

```
puts(st)
```

其中，st 可以是已定义的字符数组名，也可以是指向字符变量的指针变量。

功能：把字符数组中的字符串或指针变量所指字符串输出到显示器，即在屏幕上显示该字符串。

例如，

```
char s[6]="China";          // 此处也可写成 char *s="China";
puts(s);                    // puts 不需要格式控制符，输出完后且自动换行
```

等价于：

```
printf("%s\n",s);           // printf 需要格式控制符%s
```

注意：如果 st 是字符数组名，则该函数输出字符数组的第 1 个字符到遇到第一个结

束标志之间的所有字符。如果 st 是指向字符串的指针，则该函数输出从 st 所指向的字符到字符串结束标志'\0'之间的所有字符。

例如，若有定义“char *s="Chi\0na";”，则

语句 puts(s);的输出结果为：Chi

语句 puts(s+1);的输出结果为：hi

语句 puts(s+4);的输出结果为：na

（2）输入字符串函数 gets( )

字符串输入函数 gets 格式：

```
gets(st)
```

其中，st 可以是已定义的字符数组名，也可以是指向字符串的指针变量。

功能：从标准输入设备键盘上输入一个字符串（包括空格）。本函数得到一个函数值，即为该字符数组的首地址。

注意：gets 函数并不以空格作为字符串输入结束的标志，而只以回车作为输入结束，这是与 scanf 函数不同的。

（3）字符串连接函数 strcat( )

字符串连接函数 strcat 的调用格式：

```
strcat(st1, st2)
```

其中，st1、st2 可以是已定义的字符数组名，也可以是指向字符串的指针变量。

功能：把 st2 中的字符串连接到 st1 中字符串的后面，并删去字符串 st1 后的串结束标志“\0”。本函数返回值是字符串 st1 的首地址。

例 5-19　字符串的连接示例。

```
#include "string.h"
#include "stdio.h"
void main()
{  char st1[30]="My name is ";
   char st2[10];
   printf("input your name:\n");
   gets(st2);
   strcat(st1,st2);
   puts(st1);
}
```

本程序把初始化赋值的字符数组与动态赋值的字符串连接起来。

注意：字符数组 st1 应定义足够的长度，否则不能全部装入被连接的字符串。

使用指针变量改写程序如下。

```
void main()
{ char st1[30]="My name is ", st2[10];
  char *p1=st1, *p2=st2;
```

```
    printf("input your name:\n");
    gets(p2);
    strcat(p1,p2);
    puts(p1);
}
```

（4）字符串复制函数 strcpy( )

字符串复制函数的使用格式：

```
strcpy(st1, st2)
```

其中，st1，st2 可以是已定义的字符数组名，也可以是指向字符串的指针变量。

功能：把 st2 指向的字符串复制到 st1 中，串结束标志'\0'也一同复制。st2 也可以是一个字符串常量。如果 st1 是数组名，st2 是字符串常量，这时相当于把一个字符串赋予一个字符数组。

本函数要求字符数组 stl 应有足够的长度，否则不能全部装入所复制的字符串。在例 5-18 中，通过编程方式实现了 strcpy 函数的功能。

（5）字符串比较函数 strcmp( )

字符串比较函数的使用格式：

```
strcmp(st1, st2)
```

功能：按照 ASCII 码顺序比较两个数组中的字符串，并由函数返回值返回比较结果。

比较规则：对两个字符串自左向右逐个字符比较，直到出现不相同的字符或遇到'\0'为止。如果全部字符相同，则认为相同；若出现不相同的字符，则以第一个不相同的字符比较结果为准，返回不相同字符的 ASCII 码之差。

例如，strcmp("ABCDE"，"ABEA")返回字符'C'的 ASCII 码与字符'E'之差，即“−2”，但实际上在编程中不需要使用具体的值，只需要判断它们的关系即可。

1）字符串 st1＝字符串 st2，返回值＝0。

2）字符串 st1>字符串 st2，返回值> 0。

3）字符串 st1<字符串 st2，返回值< 0。

注意：字符串只能用 strcmp 函数比较，不能用关系运算符“==”比较。

例如，以下写法正确。

```
if (strcmp(st1,st2) = = 0) printf("yes");
if (!strcmp(st1,st2)) printf("equal");
```

以下写法错误。

```
if (st1 = = st2) printf("yes");
```

（6）测字符串长度函数 strlen( )

测字符串长度函数格式：

```
strlen(st)
```

其中，st 可以是已定义的字符数组名，也可以是指向字符串的指针变量。

功能：测字符串 st 的实际长度（不含字符串结束标志）并作为函数返回值。

例如，

    char s[10]="abcde";
    printf("%d\n",strlen(s));

则输出结果为　5（不是6，也不是10）。

"char st[]="C language""，则strlen(st)的返回值为10；

"char st[]="C la\ng\65u\0age""，则strlen(st)的返回值为8。

注意：strlen函数返回的是从第一个字符开始的碰到的第一个结束标志"\0"字符个数，字符串中的转义字符（如"\n"，"\65"）都按一个字符计算。

（7）将字符串中大写字母转换成小写函数strlwr( )

strlwr( )函数调用格式：

```
strlwr(st);
```

其中，st可以是已定义的字符数组名，也可以是指向字符串的指针变量。

功能：将字符数组中的字符串或指针变量所指的字符串中的大写字母转换成小写，其他字符（包括小写字母和非字母字符）不转换。

st也可是字符串常量，例如，strlwr("ABC12Good!")的函数返回值为abc12good!。

（8）将字符串中小写字母转换成大写strupr( )函数

strupr( )函数调用格式：

```
strupr(st)
```

功能：将字符串中小写字母转换成大写，其他字符（包括大写字母和非字母字符）不转换。

st也可是字符串常量，例如，strupr("ABC12Good!")的函数返回值为ABC12GOOD!。

5.7 指针数组与多级指针变量

5.7.1 指针数组

概念：指针数组是一个数组，该数组中的每一个元素是指针变量。

定义形式：

```
类型标识符 *数组名[常量表达式];
```

例如，

```
int *p[4];
```

定义一个指针数组，数组名p，有4个元素，每一个元素是指向整型变量的指针。

注意与指向数组的指针变量的区分：int(*p)[4]定义一个指针变量，它指向有4个元素的一维数组。

指针数组的用途：处理多个字符串。

字符串本身是一维数组，多个字符串可以用二维数组来处理，但会浪费许多内存，因为二维数组的列数必须比最长的字符串长度大 1 个。用指针数组处理多个字符串，不会浪费内存。例如，处理如下的字符串（姓名），就需要定义如下的一个二维数组。

```
char name[][15]={"Zhang San","Li Si","Wang Wu","Chen Liu","Hong Qi"};
```

二维数组在内存中存放的形式如图 5-11 所示。很显然，使用数组处理浪费较多内存。

Z	h	a	n	g		S	a	n	\0					
L	i		S	i	\0									
W	a	n	g		W	u	\0							
C	h	e	n		L	i	u	\0						
H	o	n	g		Q	i	\0							

图 5-11　二维字符数组在内存中存放形式

例 5-20　将若干字符串（姓名拼音）按字母顺序（由小到大）排列输出。

```
#include "stdio.h"
#include "string.h"
void main()
{  char *temp;
   int i, j, k, n=5;
   char *name[]={"Zhang San","Li Si","Wang Wu","Chen Liu",Hong Qi"};
   for(i=0; i<n-1; i++)         //n 个字符串，外循环 n-1 次
   { k = i;
     for(j=i+1; j<n; j++)     //内循环
     if(strcmp(name[k], name[j]) > 0 ) k = j;
       // 比较 name[k]与 name[j]的大小，较小字符串的序号保留在 k 中
     if (k!=i)
     { //交换 name[i]与 name[k]的指向
       temp = name[i];  name[i] = name[k];  name[k] = temp;
     }
   }
   for(i=0; i<n; i++)
       printf("%s\n", name[i]);
}
```

程序运行结果如下。

```
Chen Liu
Hong Qi
Li Si
Wang Wu
Zhang San
```

思考与讨论：

1）处理多个字符串，常常使用指针数组，当然也可使用二维字符数组，请读者将程序改用二维数组来处理多字符串的排序。

2）比较使用二维数组和指针数组处理多个字符串排序时，系统处理过程有什么不同？哪一种方法的执行效率高？

5.7.2　指向指针的指针

指针变量的值是一个地址，指针变量本身也占据一定的存储空间，也有自己的地址，可以将地址存放在另一个指针变量中。用于存放某个指针变量地址的指针变量被称为指向指针的指针，其定义形式如下。

```
类型名  **变量名;
```

例如，

```
int **p;
```

上述语句定义了一个指向整型指针变量的指针变量。

例 5-21　指向指针的指针变量。

程序代码如下。

```
#include <stdio.h>
void main()
{ int a = 10, *p1=&a;
  int **p2;
  p2 = &p1;
  printf("p1=%u\n",p1);
  printf("p2=%u\n",p2);
  printf("*p1=%d\n", *p1);
  printf("**p2=%d\n", **p2);
}
```

程序输出如下（注意，地址数据采用无符号整数输出；不同计算机情况可能不同）。

```
p1=1244996
p2=1244992
*p1=10
**p2=10
```

a、p1、p2 之间的关系如图 5-12 所示。根据*运算符的结合方向，因此**p2=*(*p2)=*p1=a。

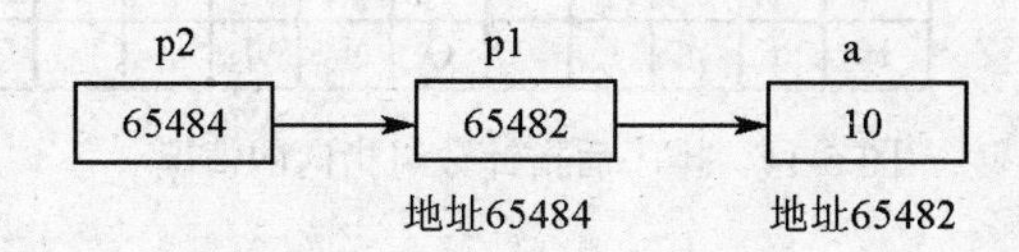

图 5-12　指向指针的指针变量

可以使用指向指针的指针变量来处理一维指针数组。

例 5-22　使用指向指针的指针变量实现例 5-20 中的字符串排序程序。

程序代码如下。

```
#include "stdio.h"
#include "string.h"
void main()
{ char *name[] ={"Zhang San","Li Si","Wang Wu","Chen Liu",Hong Qi"};
  int i, j, k, n=5;
  char *temp, **p=name;
  for(i=0; i<n-1; i++)              //n 个字符串，外循环 n-1 次
  { k = i;
      for(j=i+1; j<n; j++)          //内循环
        if (strcmp(*(p+k), *(p+j )) > 0 ) k = j;
      if (k != i)
      { //交换 name[i]与 name[k]的指向
          temp =*(p+i);
          *(p+i) = *(p+k);
          *(p+k)= temp;
      }
  }
  for(i=0; i<n; i++)
  printf("%s\n", *(p+i ));
}
```

说明：排序前指向指针的指针变量 p 与指针数组 name 之间的关系如图 5-13 所示。p+i 指向数组 name 的第 i 元素，*(p+i)为数组 name 的第 i 元素，该元素是一个指向第 i 个字符串的指针。排序后指针数组 name 各元素的指向如图 5-14 所示。

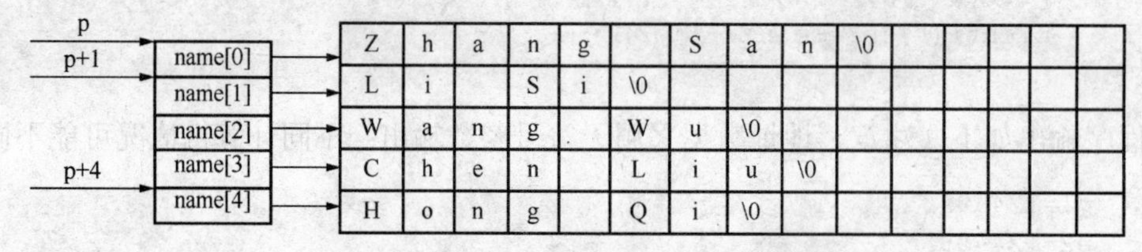

图 5-13 指向指针的指针变量与指针数组的关系

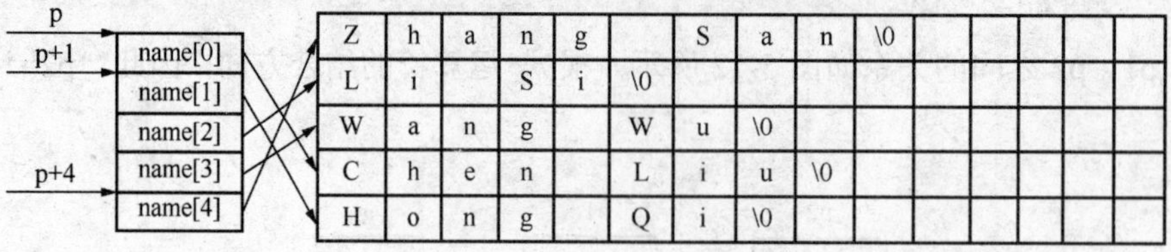

图 5-14 排序后指针数组指向的情况

5.8 应用程序举例

在程序设计过程中经常需要处理成批的相关数据，数组是解决此类问题的最佳工具。本节介绍数据排序、查找、插入、字符串处理等与数组有关的常用算法，通过这些问题

的处理使读者掌握数组的基本使用方法。

5.8.1 排序问题

排序是数据处理中最常见问题，它是将一组数据按递增或递减的次序排列。例如，对一个班的学生考试成绩排序，多个商场的日均销售额排序等。排序的算法有很多种，常用的有选择法、冒泡法、插入法、合并法等，不同算法执行的效率不同。下面介绍选择法、冒泡法排序。

1. 选择法排序

选择法排序的算法思路如下（设按递增排序，即升序）。

1）对有 n 个数的序列（存放在数组 a 中），从中选出最小的数，与第 0 个数交换位置。

2）除第 0 个数外，其余 n−1 个数中选最小的数，与第 1 个数交换位置。

3）以此类推，选择了 n−1 次后，这个数列已按升序排列。

下面以 5 个数来说明其排序过程，如图 5-15 所示。其中方框表示选择的范围，阴影表示本次选出的最小的数。每次选出的最小的数总是和选择范围内的第 1 个数交换位置。

数组a	a[0]	a[1]	a[2]	a[3]	a[4]
第1次选择	75	40	57	38	65
第2次选择	38	40	57	75	65
第3次选择	38	40	57	75	65
第4次选择	38	40	57	75	65
排序结果	38	40	57	65	75

图 5-15 选择法的排序程

根据上面分析，使用选择法对于 n 个数据排序的算法可用如图 5-16 所示的流程图表示。

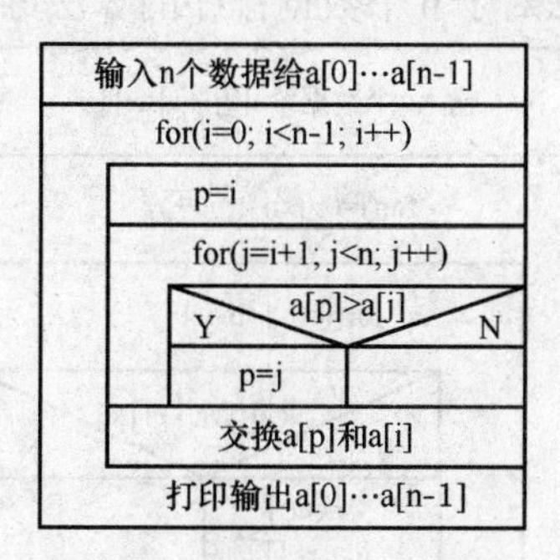

图 5-16 选择法排序流程图

例 5-23 输入 20 个整数，用选择法由小到大排序，将其以每行 10 个数据打印输出。根据上面的分析，按图 5-16 所示的算法流程图，实现本例的程序代码。

```
#include <stdio.h>
#define N 20                                    //定义代表数据个数的符号常量
void main()
{   int i,j,p,t,a[N];
    printf("input %d numbers:\n",N);
    for(i=0;i<N;i++)
      scanf("%d",&a[i]);
    for(i=0;i<N-1;i++)                          //第 i 遍
    { p=i;
      for(j=i+1;j<N;j++)                        //查找最小数的下标
        if(a[p]>a[j])   p=j;
     t=a[i];  a[i]=a[p];  a[p]=t;               //交换 a[i]和 a[p]
    }
    for(i=0;i<N;i++)                            //输出排序后的数据
    { printf("%d ",a[i]);
      if((i+1)%10==0)                           //输出 10 数据后换行
        printf("\n");
    }
}
```

思考与讨论：

1）程序中变量 p 是用来记录最小的数在数组中的位置，若将程序中语句“if(a[p] > a[j]) p = j”改成“if(a[p] > a[j]) a[p]=a[j]”，是否可以？

2）使用指针法如何改写上面程序？

2. 冒泡法排序（升序）

冒泡法排序算法思路如下（将相邻两个数比较，小的交换到前面）。

1）有 n 个数（存放在数组 a[0]～a[n−1]中），第 1 趟将每相邻两个数比较，小的调换到前面，经 n－1 次两两相邻比较后，最大的数已“沉底”，放在最后 1 个位置，小数上升“浮起”。

2）第 2 趟对余下的 n－1 个数（最大的数已“沉底”）按上法比较，经 n－2 次两两相邻比较后得次大的数。

3）以此类推，n 个数共进行 n－1 趟比较，在第 j 趟中要进行 n－j 次两两比较。

根据上面分析，使用冒泡法对于 n 个数据排序的算法可用图 5-17 所示流程图来表示。

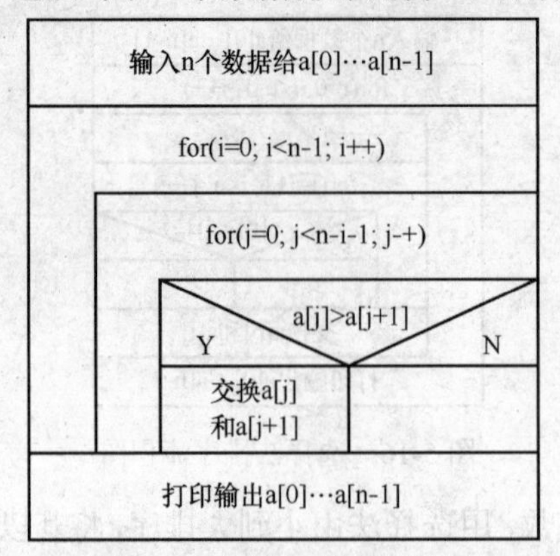

图 5-17　冒泡法排序流程图

冒泡法排序程序段如下。

```
for(i=0;i<N-1;i++)                    //第 i 遍
   for(j=0;j<N-i-1;j++)               //相邻 2 个数比较
     if(a[j]>a[j+1])                  //如果 a[j]>a[j+1]
     { t=a[j];                        //交换 a[j]和 a[j+1]
       a[j]=a[j+1];
       a[j+1]=t;
     }
```

读者可用冒泡法改写例 5-23 的程序。

5.8.2　数据查找

1. 顺序查找法（在一组数中查找某数 x）

例 5-24　在 n 个数据中，查找某个给定的数据 x，如果有则返回该数据位置。

编程分析：顺序查找法的算法比较简单，设有 n 个数据放在 a[0]～a[n－1]中，待查找的数据值为 x，把 x 与 a 数组中的元素从头到尾一一进行比较。若相同，查找成功；若找不到，则查找失败。实现的程序代码如下。

```
#include <stdio.h>
#define N 10                                  //N 代表数据的个数
void main()
{ int a[N]={12,34,1,3,67,89,28,61,9,87};
  int index,x,i;                              //index 代表查找数据的位置
  printf("please input the number you want find:\n");
  scanf("%d",&x);
  printf("\n");
  index=-1;                                   //给 index 赋初值
  for(i=0;i<N;i++)                            //逐个比较进行查找
     if(x==a[i])
     { index=i;  break;
     }
  if(index==-1)
     printf("the number is not found!\n");
  else
     printf("the number is found the no%d!\n",index);
}
```

思考与讨论：如果一批数据中有多个要查找的数据，要求将所有数据都查找出来，上面的程序应作如何修改？

2. 折半查找法（只能对有序数列进行查找）

例 5-25　使用折半查找法，在一批有序数据数列中查找给定的数 x。

编程分析：设 n 个有序数（从小到大）存放在 a[0]～a[n－1]中，要查找的数为 x。

用变量 bot、top、mid 分别表示查找数据范围的底部（数组的下界）、顶部（数组的上界）和中间（mid=(top+bot)/2），折半查找的算法如下。

1）x=a[mid]，则已找到退出循环，否则进行下面的判断。

2）x<a[mid]，x 必定落在 bot 和 mid-1 的范围之内，即 top=mid-1。

3）x>a[mid]，x 必定落在 mid+1 和 top 的范围之内，即 bot=mid＋1。

4）在确定了新的查找范围后，重复进行以上比较，直到找到或者 bot<=top。

折半查找又叫做二分查找，每进行一次，查找范围就缩小一半，查找过程如图 5-18 所示，方框表示查找范围，加下划线的数表示当前进行比较的元素。

将上面的算法写成如下程序。

```
#include <stdio.h>
#define N 10                              //N 代表数据的个数
void main()
{  int a[N]={1,4,7,13,16,19,28,36,49,60};
   int mid,bot,top,x,i,find;
   printf("please input the number you want find:\n");
   scanf("%d",&x);
   printf("\n");
   bot=0;top=N-1;                         //给代表数组下界和上界变量赋初值
   find=0;                                //find=0 代表没找到
   while(bot<=top && find==0)
   {  mid=(top+bot)/2;                    //计算中间要比较的元素下标
      if(x==a[mid])
      { find=1; break;}                   //查找成功
       else if(x<a[mid])
         top=mid-1;                       //数据 x 在下半部分
       else
         bot=mid+1;                       //数据 x 在上半部分
   }
   if(find==1)
      printf("the number is found the no.%d!\n",mid);
   else
      printf("the number is not found!\n");
}
```

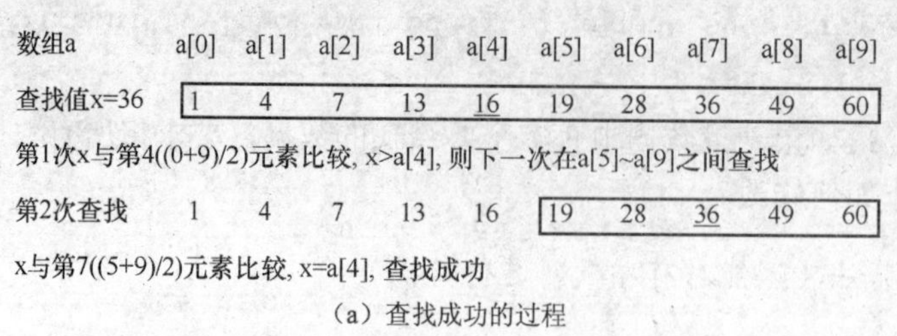

（a）查找成功的过程

图 5-18 折半法查找过程示意图

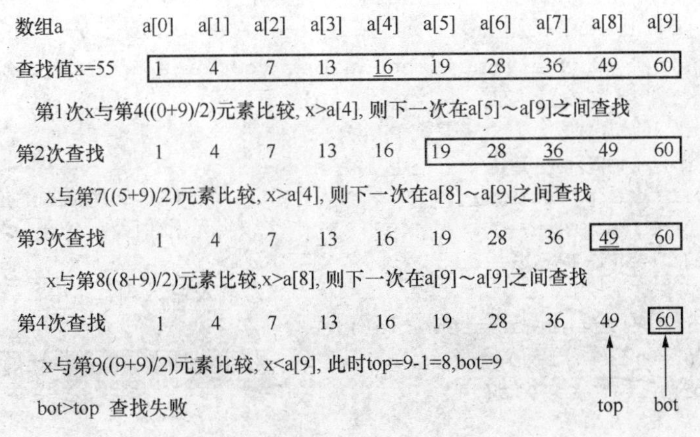

（b）查找失败的过程

图 5-18　折半法查找过程示意图（续）

思考与讨论：

1）分析程序，能否将 while 语句条件表达式中的“&& find==0”删除？

2）程序中语句“break”；的作用是什么？针对上面的程序，能否不使用该语句？

5.8.3　插入法

例 5-26　把一个给定的数据 x 按大小顺序插入已排好序的数组中，插入后数组元素仍然有序。

方法一：使用下标法。

编程分析：设 n 个有序数据（从小到大）存放在数组 a[0]～a[n－1]中，要插入的数 x。首先确定 x 插在数组中的位置 p。

1）首先确定 x 插在数组中的位置 p，实现的语句如下。

```
for(p=0; p<n ; p++)
   if(x<a[p])break;
```

2）a[p]～a[n]元素向后顺移一个位置以空出 a[p]元素放入 x，实现的语句如下。

```
for (i=n; i>p; i--)
   a[i]=a[i-1];
a[p]=x;
```

实现插入的完整程序如下。

```
#include <stdio.h>
#define N 10                                    //N 代表数据的个数
void main()
{ int a[N+1]={1,4,7,13,16,19,28,36,49,60};  //定义 N+1 个元素的数组
  int x,p,i;
  printf(" Before Inserted:\n");
  for(i=0;i<N;i++)                              //输出插入前的数据序列
     printf(" %d ",a[i]);
```

```
    printf("\n");
    printf(" please input the number you want Insert data x\n");
    scanf("%d",&x);
    printf("\n");
    for(p=0;p<N;p++)
       if(x<a[p])break;                     //确定 x 所插入的位置
    for(i=N; i>p; i--)                   //将元素往后移,空出 x 所在的位置
      a[i]=a[i-1];
    a[p]=x;                              //将 x 插入到数组中
    printf(" After Inserted:\n");
    for(i=0;i<=N;i++)                    //输出插入后的数据序列
      printf(" %d ",a[i]);
  }
```

程序执行后，当输入数据 25 时，程序运行结果如下。

```
Before Inserted:
1 4 7 13 16 19 28 36 49 60
please input the number you want Insert data x
25<回车>
After Inserted:
1 4 7 13 16 19 25 28 36 49 60
```

方法二：使用指针法。

编程分析：设 n 个有序数据（从小到大）存放在数组 a[0]～a[n－1]中，要插入的数 x。

1）定义指针变量 p、q，分别让其指向数组首部和最后一个元素，首先确定 x 插在数组中的位置 p，实现的语句如下。

```
for(p=a; p<q ; p++)
  if(x<*p)break;
```

2）a[p]～a[n]元素向后顺移一个位置以空出 a[p]元素（即指针 p 指向的元素），将 x 存入到 a[p]，即实现插入。实现的语句如下。

```
for(q=a+N; q>p; q--)
    *q =*(q-1),
*p=x;
```

使用指针法实现插入的完整程序如下。

```
#include <stdio.h>
#define N 10                                         //N 代表数据的个数
void main()
{ int a[N+1]={1,4,7,13,16,19,28,36,49,60};  //定义 N+1 个元素的数组
  int x, *p, *q;
  p=a ;  q=a+N;              //使用指针 p、q 分别指向数组首元素和末元素
  printf(" Before Inserted:\n");
  for(;p<q;p++)                                      //输出插入前的数据序列
    printf(" %d ",*p);
  printf("\n");
  printf(" please input the number you want Insert data x\n");
```

```
    scanf("%d",&x);
    printf("\n");                              //让指针 p 再次指向数组首部
    for(p=a;p<q;p++)
      if(x<*p)break;                           //确定 x 所插入的位置
    for(; q>p; q--)                      //将元素往后移,空出 x 所在的位置
      *q=*(q-1);
    *p=x;                                      //将 x 插入到数组中
    printf(" After Inserted:\n");
    for(p=a; p<=a+N; p++)                      //输出插入后的数据序列
      printf(" %d ",*p);
  }
```

思考与讨论：

1）比较使用指针法与下标法实现数据插入的两个程序，理解计算机系统的执行过程，显然指针法执行的效率要高一些。

2）在使用指针法的程序中，为什么两次使用“p=a;”？另外，最后一个输出数组元素的 for 循环能否改成“for(p=a;p<=q;p++)”，为什么？

3）使用指针操作数组，一定要清楚指针的当前指向，否则容易出错。

5.8.4　字符串的处理

在程序设计中，除常用的数值计算外，还常常用到对字符串的处理，如字符大小写的转换、字符的加密/解密、单词的统计等。

1. 简单的字符加密和解密

例 5-27　输出一串字符，将其中的英文字母加密/解密，非英文字母不变。

加密的算法是：将每个字母 C 加（或减）常数 k，即用它后的第 k 个字母代替，变换式公式：c=c＋k。

例如，常数 k 为 3，这时 A→D，a→d，B→E，b→e，…，当加 k 后的字母超过 Z 或 z，则 c=c＋k－26。

例如，“You　are　good!”经上述方法加密后的字符为：Brx　duh　jrrg!

加密过程如图 5-19 所示。

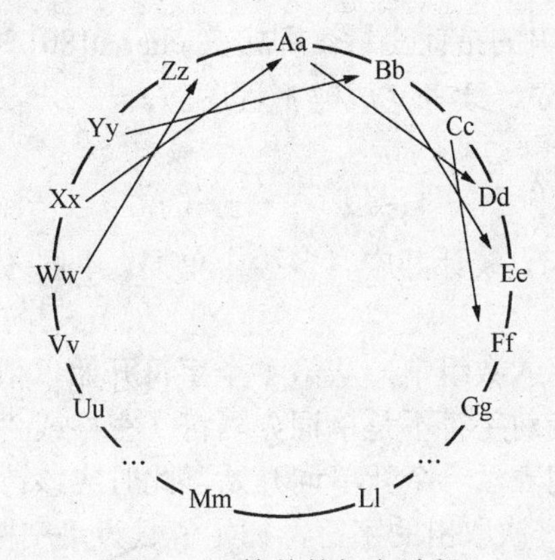

图 5-19　简单的加密过程

解密的算法是：解密是加密的逆过程，将每个字母 C 减（或加）常数 k，即 c=c－k。

例如，常数 k 为 3，这时 Z→W，z→w，Y→V，y→v，…，当减 k 后的字母小于 A 或 a，则 c=c－k＋26。

下面给出使用字符数组实现的字符串加密处理程序。

```
#include "stdio.h"
#define K  3                                   //加密步长
void main()
{  char st[80],strp[80],tmp;                   //字符数组 strp 存放加密的字符串
   int i=0;
   printf("Enter a string\n");
   gets(st);                                   //输入字符串
   while(st[i]!='\0')
   { if(st[i]>='A'&&st[i]<='Z')                //如果是大写字母
     { tmp=st[i]+K;                            //向后移 K 个字母
       if (tmp>'Z') tmp-=26;
     }
    else if(st[i]>='a'&& st[i]<='z')
     { tmp=st[i]+K;
      if (tmp>'z') tmp-=26;
     }
     else                                      //非字母不变
       tmp=st[i];
     strp[i++]=tmp;
   }
   strp[i]='\0'                                //给加密字符串的最后赋值为结束标志
   printf("%s\n", strp);
}
```

思考与讨论：

1）如果不给加密字符串的最后赋值为结束标志，即删除 strp[i]='\0'语句，程序输出结果有什么不同？

2）若不使用字符数组 strp，直接将加密后的字符存回到原数组 st 中，如何修改程序？

3）如果使用指向字符串的指针变量，即定义 char st[80],*p=st，程序如何修改？

4）参照上面的加密程序，读者完成解密程序。

2. 统计文本单词的个数

例 5-28 输入一行字符，统计其中有多少个单词，单词之间用分隔符（空格或“，”、“；”、“！”）分开。

编程分析：将字符串存入数组中，从第 1 个字符开始，依次取出一个字符，进行判断是否是单词开始，如果当前字符不是单词分隔符（空格或“，”、“；”、“！”等），而前一个字符是单词分隔符，则表示一个新单词开始，此时应该计数。具体步骤如下。

1）用变量 last 表示上一次取出的字符，初始值赋为“空格”，变量 nw 表示单词数，变量 ch 表示当前依次所取出的字符。

2）从字符数组中取出第 i 个字符（变量 i 从 0 开始）赋给 ch，如果 ch 是英文字母，同时它的前一个字符 last 是为单词分隔符，则表示当前的字母是新单词的开始，累计单词数：nw=nw+1，否则不是新单词。

3）将 ch 值赋给 last，i=i+1。

4）重复 2）、3），直到文本结束。

根据上面的算法描述，画出如图 5-20 所示的 N-S 算法流程图。

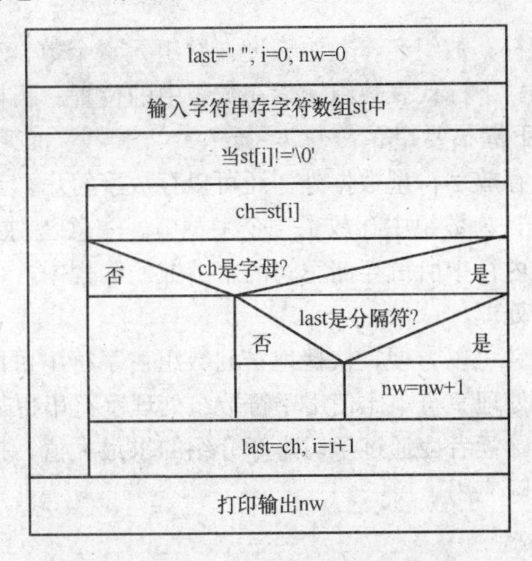

图 5-20　统计单词的算法 N-S 图

```
#include  "stdio.h"
void main()
{ char st[80],last=' ',ch;
  int i=0,nw=0;
  printf("Enter a string\n");
  gets(st);                    //输入字符串
  while((ch=st[i])!='\0' )
  {  if(!(ch==' '||ch==','||ch==';'||ch=='!'||ch=='.'))
     //当前字符不是单词分隔符
       if(last==' '||last==','||last==';'||last=='!'||last=='.')
       //前字符是单词分隔符
         nw++ ;                //单词记数
     last=ch;                  //当前字符赋值给 last 变量
     i++;
  }
  printf("The Words Numbers=%d\n", nw);
}
```

思考与讨论：程序中，为什么将变量 last 的初值赋值为空格字符？如果赋值为空字符，即 last ='\0'，则程序运行会出现什么问题？

小 结

数组是程序设计中最常用的数据结构，在处理大量数据的问题及字符串处理方面都要使用到数组。本章详细介绍了一维、二维数组的定义及应用、数组与指针、字符串与指针等内容。

数组的定义由类型符、数组名、数组长度（数组元素个数）3 部分组成。数组元素以下标变量的形式引用。下标代表数组元素在数组中的位置。下标从 0 开始，最大下标是数组长度减 1，注意下标不要超界。

字符数组除了可以存放字符型数据外，还可以存放字符串。当一个字符数组中存有字符串结束标志'\0'时，认为数组中存放了一个字符串。注意区别数组的长度、字符串的长度以及字符串常量在内存中所占存储空间的字节数。编程中，可使用字符串处理函数完成一些常用的字符串处理，

C 语言中，使用指针可以方便、快捷地访问数组；字符串可以使用字符数组和字符指针来处理，使用指针处理字符串比使用字符数组处理字符串更加方便。

数组应用十分广泛，读者应通过学习本章介绍的求最大值、排序、查找、插入等常用算，来理解数组的实际应用。

习 题

一、判断题

1．设有定义：int a[][3]={{1},{2},{3}};，则数组元素 a[1][2]的值为 3。 （ ）

2．假设有语句 int a[10]={0,1,2},*p;p=a;，则 p+1 完全等价于 a+1。 （ ）

3．数组中的各元素的数据类型必须相同。 （ ）

4．C 语言中字符串使用字符数组来处理，任何字符数组都可以使用“%s”格式输出。 （ ）

5．C 语言可以定义可变数组，即定义时数组的长度可以使用已定义并且有确定值的变量或表达式。 （ ）

6．C 语言中的二维数组可以看成由多个一维数组组成。 （ ）

7．C 语言中字符串的比较可以使用关系运算来处理。 （ ）

8．定义语句“char ch[]={"Good"};”和“char ch[]={'G'，'o'，'o'，'d'};”定义的两个字符数组是等价的。 （ ）

9．如果引用数组元素超过其上界，系统编译时会给出错误信息。 （ ）

10．设有定义“char st[20];”，则通过键盘给数组 a 输入一个字符串，使用“scanf("%s", st)”和使用 gets(st)等价。 （ ）

11．a 是一维数组名，数组元素 a[1]还可以写作“*(a++)”。 （ ）

12．系统自动为字符串加上一个字符串结束标志作为结束符，因此，使用 strlen 函数计算出字符串“China”的长度为 6。（　　）

13．假定 int 类型变量占用两个字节，若有定义：int x[10]={0,2,4};，则数组 x 在内存中所占字节数是 6。（　　）

14．*(a+1)+2 表示二维数组 a 中的第 1 行第 2 列的元素值。（　　）

15．执行语句“printf(“%s”, “Hello\0World!”);”后的输出结果是“Hello World!”。（　　）

二、填空题

1．定义语句为“char a[] ="class", b[]="Class";”，语句“printf("%d", strcmp(a,b));”输出结果是________________。

2．定义语句为“char a[10] ="john\0ni";”，语句“printf("%d", strlen(a));”输出结果是__________。

3．定义“char str1[20]="Borland C++5.0"”后，使字符串 str1 为"Borland"的赋值表达式，应为______________________。

4．将包括空格在内的 6 个字符串输入到字符数组 a[6][20]中，输入语句可以写作____。

5．设有定义“char web[20];”，要将字符串“www.google.com”赋值给字符数组 web 的语句是____________________________________。

6．定义 a 为共有 5 个元素的一维整型数组、同时定义 p 为指向 a 数组地址的指针变量的语句为__________。

7．以下程序运行后的输出结果是__________。

```
#include "string.h"
main()
{ char *p="abcde\0fghjik\0";
  printf("%d\n",strlen(p));
}
```

8．设“int x[]={1,2,3,4},y,*p=&x[1];”，则执行语句“y=(*--p)++;”后变量 y 的值为___________。

9．若有如下定义和语句，请写出通过指针 p 取字符'g'的表达式__________。

```
char s[8]="abcdefghijk", *p=s;
```

三、选择题

1．下列数组定义语句中，不正确的是（　　）。

A．int a[]={1, 2, 3, 4, 5};　　B．char a[5]={A, B, C, D, E};

C．int a[5]={1, 2};　　D．char a[5]= "Hello";

2．数组定义语句为“int a[6];”，输入数组所有元素的语句应为（　　）。

A．scanf("%d%d%d%d%d",a[6]);　　B．for(i=0; i<6; i++) scanf("%d", a);

C．for(i=0; i<6; i++) scanf("%d", &a[i]);　　D．for(i=0; i<6; i++) scanf("%d", a[i]);

3．初始化多维数组的语句中，可以缺省的是（　　）。

A．最后 1 个下标界　　B．第 1 个下标界

C．第 2 个下标界　　D．以上都不是

4．定义“char str1[20]="Borland"，*str2="C++5.0";”，调用函数“strcat(str1，str2);”后，字符串 str1 的串长是（　　）。

A．13　　B．15

C．6　　D．7

5．表达式“strcmp("Windows98"，"Windows95")”的值为（　　）。

A．0　　B．3

C．1　　D．−3

6．不正确的赋值或赋初值的方式是（　　）。

A．char str[]="string";　　B．char str[7]={'s', 't', 'r', 'i', 'n', 'g'};

C．char str[10]；str="string";　　D．char str[7]={'s', 't', 'r', 'i', 'n', 'g', '0' };

7．下列程序的运行结果为（　　）。

```
include  <stdio.h>
void main()
{  char  a[]="morning";
   int   i, j=0;
   for( i=1; i<7; i++)
     if(a[j]<a[i])  j=i;
        a[j]=a[7];
   puts(a);
}
```

A．mogninr　　B．mo

C．morning　　D．morning

8．设变量定义为“int a[4]={1,3,7,9}，*p=a+2;”，则*p 的值是（　　）。

A．7　　B．3

C．4　　D．&a[0]+2

9．若有定义“char *p1，*p2，*p3，*p4，ch;”，则不能正确赋值的程序语句为（　　）。

A．p1=&ch; scanf("%c", p1);

B．p2=(char*)malloc(1); scanf("%c", p2);

C．p3=getchar( );

D．p4=&ch; *p4=getchar( );

10．下列（　　）形式不能表示二维数组 a 的第 1 行第 2 列的元素地址。

A．a[1]+2　　B．*(a+1)+2

C．&a[1][2]　　D．*(a[1]+2)

11．数组定义为“int a[4][5];”，引用*(a+1)+2 表示（　　）。

A．a[1][0]+2　　B．a 数组第 1 行第 2 列元素的地址

C．a[0][1]+2　　D．a 数组第 1 行第 2 列元素的值

12．设有以下定义：

```
int a[4][3]={1,2,3,4,5,6,7,8,9,10,11,12};
int (*prt)[3]=a, *p=a[0];
```

则能够正确表示数组元素a[1][2]的表达方式是（　　）。

A．* ((* prt+1)+2)　　　　B．* (* (p+5))

C．(*prt+1)+2　　　　D．* (* (a+1)+2)

13．若有以下说明和语句，且0≤i<10，则（　　）是对数组元素的错误引用。

```
int a[]={1,2,3,4,5,6,7,8,9,0}, *p, i;
p=a;
```

A．*(a+i)　　　　B．p+i

C．a[p-a]　　　　D．*(&a[i])

14．下面程序的输出结果为（　　）。

```
void main()
{ char *p;
  char s[]= "ABCD";
  for(p=s;p<s+4;p++) printf("%s\n",p); }
```

A．ABCD
BCD
CD
D　　B．A
B
C
D　　C．D
C
B
A　　D．ABCD
ABC
AB
A

15．下列程序段的输出结果为（　　）。

```
int *ptr;
int arr[]={6,7,8,9,10};
ptr=arr;
*(ptr+2)+=2;
printf("%d,%d\n",*ptr,*(ptr+2));
```

A．8，10　　　　B．6，8

C．7，9　　　　D．6，10

四、程序阅读题

1．写出下列程序的运行结果。

```
#include <stdio.h>
void main()
{  char ch[7]={"65ab21"};
   int  i,s =0;
   for(i=0;ch[i]>='0'&&ch[i]<'9';i+=2)
     s=10*s+ch[i]-'0';
   printf("%d\n",s);
}
```

2．写出下列程序的运行结果。

```
#include<stdio.h>
void main()
{ char a[ ]="street", b[ ]="string";
  char *ptr1=a, *ptr2=b;
  int k;
  for(k=0; k<7; k++)
    if(*(ptr1+k)==*(ptr2+k))
      printf("%c",*(ptr1+k));
}
```

3．写出下列程序的运行结果。

```
#include <stdio.h>
void main()
{
   int a[3][4]={1,3,5,7,9,11,13,15,17,19,21,23};
   int (*p)[4]=a, i, j, k=0;
   for(i=0;i<3;i++)
     for(j=0;j<2;j++)
        k+=*(*(p+i)+j);
     printf("%d\n",k);
}
```

4．写出下列程序的运行结果。

```
#include <stdio.h>
main()
{  char a[8],temp;
   int i, j;
   for(i=0; i<7; i++)
     a[i]='a'+i;
   for (i = 0; i<3;i++)
   { temp= a[0];
     for(j=1; j<7; j++)
        a[j-1]= a[j];
        a[6]= temp;
        a[7] = '\0';
     printf ("%s\n",a);
   }
}
```

5．下列程序运行时，分别输入“ABCD”和“ABBBA”，则输出的结果分别是什么？

```
#include<stdio.h>
void main()
{  char s[80];
   int n,i;
   gets(s);
   n=strlen(s);
```

```
    for(i=0;i<n;i++)
      if(s[i]!=s[n-i-1])break;
    if(i<n) printf("No");
    else printf("Yes");
}
```

五、程序填空题

1．输入 10 个数，输出其中与平均值之差的绝对值为最小的数。

```
# include <stdio.h>
____________________
void main()
{   float a[10], s , d, x;
    int i;
    for(i=0; i<10; i++) ________________;
    ________________
    for(i=0; i<10; i++) s+=a[i];
    s/=10;
    d=fabs(a[0]-s); _______________;
    for(i=1; i<10; i++)
      if(fabs(a[i]-s)<d)
       { d= ________________; x=a[i];
        }
    printf("%f", x);
}
```

2．输出如下形式的二项式系数列标。要求表的行数运行时输入，若小于 1 或者大于 10，则重新输入。

```
1
1 1
1 2 1
1 3 3 1
1 4 6 4 1
1 5 10 10 5 1
#include <stdio.h>
void main()
{  int a[10][10]={{0}}, i, j, n;
   do ______________ while( n<1||n>10);
   for(i=0; i<n; i++)
   { a[i][0]=1;
     _______________;
   }
   for(i=2; i<n; i++)
    for(j=1; j<i; j++)
       a[i][j]=a[i-1][j]+ _______________;
   for(i=0; i<n; i++)
   {  for(j=0; j<=i; j++) printf("%4d", a[i][j]);
      ___________________;
   }
}
```

3．输入一个字符串（串长不超过60），将字符串中连续的空格符只保留一个。如输入字符串为“I　am a　student.”，则输出字符串为“I am a student.”。

```
#include <stdio.h>
#include <string.h>
void main()
{  char b[61];
   int i; gets(b);
   for(i=1; ____________; i++)
      if(b[i-1]==' '&&b[i]==' ')
      {  ____________(b+i-1,b+i); i--;     //提示：此处填入正确的函数名
      }
   ________________;
}
```

六、编程题

1．编程序，输入10个整数存入一维数组，按逆序重新存放后再输出。

2．编程序，将一维数组中元素向右循环移N次。要求使用下标法和指针法两种方法来实现。

例如，数组各元素的值依次为0，1，2，3，4，5，6，7，8，9，10；位移3次后，各元素的值依次为8，9，10，0，1，2，3，4，5，6，7。

3．使用随机函数rand( )产生50个10～99的互不相同的随机整数放入数组a中，再按从大到小的顺序排序，并以每行10个数据输出。

4．编程序按下列公式计算s的值（其中x_1，x_2，…，x_n由键盘输入）：

$$s=\sum_{i=1}^{n}(x_i-x_0)^2$$（其中x_0是x_1，x_2，…，x_n的平均值）

5．输入10个学生的学号和3门课程的成绩（整数），统计并输出3门课程总分最高的学生的学号和总分。

6．输入一个5行6列的数组，将每一行的所有元素都除以该行上绝对值最大的元素，然后输出该元素。

7．输入20个英语单词，存入到字符数组str[20][15]中，将它们按升序打印输出。

8．输入两个数组，每个数组不超过10个元素，将只在一个数组中出现的数全部输出。

9．输入一行不超过80个字符的字符串，将其中所有的字符“$”改作“S”。

10．输入一行字符串，输出其中所出现过的大写英文字母。如运行时输入字符串“FONTNAME and FILENAME”，应输出“F O N T A M E I L”。

11．输入一行字符串，将其中的数字字符删除，打印删除后的字符串。

12．输入两个字符串a和b，判断字符串b是否是字符串a的子串，若是则输出b串在a串中的开始位置，若不是则输出－1。例如，串a="abcdef"，若串b="cd"，则输出3；若串b="ce"，则输出－1。

13．从键盘上输入一个字符串，再任意输入一个指定字符，删除字符串中的指定字符。

14．从键盘读入一行文本，统计每个英文字母出现的次数。

第6章 函　　数

学习要求

- 理解模块化程序设计思想
- 掌握函数的定义与调用方法
- 掌握函数的参数传递方式，尤其是数组参数和指针参数的传递特点
- 掌握变量的作用域和存储方式

6.1 函数概述

6.1.1 模块化程序设计方法

首先，通过一个简单的例子来介绍模块化程序设计方法。

例 6-1 编写一个显示欢迎信息的程序，要求所有的信息均在一个星号组成的矩形框中显示。程序运行时，输入“XiaoQiang”后的最终显示结果如下。

```
****************************
* Please input your name! *
****************************
XiaoQiang
****************************
* Welcome to the C world! *
****************************
```

程序代码如下。

```
#include <stdio.h>
#include <string.h>
#define USERNAME "XiaoQiang"
void main()
{   char name[10];
    printf("****************************\n");
    printf("* Please input your name! *\n");
    printf("****************************\n");
    scanf("%s",name);
    if(strcmp(name,USERNAME)==0)
```

```
    {
       printf("****************************\n");
       printf("* Welcome to the C world! *\n");
       printf("****************************\n");
    }
    else
    {
       printf("******************\n");
       printf("* Error Username *\n");
       printf("******************\n");
    }
}
```

可以看出，每显示一次信息就需要调用 3 次 printf 函数，为了输出格式美观还需要统计星号个数，这使程序的开发效率很低。使用模块化程序设计方法就可以解决这类问题。模块化程序设计方法将复杂的问题进行细化，分解成若干个功能模块逐一实现，最后再将这些程序模块组合起来实现最初的设计目标。

这些较小的、能够完成一定任务的、相对独立的程序段，可以被看作是组成一个程序的逻辑单元。C 语言使用函数作为程序的组成单元，使用函数进行程序设计的优点如下。

1）简化程序设计。将经常需要执行的一些操作写成函数后，用户就可以像使用 C 语言的标准函数一样，在需要执行此操作的地方调用此函数即可。

2）便于调试和维护。将一个庞大的程序划分为若干功能相对独立的小模块，便于管理和调试。每个模块可以由不同的人员分别实现，调试每个单元的工作量将远远小于调试整个程序的工作量。当需要更新程序功能时，只需要改动相关函数即可。

使用函数进行程序设计时，一个完整的 C 语言程序由一个主函数 main 和若干个其他函数组成，由主函数根据需要调用其他函数来实现相应功能，调用的关键在于函数之间的数据传递。而对于每一个函数，它仍然由顺序、选择和循环 3 种基本结构组成。

设计一个 message 函数用于实现在星号组成的矩形框中显示指定信息的功能，例 6-1 可用下面的程序实现。

```
#include <stdio.h>
#include <string.h>
#define USERNAME "XiaoQiang"
void message(char *s);                              //函数原型声明
void main()
{   char name[10];
    message("Please input your name!");             //函数调用
    scanf("%s",name);
    if(strcmp(name,USERNAME)==0)
       message("Welcome to the C world!");          //函数调用
    else
       message("Error Username");                   //函数调用
}
void message(char *s)                               //函数定义
{   int n,i;
    n=strlen(s);                                    //求字符串 s 的长度
```

```
        for(i=1;i<=n+4;i++)
            printf("%c",'*');
        printf("\n");
        printf("* %s *\n",s);
        for(i=1;i<=n+4;i++)
            printf("%c",'*');
        printf("\n");
    }
```

上述C语言程序的层次关系如图6-1所示，可以看出，程序在主函数控制下依次执行每个函数，每个函数都可以调用其他函数。

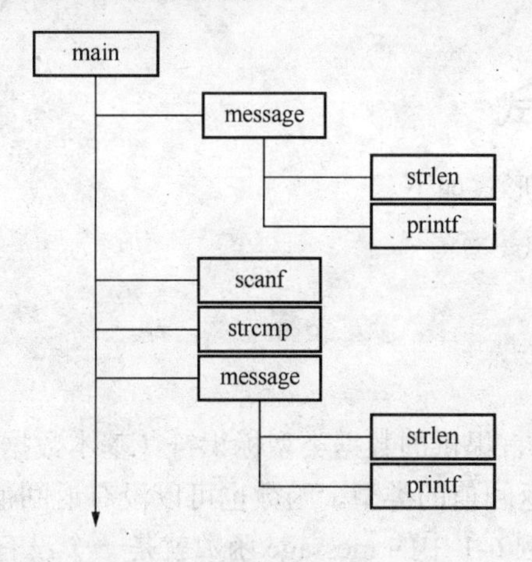

图6-1 C语言程序的层次关系

有关函数的定义与使用方法将在6.2节中详细讨论。

6.1.2 C语言中函数的分类

从不同角度可以将C语言中函数划分成不同的种类。

（1）从使用角度划分

1）标准函数，即库函数。这类函数由系统提供，用户无需自己定义即可直接调用它们，但一般需要在程序开始处通过#include命令包含相应的头文件。参见2.6节。

2）自定义函数。用户为解决不同问题而编写的函数，如例6-1中的message函数。

（2）从函数形式划分

1）无参函数。此类函数定义时圆括号内为“空”或“void”，调用此类函数时，主调函数无需向其传递任何数据，一般用于执行一组指定的操作。

2）有参函数。调用此类函数时，主调函数需要向其传递相关数据，如库函数scanf和例6-1中的message函数。有关传递规则将在6.3.2节中详细介绍。

（3）从函数的运行结果划分

1）无返回值函数。此类函数用于完成某项特定的任务，执行完后不向主调函数返回函数值。例如，例6-1的message函数就是无返回值函数。

2）有返回值函数。此类函数在执行完成后，将向调用者返回一个结果（数据），该数据称为函数的返回值。例如，库函数 strlen 和 strcmp。

（4）从函数的存储类型划分

1）外部函数（extern）。外部函数的特征是：可以被其他文件中的函数调用。

2）静态函数（static）。静态函数的特征是：只限于本文件中的函数调用它，而不允许其他文件中的函数对它进行调用。编译多个源文件组成的 C 语言程序时，使用静态函数可以避免因不同文件中的函数同名而引起的混乱。

6.2 函数的定义

6.2.1 函数的定义形式

C 语言中函数的定义形式如下。

```
类型符 函数名(形式参数)
{    函数体
}
```

说明：

1）类型符使用 C 语言提供的数据类型标识符（基本数据类型、构造数据类型或指针类型），用于说明函数返回值的类型。函数也可以没有返回值，此时需要使用 void 类型符将其定义为空类型。例 6-1 中的 message 函数就是一个没有返回值的 void 类型函数。

2）函数名是一个标识符，应当遵循 C 语言中标识符的命名规则。

3）形式参数可以是 0 个、1 个或多个，表示该函数被调用时所需的一些必要信息。对于无参函数，形式参数部分应为“空”或“void”。对于有参函数，形式参数的定义与变量的定义形式相似，但当需要定义多个形式参数时，每个参数均以“类型符 参数名”的形式定义，参数之间以逗号分隔。例 6-1 中的 message 函数就是一个具有一个形式参数的函数。

4）函数体是一组放在一对花括号中的语句，它的编写方式与前面学习的 main 函数体的编写方式没有任何区别。函数体一般包括声明部分和执行部分，声明部分主要用于定义函数中除了形式参数外还需要使用的变量，而执行部分则主要使用程序的 3 种基本结构进行设计。

6.2.2 函数返回值

例 6-1 中的 message 函数的类型为 void，这一类函数被调用时，只是执行了某些操作，比如输出一行字符，调用结束后并没有得到一个结果（返回值）。还有一类函数被调用后，能够返回一个值供调用者使用，比如调用库函数 strlen 后能够得到指定字符串的长度。

C 语言通过 return 语句获得函数的返回值，其格式如下。

```
return 表达式;
```

或

```
return(表达式);
```

例 6-2 编写一个程序，在屏幕上随机打印 10 个小写字母。

编程分析：编写一个函数 getach 用于随机生成一个小写字母，在主函数中多次调用 getach 函数，并输出其返回值。

程序代码如下。

```
#include <stdio.h>
#include <stdlib.h>
#include <time.h>
char getach(void);              // 函数声明
void main()
{   int i;
    char c;
    printf("Output 10 characters:\n");
    srand(time(NULL));          // 初始化随机数发生器
    for(i=1;i<=10;i++)
    {   c=getach();             // 函数调用
        printf("%c",c);
    }
}
char getach(void)               // 函数定义,随机产生一个小写字母
{   char ch;
    ch='a'+rand()%26;
    return(ch);                 // 函数返回值
}
```

说明：

1）return 语句中表达式的值即函数返回值，它应与所定义的函数返回值的类型一致。当二者类型不一致时，系统以定义函数返回值的类型为准，自动进行类型转换；若表达式的值不能转换成函数定义的类型，则出错。

2）一个函数可以有多条 return 语句，执行到哪一条 return 语句，哪一条就起作用。

3）return 语句一旦被执行，不论其后是否还有语句未执行，将立即结束所在函数的执行，并将表达式的值返回给调用者。

4）为增加程序的可读性，建议读者只在函数结尾处使用一次 return 语句。例如，一个求两个整数中的较大值的 max 函数可以写成如下两种等价形式，而形式 2 的可读性更好。

形式 1：

```
int max(int a,int b)
{   if(a>b)return(a);
    else return(b);
}
```

形式 2：

```
int max(int a,int b)
```

```
{   int c;
    if(a>b)c=a;
    else c=b;
    return(c);
}
```

6.2.3 形式参数的设计

如何确定形式参数的个数和类型，这是一个令初学者困惑的问题。事实上，形式参数的设计与函数的预期功能密切相关。因为函数要实现相应的功能，必须获得一定的原始信息，而这些原始信息主要来自形式参数。所以，设计形式参数应从函数的功能分析入手。下面以例 6-1 中的 message 函数和例 6-2 中的 getach 函数为例，分析其形式参数的设计思路。

例 6-1 中的 message 函数的功能是将一条信息放在一个星号组成的矩形框中输出，为此需要确定信息的内容和星号的个数，进一步分析会发现星号的个数可根据信息的长度计算出来，这样只需确定信息的内容就可以实现 message 函数的功能，因此 message 函数被定义为一个只需要一个参数的函数，根据所需信息的类型，这个参数应该是一个字符串，可将其定义成一个字符指针或字符数组。

例 6-2 中的 getach 函数的功能是随机产生一个小写字母，小写字母是随机产生的，小写字母的个数是已经确定的，也就是说要实现函数功能已不再需要其他信息了，因此 getach 函数被定义为一个无参函数。

例 6-3 编写一个函数求一个 3 位正整数的逆序数，如 123 的逆序数是 321。

编程分析：函数要实现求一个 3 位正整数的逆序数的功能，必须知道要求哪个整数的逆序数，因此定义函数时需要一个整型形参，函数求得的逆序数应该作为返回值返回到主调函数。

```
#include <stdio.h>
int fun(int n);                      //函数声明
void main()
{   int x,y;
    do
    {   printf(" Enter a number x=?: ");
        scanf("%d",&x);
    }while(x<100||x>999);
    y=fun(x);                        //函数调用
    printf("Inverse number: %d\n",y);
}
int fun(int n)                       //函数定义
{   int a,b,c,m;
     a=n%10;
     b=n/10%10;
     c=n/100;
     m=a*100+b*10+c;
     return(m);
}
```

思考与讨论：

1）main 函数中 do…while 语句的作用是什么？

2）fun 函数中的形参 n 能否命名为 x？

3）在 main 函数中能否将函数调用语句与输出语句合并为：

```
printf("Inverse number: %d\n", fun(x));
```

4）fun 函数中是否需要为形参输入数据？

6.2.4　函数原型

根据前面章节的学习，在使用库函数时，应该在程序最前面加上一条#include 命令来包含相应的文件。扩展名为“.h”的文件被称为头文件（header file），其内容为一些宏定义信息和函数原型声明。事实上，可以使用记事本打开头文件（如图 6-2 所示）。有关#include 命令的具体用法，将在 7.2 节详细介绍。

```
STDIO - 记事本
文件(F) 编辑(E) 格式(O) 查看(V) 帮助(H)
_CRTIMP int __cdecl printf(const char *, ...);
_CRTIMP int __cdecl putc(int, FILE *);
_CRTIMP int __cdecl putchar(int);
_CRTIMP int __cdecl puts(const char *);
_CRTIMP int __cdecl _putw(int, FILE *);
_CRTIMP int __cdecl remove(const char *);
```

图 6-2　头文件的内容

在使用 printf 函数之前，之所以要加上#include <stdio.h>，其主要目的在于获得 printf 函数的原型（function prototype）声明“int _Cdecl printf(const char _FAR *_format，...);”。同样，在使用自定义函数时，除了进行函数的定义外，还需要在调用该函数之前对其进行原型声明，如例 6-1、例 6-2 和例 6-3 中所示。

不要混淆函数原型声明和函数定义，函数原型声明的作用是将函数类型告诉编译系统，使程序在编译阶段对调用函数的合法性进行全面的检查，避免函数调用时出现参数的个数或类型不一致的运行错误。而函数定义部分则是函数的实际实现代码。

函数原型声明的格式如下。

```
类型符 函数名(形式参数);
```

说明：

1）函数原型声明语句最后的分号不能省略，其作用是表示该语句是进行函数声明而不是函数定义。

2）在原型声明中，形式参数名可以省略。例如，例 6-1 中的 message 函数的原型声明语句也可以写作：

```
void message(char *);
```

3）如果被调用函数的定义出现在主调要函数之前，可以不对被调用函数进行原型声明，因为编译系统已经知道了相关信息，可以进行合法性检查了。

4）如果被调用函数已在所有函数定义之前（即放在源文件的最前面）进行了原型声明，则在各个调用函数中不必再对该函数进行原型声明。

6.3 函数调用与参数传递

6.3.1 函数的调用方式

定义函数的目的是为了被其他函数调用以实现其特定的功能，C 语言中有参函数调用的格式为：

```
函数名(实际参数)
```

无参函数的调用格式为：

```
函数名()
```

函数总是在某个函数体中被调用。函数调用可以在结尾处加上分号，单独作为一条语句，如例 6-1 中所示。对于有返回值的函数，其调用也可以出现在某条语句中，如例 6-2 中所示。

下面结合例 6-2，具体分析一下函数调用时的程序执行流程，getach 函数的调用过程如图 6-3 所示。程序从 main 函数开始执行，当在 main 函数中调用了其他函数时，程序流程转向被调用函数向下执行，当被调用函数中的最后一条语句执行完毕或执行了 return 语句后，程序流程由被调用函数返回 main 函数，从刚才中断的位置继续向下执行。

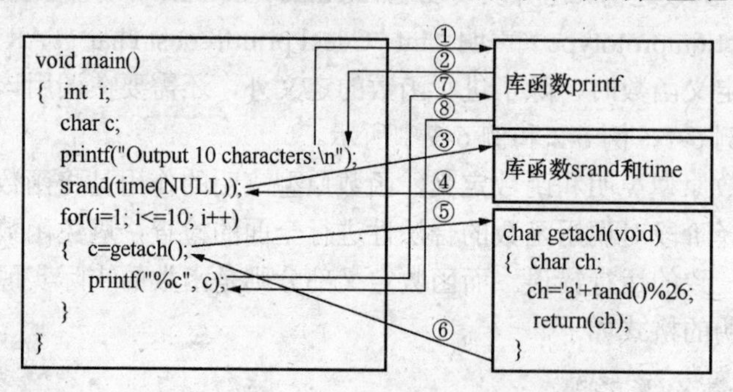

图 6-3 函数的调用过程

6.3.2 参数传递

参数是函数调用时进行信息交互的载体，函数的参数分为形式参数和实际参数两种。

（1）形式参数

定义函数时，写入函数圆括号内的参数称为形式参数，又称为形参或虚参。在函数被调用前，形参并没有被分配存储空间，也没有具体的值。

（2）实际参数

调用函数时，写入函数圆括号内的参数称为实际参数，又称为实参。实参可以是常量、变量或表达式，有具体的值。对于实参变量而言，它已经被分配了相应的存储空间。

（3）函数之间参数的传递

调用有参函数时，系统将会根据形参的类型为其分配存储空间，而存储空间中的内容（即形参的值）则来自调用函数所提供的实参。因此，调用时必须要提供与形参相匹配的实参。所谓匹配是指实参与形参的个数相等，对应实参与形参的类型相同或赋值兼容。此外，当被调用函数执行完毕返回调用函数时，形参的存储空间又被系统收回，形参的值也就不复存在了。

这种参数传递的过程被形象地称为“虚实结合”的过程，下面结合例 6-4 具体分析 C 语言中参数传递的过程。

例 6-4 参数传递举例。

下面的程序试图通过调用 swap 函数来交换两个变量的值，但这样做显然是不成功的。程序代码如下。

```
#include <stdio.h>
void swap(int a,int b);            //函数原型声明
void main()
{   int x,y;
    x=10;
    y=20;
    printf("Before swapping:x=%d y=%d\n",x,y);
    swap(x,y);                     //调用函数
    printf("After swapping:x=%d y=%d\n",x,y);
}
void swap(int a,int b)             //定义函数
{   int t;
    t=a;
    a=b;
    b=t;
}
```

程序运行结果如下。

```
Before swapping:x=10 y=20
After swapping:x=10 y=20
```

思考与讨论：

1）从运行结果看到，调用函数 swap 并没有实现变量 x、y 的交换，根据如图 6-4 所示的参数传递过程，可以了解未能交换的原因。

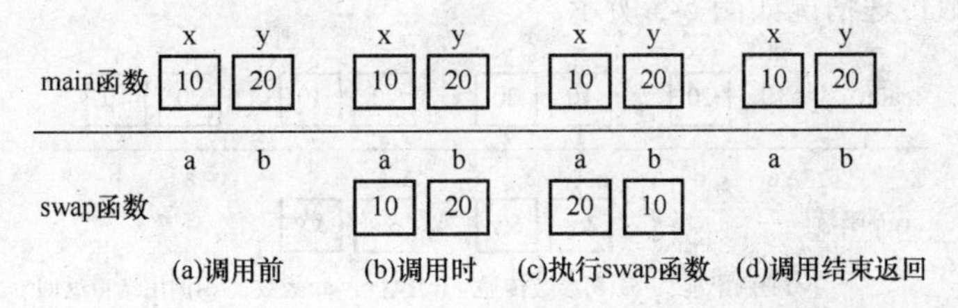

图 6-4 参数传递过程

2）C 语言中的参数传递是一种单向的“值传递”。当实参为变量时，函数调用时仅仅是将实参变量的值复制了一份交给形参，形参与对应实参的存储空间完全不同，在函数调用过程中对形参的改变，根本不会影响到实参的值。

3）在被调用函数中使用指针变量作参数，可以间接改变调用函数中变量的值，这一问题将在下面详细讨论。

6.3.3 指针变量作参数

可以将函数的形参定义成指针类型，在调用这类函数时，指针类型的形参所对应的实参应该为同一基类型的变量地址。下面结合例 6-5 说明指针变量作参数时，函数的调用过程。

例 6-5 指针变量作参数。

程序代码如下。

```
#include <stdio.h>
void swap(int *a,int *b);                        //函数原型声明
void main()
{    int x,y;
     x=10;
     y=20;
     printf("Before swapping:x=%d y=%d\n",x,y);
     swap(&x,&y);                                //函数调用
     printf("After swapping:x=%d y=%d\n",x,y);
}
void swap(int *a,int *b)                         //交换变量值的函数
{    int t;
     t=*a;
     *a=*b;
     *b=t;
}
```

程序运行结果如下。

```
Before swapping:x=10 y=20
After swapping:x=20 y=10
```

思考与讨论：

1）swap 函数中使用两个基类型为整型的指针变量 a 和 b 作为形参，main 函数中调用 swap 函数时，将两个整型变量 x 和 y 的地址&x 和&y 作为实参传递给形参 a 和 b，调用过程中的参数传递情况如图 6-5 所示。

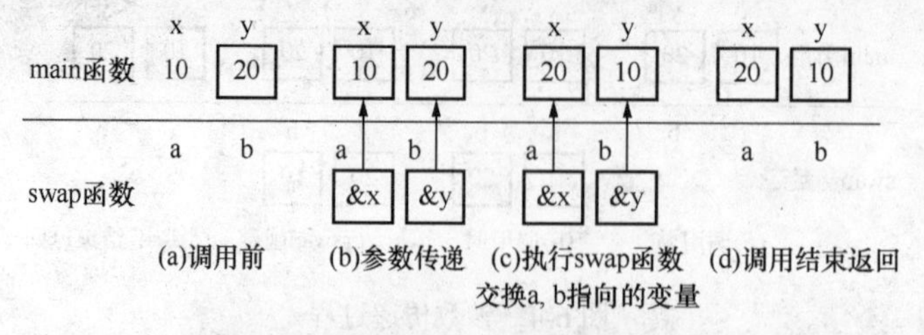

图 6-5 指针变量作参数的执行过程

2）指针变量作形参时，参数传递的形式仍然为值传递。如图 6-5（b）所示，调用函数时，形参 a、b 与 main 函数中变量 x、y 占据着不同的存储空间，形参存储空间中存放的是对应变量的地址。在函数调用过程中，通过对 main 函数中的变量 x 和 y 的间接访问，交换了它们的值。当函数调用完毕后，形参的存储空间仍然被收回，但此时变量 x 和 y 的存储空间中已经保留了改变后的值，从而解决了在被调用函数中改变调用函数中变量值的问题。

注意： 不能试图通过调用以下函数来交换被调用函数中变量的值。

程序代码如下。

```
void swap(int *a,int *b)
{    int *t;
     t=a;
     a=b;
     b=t;
}
```

该函数调用过程中的参数传递情况如图 6-6 所示。在函数调用过程中，仅仅交换了两个形参变量的值，即改变了两个形参指针变量的指向，并未改变 main 函数中变量的值。这样当调用结束后，形参的存储空间被收回，main 函数中变量的存储空间中仍然保留原来的内容，交换 main 函数中变量的值失败。

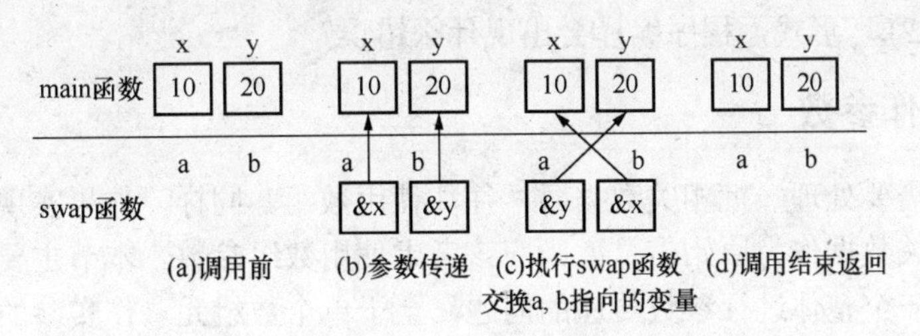

图 6-6 指针变量作参数交换形参的执行过程

掌握了使用指针变量作形参间接改变调用函数中变量值的方法后，就可以通过一次函数调用返回一个以上的结果。

例 6-6 编写一个函数用于求解一元二次方程的实根。

编程分析：如果要求解一个一元二次方程，首先需要知道这个方程的 3 个系数，即函数应该具有 3 个形参来表示这 3 个系数。如果调用一个函数只要求得到一个返回值，那么使用 return 语句即可解决。但方程的实根有两个，只使用 return 语句已不能满足题目要求，为此再增加两个指针类型的形参，用来返回方程的两个根。

程序代码如下。

```
#include <stdio.h>
#include <math.h>
//函数原型声明
void root(float a,float b,float c,float *x1,float *x2);
void main()
```

```
{    float a,b,c,x1,x2;
     do
     {   printf("input a,b,c=");
         scanf("%f,%f,%f",&a,&b,&c);
     }while(b*b-4*a*c<0);
     root(a,b,c,&x1,&x2);                  //函数调用
     printf("x1=%f,x2=%f\n ",x1,x2);
}
//函数定义
void root(float a,float b,float c,float *x1,float *x2)
{    *x1=(-b+sqrt(b*b-4*a*c))/2;
     *x2=(-b-sqrt(b*b-4*a*c))/2;
}
```

程序运行结果如下。

```
input a,b,c=1,2,3<回车>
input a,b,c=1,5,6<回车>
X1=-2.000000,x2=-3.000000
```

思考与讨论：

1）程序运行，当第一次输入“1,2,3”时，由于满足“b*b-4*a*c<0”的条件，即方程没有实根，重复执行 do…while 语句，要求用户重新输入。

2）调用求根函数 root 时，对实参有什么要求？如果程序中将调用语句写成“root(a,b,c,x1,x2);”形式，程序编译会出现什么错误？

6.3.4 数组作参数

当程序中需要处理一批相关数据时，往往使用数组。同样，如果实现函数功能时需要获取一批相关数据作为原始信息，则应该考虑使用数组参数。本节主要讨论将数组中所有元素作为一个整体进行参数传递的问题，至于单个数组元素作实参的情况，与变量作实参的情况相同，此处不再具体讨论。

（1）一维数组参数

当在函数中使用一维数组参数时，参数的定义和传递方式与前面介绍的普通参数有所不同，下面结合例 6-7 分别加以介绍。

例 6-7 定义一个函数 max_value 用于返回一个 10 个元素组成的一维整型数组中的最大值。

程序代码如下。

```
#include <stdio.h>
#include <stdlib.h>
#include <time.h>
int max_value(int a[]);                  //函数原型声明
void main()
{   int x[10],i;
    printf("Array:");
    srand(time(NULL));                   //初始化随机数发生器
```

```
    for(i=0;i<10;i++)
    {   x[i]=rand()%90+10;                   //随机产生两位正整数
        printf("%3d",x[i]);
    }
    printf("\nMax value:%2d\n",max_value(x));    //函数调用
}
int max_value(int a[])                       //求最大值函数
{   int i,t;
    t=a[0];
    for(i=1;i<10;i++)
        if(a[i]>t)t=a[i];
    return(t);
}
```

从以上程序可以看出，max_value 函数的形参数组定义形式为 int a[]，没有指定数组元素个数。在 main 函数中对 max_value 函数的调用实参是一个数组名 x。这就是一维数组作函数参数的定义和使用形式。

1）一维形参数组的定义形式为：

```
    类型名 形参数组名[]
```

不用指定元素个数，但一对方括号不可缺少，否则无法说明该参数为一维数组。

2）调用使用数组参数的函数时，与形参数组对应的实参是一个同类型数组的名称，不需要指定元素个数，也不需要加上方括号。

下面来分析一下数组参数的传递过程。通过前面的学习可知，数组对应着内存中一块连续的存储区域，数组中的各个元素按照下标的顺序在该区域中连续存放。事实上，数组名代表数组所对应存储区域的起始地址（即数组的首地址），相当于一个地址常量。当把实参数组名作为参数进行传递时，实际上是将实参数组的首地址传递给形参数组，于是形参数组也就对应着该首地址开始的一块连续的存储区域，这样就使得形参数组和实参数组对应同一块存储区域，如图 6-7 所示。

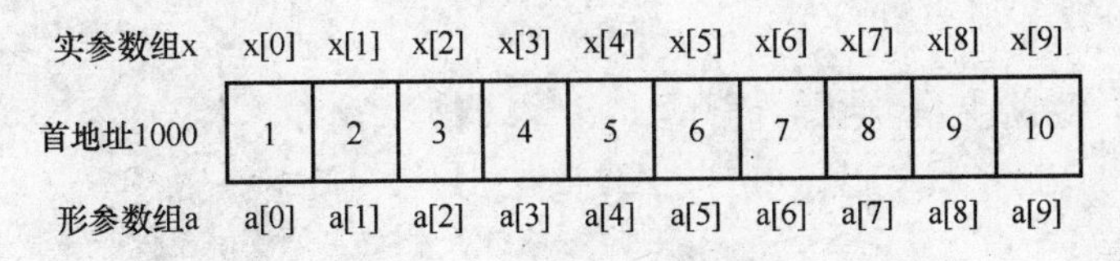

图 6-7　数组参数传递

例 6-7 中的 max_value 函数只能从具有 10 个元素的一维数组中找出最大值，如何处理具有任意元素个数一维数组？通常情况下，在定义形参数组的同时，往往还定义一个整型形参，用于获取数组元素个数的信息。可以将上述程序做如下改变。

```
#include <stdio.h>
#include <stdlib.h>
#include <time.h>
int max_value(int a[],int n);                          //函数原型声明
void main()
```

```
{   int x[10],i;
    printf("Array:");
    srand(time(NULL));
    for(i=0;i<10;i++)
    {   x[i]=rand()%90+10;
        printf("%3d",x[i]);
    }
    printf("\nMax value:%2d\n",max_value(x,10));      //函数调用
}
int max_value(int a[],int n)                            //求最大值函数
{   int i,t;
    t=a[0];
    for(i=1;i<n;i++)
        if(a[i]>t)t=a[i];
    return(t);
}
```

需要说明的是，在函数中对形参数组所做的改变将被保存在形参数组所对应的存储空间中，这也就间接改变了实参数组，因为它们对应同样的存储空间。当函数调用结束后，形参数组不再对应任何存储空间，形参数组也就没有具体的元素了。但是，实参数组仍然对应原来的存储空间，而存储空间中改变后的值就是实参数组新的元素值。

例 6-8 编写一个实现一维数组排序的函数。

程序代码如下。

```
#include <stdio.h>
#include <stdlib.h>
#include <time.h>
void sort(int a[],int n);                               //函数原型声明
void main()
{   int x[10],i;
    srand(time(NULL));
    printf("Before sorting:\n");
    for(i=0;i<10;i++)
    {   x[i]=rand()%90+10;
        printf("%3d",x[i]);
    }
    sort(x,10);                                         //函数调用
    printf("\nAfter sorting:\n");
    for(i=0;i<10;i++)
        printf("%3d",x[i]);
}
void sort(int a[],int n)                                //排序函数
{   int i,j,k,t;
    for(i=0;i<n-1;i++)
    {   k=i;
        for(j=i+1;j<n;j++)
            if(a[k]>a[j])k=j;
        if(k!=i)
```

```
            {   t=a[i];
                a[i]=a[k];
                a[k]=t;
            }
        }
    }
```

在 sort 函数中通过对形参数组 a 的排序从而改变实参数组 x 的元素次序，函数调用结束后，main 函数中输出的数组 x 即排序后的结果。

思考与讨论：

1）根据前面的分析，参数传递时形参数组接受的是实参数组的首地址，因此，完全可以将数组类型的形参定义成指针类型的形参。例如，sort 函数中的形参“int a[]”可以改写成“int *a”，并且在 sort 函数中仍可继续使用下标运算符。

2）当形参是数组时，要求对应的实参为同类型的数组名或基类型与数组类型相同的指针变量。

3）当形参是指针变量，要求对应的实参为基类型相同的指针变量或数组类型与基类型相同的数组名。

4）sort 函数中如果使用指针类型的形参，如何修改函数体以提高执行效率？

例 6-9 设计一个函数将给定的十六进制整数字符串转换为十进制数。

编程分析：

1）该函数需要获得的原始信息为一个字符串，因此可以考虑使用字符数组或字符指针变量作形参。函数返回值为一个整数，因此直接使用 return 语句即可。

2）十六进制数转换成十进制数可采用加权求和的方法，如$(1A8)_{16}=1\times16^2+10\times16^1+8\times16^0=((0\times16+1)\times16+10)\times16+8=(424)_{10}$。

3）可通过 c-'0' 将 c（取值为'0'～'9'）转换为 0～9，通过 10+（c-'A'）将 c（取值为'A'～'F'）转换为 10～15。

程序代码如下。

```
#include <stdio.h>
#include <string.h>
#define SIZE 10
long convert(char h[]);
void main()
{   char s[SIZE];
    long d;
    gets(s);
    d=convert(s);
    printf("%s=>%ld\n",s,d);
}
long convert(char h[])
{  int i;
   char c;
   long p=0;
   for(i=0;h[i]!='\0';i++)
```

```
    {   c=h[i];
        if(c>='0'&&c<='9') p=p*16+c-'0';
        else if(c>='A'&&c<='F') p=p*16+10+(c-'A');
        else if(c>='a'&&c<='f') p=p*16+10+(c-'a');
        else printf("error!\n");
    }
    return(p);
}
```

程序运行结果如下。

```
lA<回车>
lA=>26
```

思考与讨论：

1）使用函数处理字符串时，由于可以通过字符串结束标志'\0'来判断字符串长度，也可以通过库函数strlen( )来计算其长度，一般不再单独定义一个描述字符串长度的整型参数。

2）如果将函数convert的形参字符数组h改为字符指针变量（char *h），函数的程序代码可以不作任何修改，但这样执行效率不变，为什么？请读者将此程序修改为使用指针进行处理。

3）如果函数convert的形参h改为字符指针变量（char *h），主函数的调用语句要作相应修改吗？

4）函数convert的执行过程中如果发现非法字符将输出错误信息，此后函数是否立即停止执行？如何让函数在检测出非法字符后立即结束？

（2）多维数组参数

下面来讨论一下多维数组作参数的问题，原则如下。

1）多维形参数组的定义形式为：

```
类型名 形参数组名[][数值]……[数值]
```

即除了最左边的方括号可能留空外，其余都要填写数值。

2）调用使用多维数组参数的函数时，与形参数组对应的实参是一个同类型的数组名，也不需要加上任何方括号。

例6-10 编写一个函数用于查找3×4的矩阵中的最大元素，并返回其具体位置。

编程分析：一共需要从函数中返回3个值，最大元素通过return语句返回，行、列下标则通过指针类型的形参间接得到。

程序代码如下。

```
#include <stdio.h>
#include <stdlib.h>
#include <time.h>
int max_value(int a[][4],int n, int *row, int *col);
void main()
{
   int x[3][4];
```

```
    int m,i,j,r,c;
    srand(time(NULL));
    for(i=0;i<3;i++)
    {   for(j=0;j<4;j++)
        {   x[i][j]=rand()%90+10;
            printf("%3d",x[i][j]);
        }
        printf("\n");
    }
    m=max_value(x,3,&r,&c);
    printf("The max value is %d\n",m);
    printf("The position is %d row, %d column\n",r,c);
}
int max_value(int a[][4],int n, int *row, int *col)
{   int max,i,j;
    max=a[0][0];
    *row=0;
    *col=0;
    for(i=0;i<n;i++)
      for(j=0;j<4;j++)
        if(max<a[i][j])
        {   max=a[i][j];
            *row=i;
            *col=j;
        }
    return(max);
}
```

程序运行结果如下。

```
43 42 99 89
28 26 68 54
77 96 81 63
The max value is 99
The position is 0 row,2 column
```

思考与讨论：

1）如果不通过 return 语句返回矩阵的最大值，而通过参数传递返回到主调函数，如何修改 max_value 函数？

2）如果主函数将数组 x 的定义修改为 int x[4][5]，其他代码不做修改，程序编译是否出错？能否输出正确结果？

6.3.5 函数的嵌套调用

C 语言中的函数定义是相互独立的，不允许函数的“嵌套”定义，即不允许在一个函数体内包含另一个函数的定义；但允许嵌套调用函数，即在调用一个函数的过程中，又调用另一个函数。下面结合一个例子来说明函数的嵌套调用过程。

例 6-11 编写一个小学四则运算练习程序，程序可根据用户的选择随机生成加、减、乘、除的练习题，并分析运算结果是否正确。

编程分析：使用四个函数分别生成四种运算题目，通过另一个函数根据用户选择来调用这些函数产生相应的题目。

程序代码如下。

```
#include <stdio.h>
#include <stdlib.h>
#include <time.h>
void exam(int n);
void add(void);
void sub(void);
void mul(void);
void division(void);
void main()
{   int n;
    while(1)
    {   printf("********\n");
        printf("*1-ADD *\n");
        printf("*2-SUB *\n");
        printf("*3-MUL *\n");
        printf("*4-DIV *\n");
        printf("*0-EXIT*\n");
        printf("********\n");
        printf("Please select 0-4:");
        scanf("%d",&n);
        if(n<0||n>4)printf("Invalid number!\n");
        else if(n==0)break;
        else exam(n);
    }
}
void exam(int n)                    //根据n的值选择执行不同的函数
{   switch(n)
    {   case 1:add();break;
        case 2:sub();break;
        case 3:mul();break;
        case 4:division();
    }
}
void add(void)                      //求两随机整数之和
{   int x,y,z,result;
    srand(time(NULL));              //初始化系统随机数发生器
    x=rand()%100;                   //产生0～99的随机整数
    y=rand()%100;
    z=x+y;
    printf("%d+%d=",x,y);
    scanf("%d",&result);
    if(result==z)printf("OK\n");
    else printf("Sorry\n%d+%d=%d\n",x,y,z);
```

```
}
void sub(void)                    //求两随机整数之差
{
    int x,y,z,result;
    srand(time(NULL));
    x=rand()%100;
    y=rand()%100;
    z=x-y;
    printf("%d-%d=",x,y);
    scanf("%d",&result);
    if(result==z)printf("OK\n");
    else printf("Sorry\n%d-%d=%d\n",x,y,z);
}
void mul(void)                    //求两随机整数之乘积
{
    int x,y,z,result;
    srand(time(NULL));
    x=rand()%100;
    y=rand()%100;
    z=x*y;
    printf("%d*%d=",x,y);
    scanf("%d",&result);
    if(result==z)printf("OK\n");
    else printf("Sorry\n%d*%d=%d\n",x,y,z);
}
void division(void)               //求两随机整数之商
{
    int x,y,z,result;
    srand(time(NULL));
    do                            //产生两随机整数使得 x 能被 y 整除
    {   x=rand()%100;
        y=rand()%100;
    }while(x%y!=0||y==0);
    z=x/y;
    printf("%d/%d=",x,y);
    scanf("%d",&result);
    if(result==z)printf("OK\n");
    else printf("Sorry\n%d/%d=%d\n",x,y,z);
}
```

如果用户在程序运行后，输入 1，则程序执行过程如图 6-8 所示。

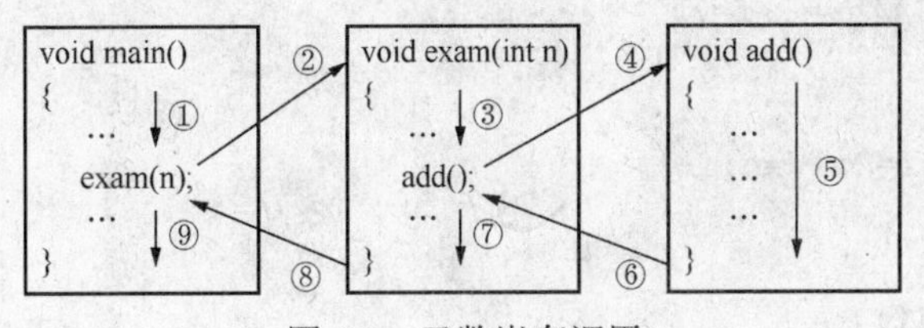

图 6-8　函数嵌套调用

6.3.6 函数的递归调用

例 6-12 用递归的方法计算 n!。

计算 n!的递归公式如下所示。

$$n!=\begin{cases}1 & (n=0,1)\\ n\cdot(n-1)! & (n>1)\end{cases}$$

程序代码如下。

```
float fact(int n)
{   float f;
    if(n==0||n==1)f=1;
    else f=n*fact(n-1);
    return(f);
}
```

注意：不要将 f=n*fact(n-1)写成 fact(n)=n*fact(n-1)，因为 fact(n)表示函数调用，不能出现在赋值运算符的左边，否则将出现语法错误。

以 fact(4)的调用过程为例，如图 6-9 所示，递归调用分为递推和回归两个阶段。

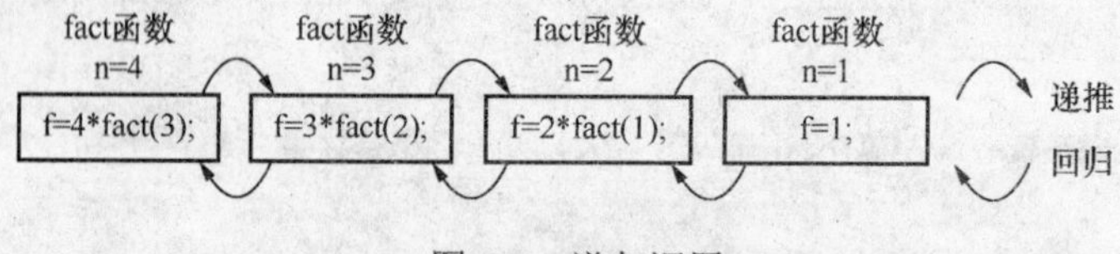

图 6-9 递归调用

在许多情况下，递归可以用循环结构替代。虽然递归可以使程序结构更加“优美”，但其执行效率并不高。首先，每次进行函数调用需要花费一定的时间。其次，每调用一次函数就会定义一批局部变量，这些局部变量直到本次函数调用结束，才会释放所占用的内存空间，因此需要占用大量的内存资源。所以，只有当常规方法很难解决问题时，才考虑使用递归方法。对于能够使用循环解决的问题，则推荐使用循环结构，如最好使用如下函数计算阶乘。

```
float fact(int n)
{   float f;
    int i;
    if(n==0||n==1)f=1;
    else
    {  f=1;
       for(i=2;i<=n;i++)
       f=f*i;
    }
    return(f);
}
```

6.4 函数与指针

6.4.1 返回指针值的函数

函数除了可以有基本类型的返回值，也可以返回指针类型的值。当需要将一批数据作为一个整体返回时，常常使用返回指针值的函数，此类函数头部的定义形式为：

```
类型名 *函数名(形式参数)
```

例如，

```
int *search(int score[][5], int n)
```

search 函数的返回值是一个指向整型数据的指针（地址）。

下面结合一个具体的例子来分析返回指针值的函数的用法。

例 6-13 有 30 个学生的成绩（每人 5 门课程），要求编写一个函数用于查询指定学生的成绩。

编程分析：该函数需要获得的原始信息为 30×5 个成绩，因此需要一个二维数组作为形参。函数返回的结果为 5 门课程的成绩，可以通过参数传递的方式返回结果，也可将该学生成绩所在行的首地址返回，本例将采用后一种方法。

程序代码如下。

```
#include <stdio.h>
#include <stdlib.h>
#include <time.h>
#define M 30
#define N 5
int *search(int score[][N],int num);     // 函数原型说明
void main()
{   int score[M][N],i,j,num;
    int *p;
    srand(time(NULL));
    for(i=0;i<M;i++)
    {   for(j=0;j<N;j++)
        {   score[i][j]=rand()%100;
            printf("%4d",score[i][j]);
        }
        printf("\n");
    }
    printf("Input a number(1-30):");
    scanf("%d",&num);
    p=search(score,num);
    printf("No.%d scores:",num);
    for(j=0;j<N;j++)
       printf("%3d",*(p+j));
```

```
}
int *search(int score[][N],int num)
{   int *p;
    p=&score[num][0];                    // 取得第num行的第0列的元素地址
    return(p);
}
```

思考与讨论：使用返回指针的函数要特别注意，返回的指针（即内存地址）必须是该函数调用结束不被释放的内存地址，否则返回的指针可能无任何意义。请读者分析下面的程序可能出现什么问题？

```
#include <stdio.h>
int *pmax(int x, int y);
void main()
{    int *p, x,y;
     printf("Input x, y=?");
     scanf("%d,%d",&x,&y);
     p=pmax(x,y);
     printf("The max number:%d",*p);
}
int *pmax(int a,int b)
{    int max;
     max=a>b?a:b;              // 求a,b中较大的值
     return(&max);             // 返回max的地址
}
```

6.4.2 函数的指针

C语言程序需要编译后才能执行，构成C语言程序的每一个函数在编译时都被分配了一块存储空间，其中存放着实现该函数功能的各条指令，如图6-10所示。函数名代表了函数存储空间的起始地址，即函数的指针。

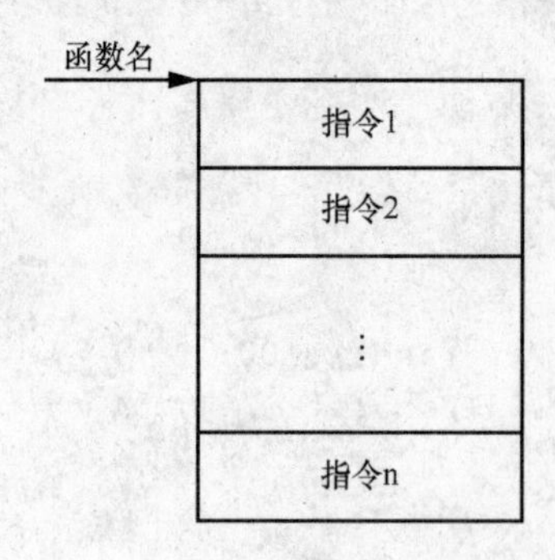

图6-10 函数指针

C语言允许定义一个指针变量存放函数的入口地址，这种指针变量被称为指向函数的指针变量，其定义形式如下。

```
类型标识符(*指针变量名)(参数类型);
```

例如，

```
int (*p) (void);
```

表示定义了一个指向返回整型数据的无参函数的指针变量。注意不要定义成如下形式：

```
int *p (void)
```

它定义的是一个返回指向整型数据指针的无参函数。

可以使用指向函数的指针变量来调用函数，下面结合例题6-14介绍其使用方法。

例6-14 编写一个程序，根据用户输入的半径，分别计算圆柱体和圆锥体的体积。

程序代码如下。

```
#include <stdio.h>
#define PI 3.14
float v1(float r,float h);
float v2(float r,float h);
void main()
{   float (*v)(float,float),r,h;
    int n;
    printf("You want to calculate the volume of:1-Cylind,2-Cone?");
    scanf("%d",&n);
    switch(n)
    {   case 1:v=v1;break;              //让v指向函数v1
        case 2:v=v2;break;              //让v指向函数v2
        default:v=NULL;
    }
    if(v!=NULL)
    {   printf("Input r,h=");
        scanf("%f,%f",&r,&h);
        printf("%f",(*v)(r,h));
    }
}
float v1(float r,float h)               //计算圆柱体体积
{   return(PI*r*r*h);
}
float v2(float r,float h)               //计算圆锥体体积
{   return(PI*r*r*h/3.0);
}
```

思考与讨论：

1）与其他指针变量相同，指向函数的指针变量在使用前也必须进行初始化操作，具体形式为“指针变量=函数名”，不要写成“指针变量=函数名(形式参数)”的形式。

2）指向函数的指针变量可以先后指向不同的函数，但需注意函数返回值的类型、形参的个数和类型与定义指针变量时所说明类型的一致性。

3）通过指向函数的指针变量调用函数时，只需用“(*指针变量名)”代替传统调用中的函数名即可。

4）对于指向函数的指针变量，++和--等运算是无意义的。

6.4.3 指向函数的指针变量作参数

指向函数的指针变量的典型应用就是作参数传递给其他函数，从而能够实现在函数调用过程中根据需要来调用不同的函数。

例 6-15 设计一个函数，调用它时可以计算圆柱体或者圆锥体的体积。

编程分析：此处定义了一个函数 float vol(float r,float h,float (*f)(float,float))，该函数有 3 个参数，前 2 个参数分别表示圆柱体或者圆锥体的半径和高度，第 3 个参数是一个指针变量，它指向一个返回单精度类型值的具有 2 个单精度类型参数的函数，可通过该函数计算体积。

程序代码如下。

```
#include <stdio.h>
#define PI 3.14
float v1(float r,float h);
float v2(float r,float h);
float vol(float r,float h,float (*f)(float,float));
void main()
{   float r,h;
    printf("Input r,h=");
    scanf("%f,%f",&r,&h);
    printf("Volume of cylind:%f\n",vol(r,h,v1));
    printf("Volume of cone:%f\n",vol(r,h,v2));
}
float v1(float r,float h)    // 求圆柱体的体积
{   return(PI*r*r*h);
}
float v2(float r,float h)    // 求圆锥柱体的体积
{   return(PI*r*r*h/3.0);
}
float vol(float r,float h,float (*f)(float,float))
{   return((*f)(r,h));
}
```

思考与讨论:函数名代表函数的入口地址,vol 函数的第 3 个参数为指向函数的指针，调用时，对实参有什么要求？

6.5 main 函数的参数

在前面的学习中，定义的所有 main 函数都没有参数。事实上，C 语言允许 main 函数或者没有参数，或者有两个参数。如果 main 函数有参数，则必须是两个，其中第 1 个参数是一个整型变量(一般命名为 argc),第 2 个参数是一个指向字符串的指针数组(一般命名为 argv)。带参数的 main 函数头部的定义形式如下：

```
void main(int argc,char *argv[])
```

或者

```
void main(int argc,char **argv)
```

C 语言程序的执行流程是从 main 函数开始的，而 main 函数则是由系统调用的，因此传递给 main 函数的实参来自系统。在 Windows 等图形界面操作系统出现之前，人们使用的 DOS 之类的命令行界面。在 Windows 环境下，人们仍然可以通过执行“开始→程序→附件→命令提示符”菜单命令，打开如图 6-11 所示的命令提示符界面。在此界面中，用户可以执行各种系统命令，或者运行可执行文件。

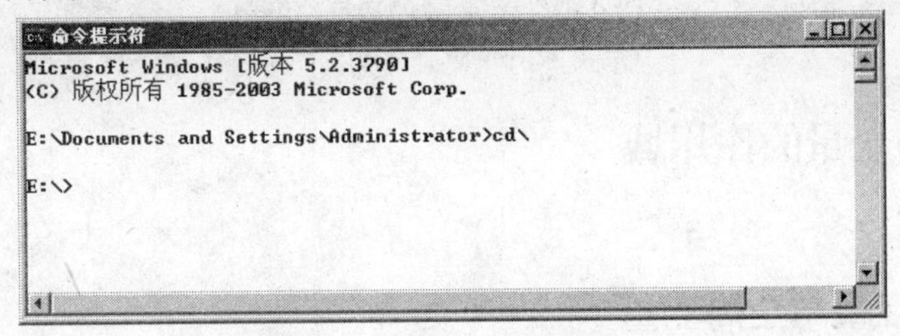

图 6-11　命令提示符界面

下面结合一个具体的例子来说明 main 函数参数的用法。

例 6-16　main 函数使用参数的示例。

程序代码如下。

```
#include <stdio.h>
void main(int argc,char **argv)
{   int i;
    printf("The command line has %d arguments:\n",argc-1);
    for(i=1;i<argc;i++)
        printf("%d: %s\n",i,*(argv+i));
}
```

将程序编译为可执行文件 repeat.exe，假设该文件存放于 E:\。进入命令提示符界面，分别执行“E:”和“CD\”命令，使当前系统提示符变为“E:\>”。输入如下命令行：

```
repeat Welcome to Hangzhou !
```

传递给 main 函数的实参来自所输入的命令行。其中，第 1 个参数 argc 为所输入命令行中包括文件名在内的字符串个数（字符串以空格为分隔符），本例中 argc 的值为 5。第 2 个参数 argv 为一个指针数组，该数组中的每个元素分别指向命令行中的各个字符串，如图 6-12 所示。

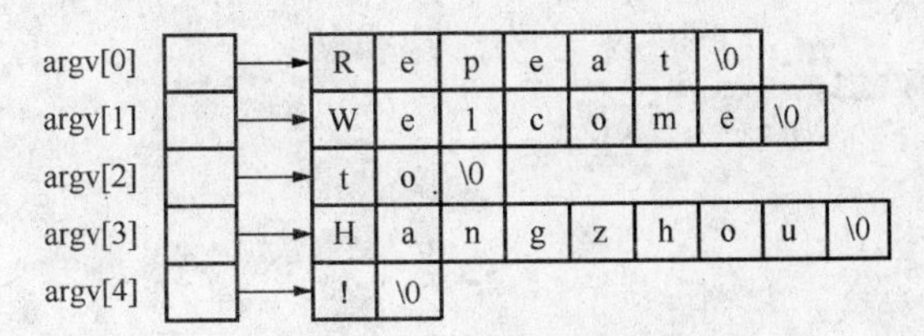

图 6-12　命令行参数

当输入完上述命令行并按回车键后，系统弹出如图 6-13 所示的窗口。

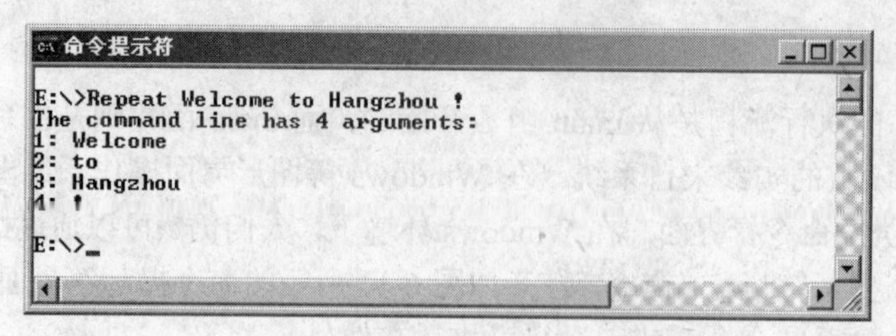

图 6-13　例 6-16 的运行结果

6.6 函数与变量的作用域

6.6.1 局部变量与全局变量

1. 变量作用域

所谓变量作用域就是指变量的作用范围，即变量的值可以在什么范围内被使用和修改。为方便大家理解这一概念，请看下面的示例。

例 6-17　变量作用域示例。

下列程序试图在主函数中随机产生一维数组的 10 个元素并打印输出，调用 trans 函数将数组倒置，再在主函数打印输出。

```
#include <stdio.h>
#include <stdlib.h>
#include <time.h>
void trans(void);                    //函数原型声明
void main()
{   int a[10],i;
    printf("Before:\n");
    srand(time(NULL));
    for(i=0;i<10;i++)
    {   a[i]=rand()%10;
        printf("%2d",a[i]);
    }
    trans();
    printf("\nAfter:\n");
    for(i=0;i<10;i++)
        printf("%2d",a[i]);
}
void trans(void)                     //倒置数组
{   int i,t;
    for(i=0;i<5;i++)
    {   t=a[i];
```

```
        a[i]=a[9-i];
        a[9-i]=t;
    }
}
```

在 VC 环境下编译时出现如图 6-14 所示的错误信息。

```
--------------------Configuration: lt6-17 - Win32 Debug--------------------
Compiling...
lt6-17.c
c:\lt6-17.c(21) : error C2065: 'a' : undeclared identifier
c:\lt6-17.c(21) : error C2109: subscript requires array or pointer type
c:\lt6-17.c(22) : error C2109: subscript requires array or pointer type
c:\lt6-17.c(22) : error C2109: subscript requires array or pointer type
c:\lt6-17.c(22) : error C2106: '=' : left operand must be l-value
c:\lt6-17.c(23) : error C2109: subscript requires array or pointer type
c:\lt6-17.c(23) : error C2106: '=' : left operand must be l-value
Error executing cl.exe.

lt6-17.exe - 7 error(s), 0 warning(s)
```

图 6-14 程序编译错误信息

从编译出错信息，可以看出是符号 a 在 trans 函数中未定义的错误。虽然在 main 函数中已经定义了数组 a，但它无法在 trans 函数中使用，即数组 a 的作用域未包含 trans 函数。

如果在 trans 函数中增加一条“int a[10];”的定义语句，虽然编译时不再提示出错，但仍然无法得到正确的运行结果。为什么会出现这种情况？下面分别讨论局部变量和全局变量的作用域问题。

2. 局部变量

在一个函数内部定义的变量被称为局部变量，也叫做内部变量。形式参数也是一种局部变量。局部变量只在定义它的函数范围内有效，即在此函数之外无法使用这些变量。

例 6-17 的 main 函数和 trans 函数中的数组 a 是两个不同的数组，它们对应不同的存储空间，作用域分别局限于各自所在的函数。这就能够解释为什么前面的程序无法得到正确的运行结果了。

在一个函数内部，还可以在复合语句中定义变量，其作用域只局限于该复合语句，例如，

```
for(i=0;i<5;i++)
{   int t;              //t 作用域的开始
    t=a[i];
    a[i]=a[9-i];
    a[9-i]=t;           //t 作用域的结束
}
```

一般要求将局部变量的定义放在函数的开始，尽量不要在函数中间定义局部变量。复合语句中的局部变量一般用于小范围内的临时变量。

因为函数中的局部变量只在本函数中有效，所以可以在不同函数中定义同名的局部变量而不会带来混乱。正如每个班级中都有一位班长，他们的职责各自各不相同，互不

干涉对方；但同一函数中不能定义两个同名的局部变量，正如同一个班级中不能有两个班长一样，因为这将带来管理上的混乱。

3. 全局变量

全局变量又称为外部变量，它是在函数之外定义的变量，其作用范围为从定义的位置开始到本源程序文件的结束。通过全局变量可以在多个函数间共享数据。可以将例6-17的程序作如下修改。

```
#include <stdio.h>
#include <stdlib.h>
#include <time.h>
void trans(void);                          //函数原型声明
int a[10];                                 //a作用域开始
void main()
{   int i;
    printf("Before:\n");
    srand(time(NULL));
    for(i=0;i<10;i++)
    {   a[i]=rand()%10;
        printf("%2d",a[i]);
    }
    trans();
    printf("\nAfter:\n");
    for(i=0;i<10;i++)
        printf("%2d",a[i]);
}
void trans(void)                           //倒置数组
{   int i,t;
    for(i=0;i<5;i++)
    {   t=a[i];
        a[i]=a[9-i];
        a[9-i]=t;
    }
}                                          //a作用域结束
```

全局数组a首先在main函数中被赋值，然后在trans函数中进行倒置操作，最后再在main函数中输出倒置后的结果。显然，全局变量增加了函数之间的数据传递通道，使得函数之间的数据联系不只局限于参数传递和return语句，通过全局变量可以从函数中得到一个以上的返回值。在全局变量的作用域中，所有函数均可直接访问全局变量，也就是说，如果在一个函数中改变了全局变量的值，就能影响到其他函数。这也使得程序容易出错，且很难清楚判断出错原因。因此，建议读者慎用全局变量。

全局变量就像一柄双刃剑，它既增强了函数之间的数据联系通道，同时也降低了函数的通用性。因为函数的执行依赖于全局变量，为了将函数移植到其他文件中，就必须将所涉及的全局变量一并移植，此时有可能出现原有全局变量与新文件中的全局变量同名的问题，从而降低了程序的可靠性。事实上，设计一个好的函数应当遵循“黑箱”观点，即所有的输入是以参数的形式传递给函数的，所有的输出是以函数值的形式返回，函数中所使用的变量都是局部变量，与调用者没有任何关系，如图 6-15 所示。

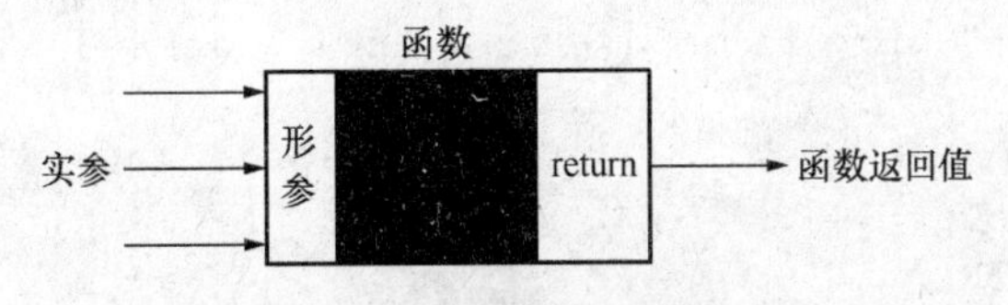

图 6-15 函数设计原则

按照此原则，例 6-17 的程序最好改写成如下形式。

```
#include <stdio.h>
#include <stdlib.h>
#include <time.h>
void trans(int a[],int n);                          //函数原型声明
void main()
{   int a[10],i;
    printf("Before:\n");
    srand(time(NULL));
    for(i=0;i<10;i++)
    {   a[i]=rand()%10;
        printf("%2d",a[i]);
    }
    trans(a,10);
    printf("\nAfter:\n");
    for(i=0;i<10;i++)
        printf("%2d",a[i]);
}
void trans(int a[],int n)                           //倒置数组，n为元素个数
{   int i,t;
    for(i=0;i<n/2;i++)
    {   t=a[i];
        a[i]=a[n-i-1];
        a[n-i-1]=t;
    }
}
```

此外，全局变量可以与某个函数中的局部变量同名，此时，在该函数内部局部变量的作用域将“覆盖”同名全局变量的作用域。

例 6-18 全局变量与局部变量同名。

程序代码如下。

```
#include <stdio.h>
void first(void);
void second(void);
char color='B';            //定义全局变量
void main()
{   printf("Color in main() is %c\n",color);
```

```
        first();
        printf("Color in main() is %c\n",color);
        second();
        printf("Color in main() is %c\n",color);
    }
    void first(void)
    {   char color;          //定义局部变量
        color='R';
        printf("Color in first() is %c\n",color);
    }
    void second(void)
    {   color='G';
        printf("Color in second() is %c\n",color);
    }
```

程序运行结果如下。

```
Color in main() is B
Color in first() is R
Color in main() is B
Color in second() is G
Color in main() is G
```

可以看出，main 函数和 second 函数中使用的变量 color 是全局变量，在 second 函数中对 color 变量改变后，main 函数中输出改变后的变量值。而 first 函数中使用的变量 color 是局部变量，在 first 函数中对 color 变量的改变，并不会影响 main 函数中的输出。

6.6.2 动态存储变量与静态存储变量

前面介绍参数传递方式时提到，函数被调用前其形参并未被分配相应的存储空间，直到函数被调用时系统才为形参分配相应的存储空间，并将实参传递过来的值存放其中，而当函数调用结束后，形参的存储空间又被系统收回。这里其实隐含了一个变量的生存周期问题。变量的生存期与变量的存储方式密切相关，C 语言中变量有两种存储方式：动态存储和静态存储。

1. 动态存储变量

在程序运行期间，动态存储变量的存储空间由系统根据需要进行动态分配。默认情况下，函数中定义的局部变量和形参都属于动态存储变量。函数被调用时，系统才为这类变量动态分配存储空间，函数调用结束后，这些变量所占据的存储空间即被释放。因此动态存储变量的值在函数调用结束后就无法使用了，即变量的生存期并不等于程序的整个执行期。每次调用函数时，系统会为这些变量重新分配存储空间，这就意味着如果在一个程序中两次调用同一个函数，系统分配给这个函数中的局部变量和形参的存储空间可能是不同的。

可以在函数内部定义局部变量时使用 auto 关键字，从而显式声明该变量采用动态存储方式。注意，不能在声明形参时使用 auto 关键字，因为形参只能采用动态存储方式。

下面两种局部变量的定义方式是等价的。

```
int a,b,c
auto int a,b,c
```

2. 静态存储变量

系统在程序运行期间为其分配固定存储空间的变量称为静态存储变量。全局变量就是一种静态存储变量，系统在程序开始执行时为其分配存储空间，直到程序执行完毕才释放，因此整个程序执行期都是全局变量的生存期。

有时可能希望在函数调用结束后保留其局部变量的值，即不释放局部变量所占据的存储空间，从而在下一次调用该函数时可继续使用上一次调用结束时的结果。这就需要使用 static 关键字将局部变量的存储方式声明为静态存储方式，这种变量称为静态局部变量。相应地，使用 auto 关键字或缺省定义的局部变量称为动态局部变量。

例 6-19 编程计算$1-\frac{1}{2!}+\frac{1}{3!}-\frac{1}{4!}+\cdots+\frac{(-1)^{n-1}}{n!}$，精度为 0.000001。

编程分析：编写一个 term 函数利用静态局部变量计算 n!。

程序代码如下。

```
#include <stdio.h>
double term(int n);
void main()
{   int i=1,k=1;
    double s=0.0,t;
    do
    {   t=term(i);
        s=s+k/t;
        i++;
        k=-k;
    }while(1.0/t>1e-6);
    printf("%lf\n",s);
}
double term(int n)
{   static  double t=1.0;              //静态局部变量的声明与初始化
    t=t*n;
    return(t);
}
```

程序运行结果如下。

```
0.632121
```

注意：term 函数中静态局部变量 t 是在声明的同时进行初始化的，不能写成以下两句。

```
static  double t;
t=1.0;
```

因为静态局部变量只在编译时赋一次初值，即“static double t=1.0;”语句只执行一次，以后每次调用该函数时都直接使用上一次调用结束后静态局部变量的值。如果改成上面两句，则每调用一次函数都会执行一次“t=1.0;”语句，这显然不是程序设计的初衷。

由此可见，静态局部变量的生存期是从该变量被分配存储空间开始，即定义该变量的函数被调用开始，直到程序结束。但是，静态局部变量的作用域仍然局限于定义它的函数，静态局部变量在上一次调用结束后被保留下来的值，也只能在该函数的下一次调用中使用，而不能被其他函数使用。

6.6.3 内部函数与外部函数

函数也有一个类似于“作用域”的概念，即一个函数可以被哪些文件中的哪些函数调用。根据函数能否被其他文件中的函数调用，可以将函数分为内部函数和外部函数。

1. 内部函数

如果一个函数只能被本文件中的函数调用，则称为内部函数。通过使用 static 关键字，可以将一个函数定义为内部函数，定义格式如下。

```
static  类型标识符 函数名(形式参数)
{    函数体
}
```

例如，

```
static int max(int a,int b)
{   return(a>b?a:b);
}
```

2. 外部函数

如果一个函数可以被其他文件中的函数调用，则称为外部函数。使用外部函数分为定义和声明两个步骤。

（1）定义

通过使用 extern 关键字，可以在一个文件中将一个函数定义为外部函数，定义格式如下。

```
extern  类型标识符 函数名(形式参数)
{    函数体
}
```

例如，

```
extern int max(int a,int b)
{   return(a>b?a:b);
}
```

（2）声明

在需要调用此外部函数的其他文件中，使用 extern 关键字声明该函数的原型，例如，

```
extern int max(int a,int b);
```

6.7 应用程序举例

例6-20 验证哥德巴赫猜想，即一个大于或等于6的偶数可以表示为两个素数之和，如6=3+3，8=3+5，10=3+7……

编程分析：按照模块化编程思想，定义一个guess函数用于将一个大于或等于6的偶数分解成两个素数之和，在main函数中只需要输入符合要求的数据，调用guess函数进行验证即可。而在验证过程中需要多次判断一个数是否为素数，因此可再设计一个prime函数实现判断素数的功能，由guess函数根据需要进行调用。guess函数无返回值，直接输出满足条件的组合。prime函数的形参为素数则返回1，否则返回0。

程序代码如下。

```
#include <stdio.h>
int prime(int n);                      //声明函数原型
void guess(int n);                     //声明函数原型
void main()
{   int n;
    do                                 //确保输入的n为大于等于6的偶数
    {   printf("Please input an even number(>=6):");
        scanf("%d",&n);
    }while(!(n>=6&&n%2==0));
      guess(n);                        //调用函数
}
void guess(int n)                      //定义验证哥德巴赫猜想函数
{   int n1,n2;
    for(n1=3;n1<=n/2;n1+=2)
    {   n2=n-n1;
        if(prime(n1)&& prime(n2))//调用函数
            printf("%d=%d+%d\n",n,n1,n2);
    }
}
int prime(int n)                       //定义判断整数n是否为素数的函数
{   int i,flag;
    flag=1;
    for(i=2;i<=n/2;i++)
      if(n%i==0)
      {  flag=0;
         break;
      }
    return(flag);
}
```

思考与讨论：

1）如果prime函数中不使用变量flag，则函数体应当如何修改？

2）可否将guess函数中的for语句改成以下形式？分析其执行效率。

```
for(n1=3;n1<=n/2;n1+=2)
  for(n2=3;n2<=n/2;n2+=2)
     if(prime(n1)&& prime(n2)&& n1+n2==n)
        printf("%d=%d+%d\n",n,n1,n2);
```

3）比较例 4-22 的程序，理解使用函数实现模块化程序设计的优越性。

例 6-21 设计一个函数用于删除一个字符串中的指定字符，从而得到一个新的字符串。例如，从字符串“Welcome”中删除“e”后，字符串变为“Wlcom”。

编程分析：

1）该函数需要获得的原始信息为要处理的字符串和要删除的字符，可考虑使用一个指针类型的形参和一个字符类型的形参。函数的返回值可通过形参指针来间接改变原始字符串得到。

2）删除指定字符，可通过将该字符后的字符依次前移实现。

程序代码如下。

```
#include <stdio.h>
#define N 20
void del_char(char *a,char ch);         //声明函数原型
void main()
{   char a[N]="AscADef";
    printf("%s\n",a);
    del_char(a,'A');                    //调用函数
    printf("%s\n",a);
}
void del_char(char *a,char ch)          //定义从字符中删除指定字符的函数
{   char *p;
    while(*a!='\0')                     //判断字符串是否结束
    {   if(ch==*a)                      //判断是否为指定字符
            for(p=a;*p!='\0';p++)       //删除指定字符
                *p=*(p+1);
        else a++;
    }
}
```

程序运行结果如下。

```
AscADef
scDef
```

思考与讨论：

1）读者分析，可否将删除指定字符的 del_char 函数写成如下形式。

```
void del_char(char *a,char ch)
{   while(*a!='\0')
    {   if(ch==*a)
            strcpy(a,a+1);              //通过覆盖方法，将指定字符删除
        else a++;
    }
}
```

2）如果将 del_char 函数中的“else a++;”改写为“a++;”，程序运行是否会出现错误？如果不出错，程序运行能否实现在一个字符串中删除所有指定的字符？

3）能否将 main 函数中的“char a[N]="AscADef";”语句改为“char *a="AscADef";”？

小　　结

面对一个复杂的问题，最好的处理方法就是将其分解成若干个小的功能模块，然后编写函数去实现每一个模块的功能，最终通过主函数调用这些函数来实现总体目标。本章主要向读者介绍了用户自定义函数的定义与使用方法。

使用函数时，最重要的是掌握调用者与被调用者之间的数据传递。这种传递主要是通过形参与实参相结合来实现的，因此被调用者需要从调用者处获得多少数据，就应该定义多少个形参，当要获得一批相关数据时，可以考虑使用数组作参数。

C 语言中的参数传递是一种单向的“值传递”。当实参为变量时，函数调用时仅仅是将实参变量的值复制了一份交给形参，形参与对应实参的存储空间完全不同，在函数调用过程中对形参的改变，根本不会影响到实参的值；但是在被调函数中可通过指针类型的形参间接改变调用函数中的实参变量。

调用函数可能得到一个返回值，当需要返回多个数据时，可以考虑使用数组或指针类型参数，或者通过全局变量在函数之间共享数据，此外，通过静态局部变量可以在同一函数前后两次调用之间传递数据。

习　　题

一、判断题

1．语句“int *f( );”中的标识符 f 代表一个指向函数的指针变量。　（　　）

2．调用函数时，如果实参是简单变量，它与对应形参之间的数据传递方式是由实参传给形参，再由形参传回实参。　（　　）

3．函数被调用前，形参并不占据内存中的存储单元，只有在发生函数调用时，形参才被分配内存单元，调用结束后，形参所占用的内存单元也被释放了。　（　　）

4．当调用函数时，实参是一个数组名，则向函数传送的是数组的首地址。　（　　）

5．一个使用 static 声明的局部变量，能在该函数的多次调用之间保持它的值，并且其他函数也可以使用这个变量的值。　（　　）

6．形参变量是局部变量。　（　　）

7．函数中可以使用多个 return 语句，也可没有 return 语句；使用多个 return 语句可向主函数返回多个值。　（　　）

8．如果函数 f 可以用 f(f(x))形式调用，则 f 一定是递归函数。　（　　）

9．函数原型为“void sort(float a[]，int n)”，调用该函数时，形参数组 a 被创建，实参数组各元素的值被复制到 a 数组各元素中。　（　　）

10．在C语言中，main函数也可以带有形参，其形参的类型、个数可由用户根据具体情况来定义。（ ）

二、选择题

1．函数原型声明中，正确的是（ ）。

A．void play(var:Integer,var b:Integer) ;　　B．void play(int a,b);

C．Sub play(a As Integer,b As Integer) ;　　D．void play(int a,int b);

2．在C语言程序中（ ）。

A．函数的定义可以嵌套，但函数的调用不可以嵌套

B．函数的定义不可以嵌套，但函数的调用可以嵌套

C．函数的定义和函数的调用均不可以嵌套

D．函数的定义和函数的调用均可以嵌套

3．在函数调用语句“f(a,b,(c,d));”中，含有的实参个数是（ ）。

A．3　　B．4

C．5　　D．语法错误

4．下列程序的运行结果是（ ）。

```
#include <stdio.h>
int f(int *a,int n)
{   int i,s=0;
    for(i=0;i<n;i++)s+=*(a+i);
    return(s);
}
void main()
{   int a[10]={1,2,3,4,5,6,7,8,9,10};
    printf("%d",f(&a[1],4));
}
```

A．55　　B．54

C．14　　D．10

5．下列程序的运行结果是（ ）。

```
#include <stdio.h>
void f(int x)
{   int a=4,b=6;
    x=a+b;
}
void main()
{   int x;
    f(x);
    printf("%d",x);
}
```

A．4　　B．6

C．10　　D．不确定

三、填空题

1．printch 函数接受一个整数和一个字符，并输出若干个该字符，输出字符的个数等于所接受整数的值，函数原型为____________________。

2．strlen 函数接受一个字符串，并返回一个整数，函数原型为__________________。

3．min 函数接受一组整数，并返回一个整数，函数原型为__________________。

4．random 函数不接受任何数据，但返回一个整数，函数原型为________________。

5．digits 函数接受一个双精度数和一个整数，并返回一个整数，函数原型为________________。

四、程序阅读题

1．写出下列程序的运行结果。

```
#include <stdio.h>
void dtoh(int d)
{   int h[80],i=0;
    printf("(%d)10=",d);
    do
    {   h[i]=d%16;
        i++;
        d/=16;
    }while(d!=0);
    i--;
    printf("(");
    do
    {   if(h[i]<10)printf("%d",h[i]);
        else printf("%c",h[i]-10+'A');
        i--;
    }while(i>=0);
    printf(")16");
}
void main()
{   dtoh(127);
}
```

2．运行时输入 n 的值为 4，写出下列程序的运行结果。

```
#include <stdio.h>
long f(int n);
void main()
{   int n;
    scanf("%d",&n);
    if(n>0)printf("%ld",f(n));
    else printf("error input");
}
long f(int n)
{   long s;
```

```
    if(n==1)s=1;
    else s=n*n+f(n-1);
    return(s);
}
```

3．写出下列程序的运行结果。

```
#include <stdio.h>
int f(int a,int *b);
int a;
void main()
{   int b=4;
    a=f(b,&b);
    a=f(a,&b);
    printf("a=%d,b=%d",a,b);
}
int f(int a,int *b)
{   static int c=2;
    c=c*a;
    *b=c;
    return(c);
}
```

4．写出下列程序的输出结果。

```
#include <stdio.h>
int f(int n)
{   static int k,s;
    n--;
    for(k=n;k>0;k--)
        s+=k;
    return s;
}
void main()
{   int k;
    k=f(3);
    printf("(%d,%d)",k,f(k));
}
```

五、程序填空题

1．下列程序在主函数中随机产生 N 个 0～9 之间的字符，然后调用 counter 函数统计每个字符的出现次数。

```
#include <stdio.h>
#include <stdlib.h>
#include <time.h>
#define N 50
void counter(char a[],int n,int b[]);
void main()
```

```
{   char s[N];
    int i,c[10]={0};
    srand(time(NULL));
    for(i=0;i<N;i++)
    {   s[i]=________;
        printf("%c ",s[i]);
        if((i+1)%10==0)printf("\n");
    }
    counter(________);
    for(i=0;i<10;i++)
       printf("%3d",c[i]);
}
void counter(char a[],int n,int b[])
{   int i,p;
    for(i=0;i<n;i++)
    {   p=________;
        b[p]++;
    }
}
```

2．下列程序通过调用函数 double f(int n)计算并输出$1-\frac{1}{3!}+\frac{1}{5!}-\frac{1}{7!}+\frac{1}{9!}$的值，其中函数 f(n)的功能是计算$1-\frac{1}{3!}+\frac{1}{5!}-\frac{1}{7!}+\cdots\frac{(-1)^{n-1}}{(2n-1)!}$。

```
#include <stdio.h>
double f(int n);
void main()
{   printf("1-1/3!+1/5!-1/7!+1/9!=%lf\n",f(________));
}
double f(int n)
{   double s=1.0,t=1.0;
    int i;
    for(________)
    {  t=________;
       s=s+t;
    }
    return(s);
}
```

3．函数 atoi 的功能是将字符串转换成整数，如“atoi("-123")”将返回-123。

```
int atoi(________)
{   int k,sign,digit;
    for(k=0; s[k]==' '||s[k]== '\t'; k++);
    sign=1;
    if(s[k]=='-') {________}
        ________;
    while(s[k]>'0'&&s[k]<='9')
    {   digit=________;
```

```
        k++;
    }
    return(sign*digit);
}
```

4．下列程序中f函数用于将一个数分解成两个正整数的平方和，并统计一共有多少种分解方法，在主函数中输入待分解的数后，通过调用f函数输出统计结果。

```
#include <stdio.h>
#include <math.h>
void main()
{   int r,n;
    int f(int z);
    scanf("%d",&n);
    ________;
    printf("一共有%d组正整数解\n",r);
}
int f(int z)
{   int x,y,n;
    ________;
    for(x=1;x<sqrt(z);x++)
      for(y=1;y<sqrt(z);y++)
        if(________)
        {  n++;
           printf("x=%d,y=%d\n",x,y);
        }
    return(n);
}
```

六、编程题

1．编写一个判断整数是否为水仙花数的函数，并通过调用该函数打印输出所有水仙花数。（说明：所谓水仙花数是指一个3位正整数，其各位数字的立方和等于该数本身。例如，153就是一个水仙花数，因为$153=1^3+5^3+3^3$。）

2．编写一个求平方根的函数，使用迭代法，按照指定精度求指定数值的平方根。其中迭代公式为$x_{n+1}=\frac{1}{2}\left(x_n+\frac{a}{x_n}\right)$。

3．编写一个字符串加密函数，加密算法：将每个字母向后顺序移动5个位置，如“A”→“F”、“B”→“G”、“a”→“f”、“b”→“g”、“Z”→“E”。对于非字母字符，则原样输出。再编写一个解密函数，解密算法为上述加密算法的逆运算。

4．编写一个函数用于判断指定年份是否为闰年，要求在主函数中输入一个公元年号，调用该函数进行判断。（闰年的条件：年号能被4整除，但是不能被100整除，或者能被400整除。）

5．编写一个函数，其功能为搜索由第一个参数指定的字符串，在其中查找由第二个参数指定的字符的第一次出现的位置。如果找到，则返回指向这个字符的指针，否则返回空指针。

6．编写一个函数 int fun(float s[], int n)，用于计算高于平均分的人数，并作为函数值返回，其中数组 s 中存放 n 位学生的成绩。再编写一个主函数，从键盘输入一批分数（用－1 来结束输入），调用 fun 函数计算并输出高于平均分的人数。

7．编程处理一批数据，要求：

（1）随机产生 20 个[10,99]范围内的整数。

（2）以每行 5 个数据的形式输出这批整数。

（3）对这批数据进行升序排列，并输出排序后的结果。

（4）计算这批数据的平均值。

（5）分别统计大于、等于和小于平均值的数据个数。

分别设计 5 个函数进行数据的随机生成、输出、排序、计算平均值和统计，在主函数调用这些函数并输出相应的结果。

8．编写函数 void midstr(char s[], int m, int n)用于将字符串 s 转换成一个新的字符串，该字符串由原字符串中第 m 个字符开始到第 n 个字符为止的所有字符组成。要求在主函数中输入一个字符串后，调用 midstr 函数转换并输出新的字符串。

9．编写递归函数计算斐波那契数列，递归公式如下。

$$\begin{cases} f(0)=0 \quad f(1)=1 \\ f(n)=f(n-2)+f(n-1), \quad n>1 \end{cases}$$

第 7 章　编译预处理

学习要求

- 掌握无参数宏和带有参数宏的定义与调用
- 掌握文件包含的使用方法及多个源文件 C 语言程序的运行
- 了解条件编译命令的使用

编译预处理功能是 C 语言的一个重要特点。所谓编译预处理，是指 C 语言编译系统首先对程序模块中的编译预处理命令进行处理。

C 提供的编译预处理命令有：宏定义命令（#define）、文件包含命令（#include）、条件编译命令（#if、#ifdef、#else#、ifndef 和#endif）。为了与 C 语句区别，这些命令均以“#”开头，并且每个预处理命令必须单独占一行，不使用分号作为结束符。

7.1　宏定义

C 语言源程序中允许用一个标识符来表示一个字符串，称为宏。宏分为有参数和无参数两种。下面分别讨论这两种宏的定义和调用。

7.1.1　无参宏定义

例 7-1　通过键盘输入 50 个实数，将其中大于它们平均值的数打印输出。

```
void main()
{
    int i;float x[50],ave=0;
    for(i=0;i<50;i++)
    {  scanf("%f",&x[i]);
       ave+=x[i];
    }
    ave=ave/50;
    for(i=0;i<50;i++)
      if(x[i]>ave) printf("%f ",x[i]);
}
```

思考与讨论：

1）在程序中看到出现 4 次数字 50。如果通过修改上例来对 100 个实数进行处理，则需要将这4处50都改成100，显然维护程序比较麻烦。

2）若在本例中使用无参数宏来替代程序中多次使用的常量50，可使程序便于维护，读者通过本例与例7-2进行一下对比，来体会宏定义的应用。

例7-2 通过键盘输入50个实数，将其中大于它们平均值的数打印输出。

```
#define NUM 50
void main()
{
 int i;float x[NUM],ave=0;
 for(i=0;i<NUM;i++)
    { scanf("%f",&x[i]);
     ave+=x[i];
    }
 ave=ave/NUM;
 for(i=0;i<NUM;i++)
    if(x[i]>ave) printf("%f ",x[i]);
}
```

思考与讨论：本例在所有应该出现“50”的地方用“NUM”来代替。如果将第一行代码中的50改成100，就是100个实数。只需修改第一行宏定义中的这个数值就可以处理相应个数的实数。

C语言中无参数宏定义的一般形式为：

```
#define  宏名 替换文本
```

预处理器在处理过程中发现程序中的宏实例后，会用它的等价替换文本代替宏。从宏转换最终替换文本的过程为“宏展开”或“宏代换”。所以在例7-2的程序被预处理之后，也就是程序被编译时，程序中所有的NUM已经由预处理器替换成了50。从这里可以看出给符号常量取个有意义的名字能提高程序的可读性和可维护性。

例7-3 输入一个圆的半径，输出该圆的周长。

```
#define PI 3.14
#define C  2*PI*r              //PI是已定义的宏名
void main()
{
   double r;
   printf("Enter The  Radius\n");
   scanf("%lf",&r);
   printf("The Perimeter=%lf\n",C);
}
```

思考与讨论：

1）C语言允许宏定义嵌套，在宏定义的替换字符串中可以使用已经定义过的宏名。在宏展开时由预处理器进行层层代换。

2）本例的宏定义用“C”替换表达式“2*PI*r”，因此宏不仅可以代替常量，宏还可以代替任何字符串，甚至是整个表达式。

3）如果本例中没有“double r;”这个定义，则程序编译时会出现变量未定义的语法错误。因此，我们还要注意若替换字符串中含有其他字符，一般需要在程序中定义，否则编译时会出现标识符（变量）未定义的错误。

例 7-4 分析下列程序是否有错。

```
#define X 10
#define Y 20;
void main()
{
   int sum;
   sum=X+Y
   printf("X+Y=%d",sum);
}
```

程序运行结果如下。

```
X+Y=30
```

思考与讨论：

1）本例中语句“sum=X＋Y”后面没有分号结尾，但是程序并没有编译出错。原因在于这条语句在预处理过程中已经被展开成“sum=10＋20;”是符合 C 语言语法的。注意，宏定义不是语句，不必在末尾加上分号。若加了分号，则分号也作为替换字符串的一部分。

2）若宏名在源程序中用引号括起来，则预处理器不对其作宏代换。所以本例输出的运行结果是“X＋Y=30”，而不是“10＋20=30”，原因在于 printf 输出语句中虽然 X 和 Y 都是宏名，但是它们被引号括起来，所以不被宏展开，而是原样输出。

使用无参数宏定义还有以下几点说明。

1）宏名遵守 C 语言标识符的命名规则，宏名中间不能有空格，但是在替代字符串中可以使用空格。习惯上宏名用大写字母表示，方便其与变量的区别。

2）对大多数的数字常量尽量使用符号常量（如例 7-2）。

3）宏定义必须写在函数之外，其作用域从定义开始到用#undef 取消其定义或到文件结束为止。取消了符号常量和宏名约定以后，可以用命令#define 重新定义它。通常，#define 命令写在文件的开头，函数之前，使其在本文件中全部有效。

```
#define MIN 300  }
   ⋮             }  宏名 MIN 的有效范围
#undef MIN       }       //此处取消了 MIN 的定义
   ⋮
```

4）宏定义的替换文本通常在同一行中，如果替换文本超过一行，必须在该行的最后加上反斜杠“\”。反斜杠表示替换文本继续到下一行。

7.1.2 带参宏定义

无参数宏定义常用于定义符号来代替常量，C 语言还允许用符号来定义操作。通过使用参数，可以创建外形和作用都与函数相似的类函数宏。

例 7-5　用定义带参数宏来改写例 7-3 的程序。

```
#define PI 3.14
#define C(r) 2*PI*r      //PI 是已定义的宏名
void main()
{
   double radius,perimeter;
   printf("Enter The  Radius\n");
   scanf("%lf",&radius);
   perimeter=C(radius); //此处宏展开为 perimeter=2*3.14*radius;
   printf("The Perimeter=%lf\n",perimeter);
}
```

思考与讨论：

1）本例中第 2 个宏定义#define C(r) 2*PI*r 与例 7-3 相比多了一对括号，以及括号中的参数 r，在程序中使用该宏时也有相对应的参数。我们来看这样的宏代换是如何进行的。当预处理器遇到宏调用“perimeter=C(radius);”时，先用 radius 取代替换文本中的 r，然后将宏展开，展开后的代码为“perimeter=2*3.14*radius;”程序编译运行后输入半径值给变量 radius，则可以得到圆的周长。两个例子最大的不同在于例 7-3 的宏定义要求程序在输入半径时必须使用变量名 r，而本例程序中的半径变量名可以由用户在源程序中自定义。

2）本例宏定义括号内的 r 称为形式参数，将宏调用时出现的变量名 radius 称为实际参数，形参和实参可以不止一个。因此，带参数宏定义的一般形式为：

```
#define  宏名(形参表) 替换文本
```

带参宏调用的一般形式为：

```
宏名(实参表)
```

带参宏定义的宏展开步骤可以归纳为下面两步。

① 自左向右依次将替换文本中形参字符用相应位置上的实参字符来替换；

② 在程序中出现宏调用的位置进行宏展开，这一步与无参宏定义的宏代换相同。

3）宏的参数用圆括号括起来，宏名与参数表间不能有空格，否则将作为无参数宏来处理，把括号和参数列表也作为替代文本的一部分；但是在替代文本中可以使用空格，也允许在参数列表中使用空格。若将本例中第 2 个宏定义写成：#define C (r)2*PI*r，那么预处理器就认为 C 为宏名，而剩余部分为替代文本，在编译时会产生语法错误。

4）带参宏定义中的形参是标识符，而宏调用中的实参可以是表达式。带参宏展开时，用实参字符串替换形参字符串，由于运算符的优先级问题，可能发生逻辑错误。可以采用给宏定义替换字符中的形参加括号的方法来解决，用圆括号括住每个参数，并括住宏的整体定义。

因此，对于本例中的宏定义#define C(r) 2*PI*r 如果宏调用为 C(3+4)，则宏展开为 2*3.14*3+4，计算得到的是错误的圆周长。解决的方法就是给替换字符中的形参 r 加上圆括号，宏定义修改为#define C(r) 2*PI*(r)，则宏展开为 2*3.14*(3+4)。

注意：宏展开只是一个字符替换的过程，不考虑语法和算法。在有参数的宏定义中，参数加括号和不加括号有时会有区别。

5）宏不检查其中的变量类型（这是因为宏处理字符型字符串，而不是实际值）。如宏定义#define C(r) 2*PI*(r)中的 r，预处理器并不关心它的类型。所以，在宏调用时的实参 radius 可以是各种类型的数值。

例 7-6 定义一个带参数宏定义，用来交换两个变量的值。

```
#define swap(x,y) t=x;x=y;y=t;
void main()
{
   double a=1,b=2,t;
   swap(a,b)          //宏展开后为 t=a;a=b;b=t;
   printf("%lf\t%lf\n",a,b);
}
```

宏定义也可用来定义多个语句，在宏调用时，把这些语句又代换到源程序内。本例宏定义中的替换文本中实际上包含了 3 个语句，因此宏展开后通过这 3 个语句交换了实参 a、b 的值。注意本例中的宏调用 swap(a,b)后没有分号，但是程序没有语法错误，原因在于宏定义的替换文本最后有分号，替换后语句结束是有分号的。因此，宏调用是否需要分号来结束视具体的宏定义而定。

7.1.3 带参宏与函数的比较

带参数的宏和函数有相似之处，它们都有形参和实参的概念，并且都要求形参、实参的数目相同，一一对应。

带参数的宏和函数虽然很相似，但两者实现的过程是不同的。下面通过实例来说明。

例 7-7 使用函数来实现例 7-5 求圆周长的功能。

```
#define PI 3.14
double C(double r);
void main()
{
   double radius,perimeter;
   printf("Enter The  Radius\n");
   scanf("%lf",&radius);
   perimeter=C(radius);
   printf("The Perimeter=%lf\n",perimeter);
}
double C(double r)
{
   return 2*PI*r;
}
```

思考与讨论：

1）在例 7-5 的带参宏定义中，形式参数 r 不分配内存单元，因此不必作类型定义。宏调用中的实参 radius 有具体的值，宏展开时用它去代换形参 r，因此必须作类型说明。

而在本例的函数中，形参 r 和实参 radius 是两个不同的量，有各自的作用域，调用时要把实参值赋予形参，进行“值传递”。

2）通过这个例题，将两者的区别归纳如表 7-1 所示。

表 7-1　带参数的宏和函数的区别

区别项目	函　数	宏
处理时刻	程序运行时处理	宏展开在编译预处理时处理
信息传递	实参的值或地址复制给形参	用实参的字符串替换形参字符串
内存分配情况	分配临时内存单元	不进行内存分配
参数类型	实参和形参类型一致。如不一致，编译器进行类型转换	作字符串替换，不存在参数类型问题
返回值	可以有一个返回值	作字符串替换，不存在返回值问题
空间占用	不影响程序长度	宏展开后使程序变长
时间占用	占用程序运行时间	占用编译预处理时间

3）同样的任务既可以使用带参数的宏完成，也可以使用函数完成。应该使用宏定义还是函数呢？带参数的宏与函数间的选择实际上是时间和空间的权衡。如果程序中有 10 处调用宏，就会 10 次在调用处插入宏替换文本代码。如果 10 处调用函数，不会在调用处插入函数的定义代码，节省了空间。另一方面，使用函数时程序的控制将转移到函数中并随后返回调用程序，因此这比内联代码花费的时间较多。

7.2　文件包含

文件包含是指一个源文件可以将另一个指定的源文件包括进来。其功能是将指定文件中的全部内容读到该命令所在的位置后一起被编译。

#include 命令的使用格式有两种：

```
#include "文件名"
```

或

```
#include <文件名>
```

在前面的内容当中我们已多次用此命令包含库函数的头文件：

```
#include "stdio.h"            //包含标准输入/输出头文件
#include <math.h>             //包含数学函数头文件
```

说明：

1）#include 命令的两种形式区别在于预处理器查找被包含的文件的路径不同。如果文件名用双引号括起来，那么预处理器就在源文件所在的目录中查找要被包含的文件；若找不到，再到 C 库函数头文件所在目录中去查找，该方法通常用来把程序员的自定义头文件包含到程序中。就如本例中的#include"mydef.h"，该头文件是用户自定义的，通常与主文件在同一个目录中，因此采用双引号标识文件名。

如果用尖括号把文件名括起来，预处理器就直接到 C 库函数头文件所在的目录中去查找，该方法通常用于调用库函数，节约查找的时间。

2）一个#include 命令只能包含一个文件，如果要包含多个文件，要用多个#include 命令。

3）被包含的文件本身也可以使用#include 命令去包含别的文件，即允许文件的嵌套包含。

4）#include 指令通常只用来包含标准库的头文件。实际上，稍微复杂一些的 C 语言程序都不止一个源文件，其中程序员经常还会建立一些头文件。7.4 节将讨论自定义头文件，以及多个文件程序的使用方法。

例 7-8 修改例 7-5 求圆周长的程序成为两个文件。

文件一为 mydef.h，内容如下。

```
#define PI 3.14
#define C(r) 2*PI*r
```

文件二为 perimeter.c，内容如下。

```
#include "mydef.h"
void main()
{
  double radius,perimeter;
  printf("Enter The  Radius\n");
  scanf("%lf",&radius);
  perimeter=C(radius);       //此处宏展开为 perimeter=2*3.14*radius;
  printf("The Perimeter=%lf\n",perimeter);
}
```

思考与讨论：

1）本例中，将文件 perimeter.c 进行编译后，文件 mydef.h 的全部内容将替换文件 perimeter.c 中的#include"mydef.h"命令，则源程序与例 7-5 完全相同。

2）为什么要包含文件呢？因为一个大型程序可以分为多个模块，由多个程序员分别编程。有些公用的符号常量或宏定义等可单独组成一个文件，在其他文件的开头用#include 命令包含该文件即可使用。这样，可避免在每个文件开头都去书写那些公用量，从而节省时间，并减少出错。

7.3 条件编译

条件编译能够让程序员控制预处理命令的执行和程序代码的编译。也就是说，条件编译预处理命令告诉编译器：根据编译时的条件，接受或者忽略代码块。

常用的条件编译命令有#ifdef、#ifndef、#else 和#endif 命令。常用以下几种形式。

（1）条件编译的第 1 种形式

```
#ifdef  标识符
```

```
    程序段 1
[#else
    程序段 2 ]
#endif
```

#ifdef 命令说明：如果预处理器已经定义了指定标识符，则编译代码直到下一个#else 或者#endif 命令出现为止。如果有#else 命令，那么在未定义指定标识符时会编译#else 和#endif 之间的代码。

例 7-9　根据是否定义宏 C，决定是计算圆周长还是圆面积。

```
#define PI 3.14
#define C(r) 2*PI*(r)
void main()
{
  double r,c,s;
  printf("Enter The  Radius\n");
  scanf("%lf",&r);
  #ifdef C
       c=C(r);
       printf("The perimeter=%lf\n",c);
  #else
       s=PI*r*r;
       printf("The Area=%lf\n",s);
  #endif
}
```

说明：本例中，因为存在第 2 行的宏定义，因此系统编译求圆周长的那一段程序，而求面积的那段程序就不编译。如果不用条件编译而改用 if 条件语句来控制，是否也可以做到同样的功能？

（2）条件编译的第 2 种形式

```
#ifndef 标识符
    程序段 1
[#else
    程序段 2]
#endif
```

与第 1 种形式的区别是将“#ifdef”改为“#ifndef”。#ifndef 命令说明：如果指定标识符未被#define 命令定义过则对程序段 1 进行编译，否则对程序段 2 进行编译。与#ifdef 命令的功能正相反。

（3）条件编译的第 3 种形式

除了前面的几个命令之外，还有一个#if 命令，它更像 C 语言中的 if 语句。

#if 命令后跟常量整数表达式。如果表达式为非零值，则表达式为真，表达式中可以使用 C 语言的关系和逻辑运算。

```
#if 表达式
    程序段 1
[#else
```

```
    程序段 2]
#endif
```

它的功能是：表达式为常量整型表达式（其中不能包含 sizeof、强制类型转换运算符或枚举常量），如表达式的值为真（非 0），则对程序段 1 进行编译，否则对程序段 2 进行编译。因此可以使程序在不同条件下，完成不同的功能。

7.4 应用程序举例

7.4.1 建立自己的头文件

#include 命令通常用来把标准库的头文件包含到程序中。在这些头文件中，一般定义符号常量、宏、声明函数原型、类型定义或结构模板定义。

理论上，#include 命令可以包含任何类型的文件，只要这些文件的内容被扩展后符合 C 语言语法，通常是扩展名为.h 的头文件。因此，许多程序员开发自己的头文件，以便在程序中使用。如果是在开发一系列相关的函数和结构，那么这种方法特别有价值。另外，可以使用头文件来声明多个文件共享的外部变量。

例 7-10 创建一个用于处理学生信息的头文件，文件名为 myhead.h，它包含常量定义、学生信息全局变量的定义及函数原型说明。程序代码如下。

```
//常量定义
#define STU_NUM 20                    //学生人数最大值
#define NAME_LEN 50                   //学生姓名字符最大值
#define COURSE_NUM 3                  //课程数

//学生信息全局变量的定义
char name[STU_NUM][NAME_LEN];    //学生姓名
int score[STU_NUM][COURSE_NUM]; //学生成绩
float ave[STU_NUM];              //学生平均成绩

//函数原型声明
void get_info();                 //输入学生信息
void get_ave();                  //求每个学生的平均成绩
void print_info();               //输出学生信息
```

这个文件中含有在头文件中常见的内容，如#define 命令、全局变量声明与函数原型。这些代码都不是可以执行的代码，而是编译器用于产生可执行代码的信息。可执行代码通常在源代码文件中。

7.4.2 多个源文件组成的 C 语言程序

例 7-11 编写一个处理学生信息的 C 语言程序文件，文件名为 student.c，程序代码如下。

```
void get_info()            //定义输入学生数据的函数
{
```

```
    int i,j;
    for(i=0;i<STU_NUM;i++)
    {
       scanf("%s",name[i]);
       for(j=0;j<COURSE_NUM;j++)
          scanf("%d",score[i][j]);
     }
 }
 void get_ave()              //定义求学生平均成绩的函数
 {
   int i,j;
   for(i=0;i<STU_NUM;i++)
   {
     ave[i]=0;
     for(j=0;j<COURSE_NUM;j++)
        ave[i]+=score[i][j];
     ave[i]/= COURSE_NUM;
   }
 }
 void print_info()           //定义打印输出学生成绩的函数
 {
   int i,j;
   for(i=0;i<STU_NUM;i++)
   {
     printf("%s's score:\n",name[i]);
     for(j=0;j<COURSE_NUM;j++)
        printf("%d\t",score[i][j]);
        printf("\nthe ave score is %f.\n",ave[i]);
   }
 }
```

例 7-12　使用例 7-10 建立的头文件和例 7-11 建立的处理学生信息的 C 语言程序，利用它们构成一个处理学生信息的一个完整 C 语言程序，程序文件名为 stumain.c，程序如下。

```
#include <stdio.h>
#include "myhead.h"                 //将自己编写的头文件包含进来
#include "student.c"                //将处理学生信息的C语言程序文件包含进来
void main()
{
   get_info();
   get_ave();
   print_info();
}
```

思考与讨论：

1）本程序的代码分别存于 3 个文件中，包含主函数的文件通常称为主文件，一般它通过文件包含命令“#include”将其他文件包含到该文件，相当于将其他文件中的代码复制到#include 命令处。

2）程序中能否将#include "myhead.h"和#include "student.c"2 个命令行顺序调换？如果在 student.c 文件中使用了#include "myhead.h"命令，本程序中的#include"myhead.h"命令行是否可以删除？

3）通过本例可以看到，一个大型的 C 语言程序可以由多个文件组成，可以通过文件包含命令将它们组织起来执行。

小　结

预处理功能是C语言特有的功能，它是在对源程序正式编译前由预处理器完成的。使用预处理功能便于程序的修改、阅读、移植和调试，也便于实现模块化程序设计。

预处理命令#define 用来定义宏，宏可以不带参数也可以带参数。不带参数的宏定义是用一个标识符来表示一个字符串，这个字符串可以是常量、变量或表达式。在宏调用中将用该字符串代换宏名。

带有参数的宏定义，在宏调用时要注意字符替换的过程，以实参字符代换形参字符，而不是“值传送”，这与函数调用不同。

预处理命令#include 可用来把多个源文件连接成一个源文件进行编译，结果将生成一个目标文件。文件包含功能把指定文件的一份拷贝包含到程序中。

条件编译使程序员能够控制预处理命令的执行和程序代码的编译，允许只编译源程序中满足条件的程序段，使生成的目标程序较短，从而减少了内存开销，并提高了程序效率。

习　题

一、判断题

1. 在C语言程序中凡是以“#”开头的都是预处理命令行。（　）
2. 宏定义的命令行可以看作是一条 C 语言语句。（　）
3. 在C语言中宏名必须大写。（　）
4. 用户可以使用预处理命令#include 将自己编好的C源程序包含到一个程序中。（　）
5. 预处理命令必须位于C源程序的开头。（　）
6. C语言的预处理就是对源程序进行初步的语法检查。（　）

二、选择题

1. 在宏定义#define PI 3.1415926 中，用宏名 PI 来代替一个（　）。

A．常量　　　　B．字符串

C．单精度浮点数　　　　D．双精度浮点数

2．宏定义命令中，（　　）格式是正确的。

A．#define PI=3.14159　　B．define PI=3.14159

C．#define PI　"3.14159"　　D．#define PI(3.14159)

3．在任何情况下计算平方值都不会引起二义性的宏定义是（　　）。

A．#define POWER(x)　(x)*(x)　　B．#define POWER(x)　x*x

C．#define POWER(x)　(x*x)　　D．#define POWER(x)　((x)*(x))

4．宏定义为：#define MOD(a, b) a%b，则执行以下语句后的输出结果为（　　）。

```
int a=5,b=21; z=MOD(b,a); printf("%d\n",++z)
```

A．1　　B．2

C．0　　D．4

5．以下程序的运行结果为（　　）。

```
#define  MN  5.5
#define  V(a)  MN*a*a
void main()
{
  int x=1, y=2;
  printf("%4.1f\n",V(x+y));
}
```

A．9.5　　B．12.0

C．33.5　　D．12.5

6．下列程序段的输出结果是（　　）。

```
#define MA(x,y)  ((x)*(y))
printf("%d",MA(5,4+2)-7);
```

A．30　　B．23　　C．15　　D．1

三、填空题

1．C 语言的编译系统对宏命令的处理是在______________时候进行的。

2．若有头文件 myhead.h，该文件和被编译的文件在同一目录中，若要在被编译的文件中包含该头文件，则要使用预处理的命令是___________________。

3．定义一个带参数的宏，将两个参数值交换：

```
#define swap(a, b) {double t; ______________________}
```

4．宏定义“#define　spr2 (n)　(n*n)”，写出下列语句的输出结果是______________。

```
printf("%d\n",25/spr2(3))
```

5．以下程序段运行的结果是 ______________。

```
#define T  16
#define S  (T+10)-7
main()
{    printf("%d\n", S*2);    }
```

四、编程题

1．定义一个带参数的宏，在主程序中调用该宏，判断输入的年份是否为闰年。

2．定义一个带参数的宏，在主程序中调用该宏，求出输入的3个变量中的最小值。

3．定义一个带参数的宏，若变量中的字符为大写字母，则转换为小写字母。

4．编一个程序，用带参宏 INPUT(a,n)输入实型数组元素（其中，a 为数组名，n 为数组元素个数），用宏 AVERAGE(a,n,ave)计算数组元素的平均值（其中，a、n 同前，ave 为数组元素平均值）。最后在程序中打印出该平均值。

第 8 章 结构体、共用体与枚举类型

学习要求

- 理解构造数据类型的概念
- 掌握结构体变量的定义和使用
- 掌握结构体数组、结构体指针的定义和使用
- 掌握链表的概念和链表的常见操作
- 了解共用体变量的定义和使用
- 了解枚举数据类型及自定义数据类型的使用

8.1 结构体类型与结构体变量

8.1.1 结构体概述

第 5 章中介绍的数组是一种简单的构造数据类型，数组中各元素的类型相同。但在实际处理的问题中，常会遇到这样一类数据，它由多个不同类型的数据项组成，这些数据项都是用来描述同一个对象。例如，学生的基本情况数据，就可用如表 8-1 所示的形式加以描述。

表 8-1 学生基本情况

学 号	姓 名	性 别	年 龄	成 绩
10001	Zhang	M	19	88.5
10002	Li	M	18	90.0
10003	Wang	F	20	89.0
10004	Zhao	M	19	83.5

在表 8-1 中，每个学生的情况都可以用 5 个数据项加以描述，可分别用学号（int num）、姓名（char name[20]）、性别（char sex）、年龄（int age）、成绩（float score）表示。

例 8-1 处理表 8-1 中的学生信息，要求从键盘输入学生的信息，并输出低于平均成绩的学生相关信息。

编程分析：分别定义相应数据类型的数组 num、name、sex、age、score 来处理各个

学生的各项数据，这些数组中的元素 num[i]、name[i]、sex[i]、age[i]、score[i]实际上是第 i 个学生的数据，都是对第 i 个学生的描述。程序代码如下。

```
#include <stdio.h>
#define N 4
void main()
{   int num[N];                  // 存放各学生的学号
    char name[N][20];            // 存放各学生的姓名
    char sex[N];                 // 存放各学生的性别
    int age[N];                  // 存放各学生的年龄
    float score[N];              // 存放各学生的成绩
    int i;
    float sum=0,aver;            // 表示总成绩和平均成绩
    for(i=0;i<N;i++)
   {   scanf("%d",&num[i]);
       scanf("%s",name[i]);
       fflush(stdin);            //清除输入缓冲区
       scanf("%c",&sex[i]);
       scanf("%d",&age[i]);
       scanf("%f",&score[i]);
       sum+=score[i];
    }
    aver=sum/N;
    printf("\n");
    for(i=0;i<N;i++)
    if(score[i]<aver)
      printf("%d %s %c %d %f\n",num[i],name[i],sex[i], age[i],score[i]);
}
```

由于程序中 num、name、sex、age、score 分别定义为互相独立的数组，难以反映它们之间的内在联系。如果能将这些数据组织起来，构成一个描述学生信息的类型，将更加方便学生信息的处理。

C 语言允许用户定义可包含若干个类型不同的数据项（称为数据成员）的结构体数据类型来处理这类问题。

8.1.2 结构体的声明

结构体是一种构造数据类型，C 语言本身没有提供具体的结构体类型，但提供了声明结构体类型的方法。用户声明了结构体类型后，再利用建立的结构体类型定义结构体变量、数组、指针等。

声明结构体类型的一般形式为：

```
struct 结构体名
{   数据成员 1;
    数据成员 2;
     …
    数据成员 n;
};
```

其中，struct 为声明结构体类型的关键字，不能省略。结构体名是一个标识符，由用户给定。结构体中的每个成员又有自己的数据类型，可以是整型、实型、字符型、指针或结构体类型等，它们都应进行类型说明。

例如，根据表 8-1，可以声明一个描述学生基本情况的结构体类型如下。

```
struct student                    // 声明学生类型结构体
{  int num;                       // 学号成员
   char name[20];                 // 姓名成员
   char sex;                      // 性别成员
   int age;                       // 年龄成员
   float score;                   // 成绩成员
};
```

有关结构体类型的几点说明。

1）声明结构体类型只是说明了一种结构体的组织形式，在编译时并不为它分配存储空间，只是在定义结构体类型变量后，才为变量按照其组织形式分配内存空间。

2）结构体的成员可以是简单变量、数组、指针，还可以是另一个已声明的结构体或共用体变量。如果一个结构体的成员又是一个结构体类型，这称为结构体的嵌套定义。

例如，将上面声明的学生结构体类型的 age 成员改为生日 birthday（年、月、日）的成员，显然 birthday 可声明为一个日期结构体类型，如图 8-1 所示。

<table>
<tr><td rowspan="2">num</td><td rowspan="2">name</td><td rowspan="2">sex</td><td colspan="3">birthday</td><td rowspan="2">score</td></tr>
<tr><td>year</td><td>month</td><td>day</td></tr>
</table>

图 8-1　学生结构体类型

```
struct date
{   int year;
    int month;
    int day;
};
struct student
{  int num;
   char name[20];
   char sex;
   struct date birthday;
   float score;
};
```

3）结构体声明可以在函数内部，也可在函数外部。在函数内部声明的结构体，只能在该函数内部使用，在函数外部声明的结构体，从声明处到源文件结尾之间的所有函数都可使用。

4）结构体成员的名字可以与程序中的其他变量名相同，二者意义不同，不会相混。

8.1.3 结构体变量的定义

声明好一个结构体类型后，可以将其看作与 int、char、float 等数据类型一样的一个新的数据类型，方便地使用它定义结构体类型变量。

结构体变量的定义方式有以下 3 种。

1. 先声明结构体类型，再定义变量

例如，先声明一个结构体类型 struct student，再用它来定义结构体变量 stu1、stu2。

```
struct student
{   int num;
    char name[20];
    char sex;
    int age;
    float score;
};
struct student stu1, stu2;
```

2. 在声明结构体类型的同时定义变量

例如，在声明一个结构体类型 struct student 的同时定义结构体变量 stu1、stu2。

```
struct student
{   int num;
    char name[20];
    char sex;
    int age;
    float score;
}stu1,stu2;
```

3. 直接定义结构体类型变量

例如，

```
struct
{   int num;
    char name[20];
    char sex;
    int age;
    float score;
}stu1,stu2;
```

3 种方式定义的结构体变量 stu1 和 stu2 完全相同，但第 3 种方式未声明结构体类型，如果需要在别处定义其他结构体变量，就需要重新将“struct {…}”内容全部写上。一般推荐使用第一种方式定义结构体变量。

一个结构体变量占据一块连续的存储空间，依次存放各个成员。所占存储空间的大小可用 sizeof 运算符计算，使用形式是：

```
sizeof(变量名)
```

或

```
sizeof(类型标识符)
```

例如，sizeof（stu1）、sizeof（stu2）和 sizeof（struct student）均可计算 student 结构体类型所占存储空间大小。

8.1.4　结构体变量的引用

C 语言中除两个相同类型结构体变量可以相互整体赋值外，不能对结构体变量名直接引用，只能对结构体变量中的成员分别进行引用，如赋值、输入、输出、运算等都是通过结构变量的成员来实现的。

对结构体变量中的成员的引用格式为：

```
结构体变量名.成员名
```

其中，“.”是成员运算符，它在所有的运算符中优先级最高。

例如，对前面定义的 student 结构体类型的 stu1 变量进行赋值：

```
stu1.num=10001;
strcpy(stu1.name,"zhang");  // 此处不能写成 stu1.name="zhang"
stu1.sex='M';
stu1.age=19;
stu1.score=88;
```

不能把结构体变量作为整体进行输入/输出，下面的引用方式是错误的：

```
scanf("%d%s%c%d%f",stu1);
```

正确的引用方式是：

```
gets(stu1.name);
scanf("%d%c%d%f",&stu1.num,&stu1.sex,&stu1.age,&stu1.score);
```

对于嵌套定义的结构体类型，引用该类型变量时，需要逐级引用其成员。例如，对前面定义的包含 birthday 成员的 student 结构体类型，引用该类型的 stu1 变量的 month 成员的形式为：

```
stu1.birthday.month
```

例 8-2　建立一个学生的基本情况表，然后将其打印输出。

```
#include <stdio.h>
#include <string.h>
void main()
{   struct student
    { int num;
      char name[20];
      char sex;
      int age;
```

```
            float score;
        }stu1,stu2;
        stu1.num=10001;
        strcpy(stu1.name,"zhang");
        stu1.sex='M';
        stu1.age=19;
        stu1.score=88;
        stu2=stu1;              //同类结构体变量之间可以赋值
        printf("stu1:%d,%s,%c,%d,%6.2f\n",stu1.num,stu1.name,stu1.sex,
stu1.age,stu1.score);
        printf("stu2:%d,%s,%c,%d,%6.2f\n",stu2.num,stu2.name,stu2.sex,
stu2.age,stu2.score);
    }
```

程序输出结果如下。

```
stu1:10001,zhang,M,19, 88.00
stu1:10001,zhang,M,19, 88.00
```

思考与讨论：

1）语句“strcpy(stu1.name，"zhang");”能否写成“stu1.name="zhang";”，为什么？

2）只有同类结构体变量之间可以相互赋值。一般情况下，给结构体变量的赋值是通过赋值语句对各成员进行赋值。

8.1.5 结构体变量的初始化

和其他类型变量一样，对结构体变量可以在定义时指定初始值。结构体变量定义时的初始化形式如下。

```
struct  结构体名 变量名={各成员值列表};
```

例如，可将例8-2中stu1变量的赋值使用如下的初始化来完成，程序代码如下。

```
#include <stdio.h>
#include <string.h>
void main()
{   struct student
    {  int num;
       char name[20];
       char sex;
       int age;
       float score;
    }stu2,stu1={10001,"zhang",'M',19,88};
    stu2=stu1;
    printf("stu1:%d,%s,%c,%d,%6.2f\n",stu1.num,stu1.name,stu1.sex,
stu1.age,stu1.score);
    printf("stu2:%d,%s,%c,%d,%6.2f\n",stu2.num,stu2.name,stu2.sex,
stu2.age,stu2.score);
}
```

8.1.6　指向结构体的指针

可以用一个指针指向结构体变量，指向结构体变量的指针的值是该结构体变量所分配的存储区域的首地址。结构体指针变量的定义方式与结构体变量一样，也有 3 种方法，只需把结构体变量换成结构体指针变量即可。例如，

```
struct
{   int num;
    char name[20];
    char sex;
    int age;
    float score;
}stu1={10001,"zhang",'M',19,88};
struct student  *p=&stu1;
```

p 就是指向 struct student 类型的变量 stu1 的指针，如图 8-2 所示。

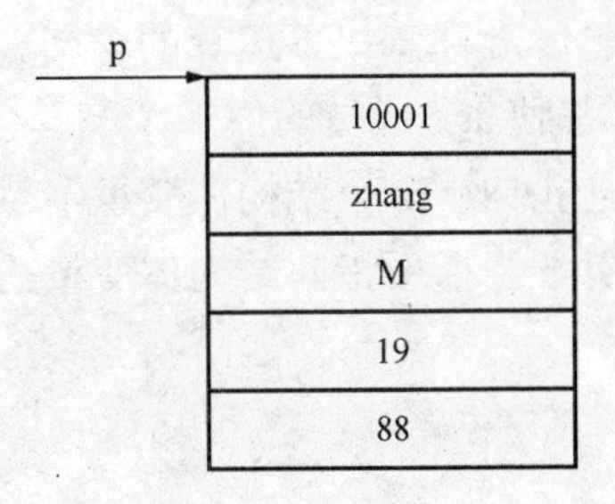

图 8-2　指向结构体变量的指针

可以通过指向结构体的指针，使用指针运算符“*”间接引用结构体类型数据的成员，例如，

```
(*p).num
```

还可以通过指向结构体的指针，使用指向运算符“->”（由减号和大于符号拼接而成）访问结构体类型数据的成员，例如，

```
p->num
```

由此可知，结构体变量中简单成员的引用形式有下面 3 种。

```
结构体变量名.成员名
结构体指针->成员名
(*结构体指针).成员名
```

例 8-3　使用指向结构体的指针访问输出结构体变量中各个成员的值。

```
#include <stdio.h>
#include <string.h>
void main()
```

```
{   struct student
    {  int num;
       char name[20];
       char sex;
       int age;
       float score;
    }stu1={10001,"zhang",'M',19,88};
    struct student *p=&stu1;  //定义指向结构体变量 stu1 的指针 p
    printf("%d,%s,%c,%d,%6.2f\n",p->num,p->name,p->sex,p->age, p->score);
}
```

程序输出结果如下。

```
10001,zhang,M,19,88.00
```

思考与讨论：

1）访问 stu1 的成员（如 age）有 3 种方式：stu1.age、p->age 和(*p).age。程序中使用的是第 2 种方式。

2）使用指向结构体的指针，要注意以下运算的含义。

① p->age++和++p->age 都使 age 成员的值加 1。

② (++p)->age 使指针 p 先指向下一个结构体变量，然后再访问该变量的 age 成员。

③ (p++)->age 先访问指针 p 当前所指向结构体变量的 age 成员，再让 p 指向下一个结构体变量。

8.2 结构体数组

一个结构体变量可以存放同一个对象的一组相关数据，结构体数组的每一个元素都是具有相同结构体类型的数据。在实际应用中，经常用结构体数组来表示具有相同数据结构的一批结构体数据。

如果使用结构体类型来处理例 8-1，程序代码如下。

```
#include <stdio.h>
#define N 4
struct student                        // 声明学生类型结构体
{   int num;                          // 学号成员
    char name[20];                    // 姓名成员
    char sex;                         // 性别成员
    int age;                          // 年龄成员
    float score;                      // 成绩成员
};
void main()
{   struct student stu[N];            // 定义学生结构体类型数组
    int i;
    float sum=0,aver;                 // 表示总成绩和平均成绩
    for(i=0;i<N;i++)
```

```
        {   scanf("%d",&stu[i].num);
            scanf("%s",stu[i].name);
            fflush(stdin);              //清除输入缓冲区
            scanf("%c",&stu[i].sex);
            scanf("%d",&stu[i].age);
            scanf("%f",&stu[i].score);
            sum+=stu[i].score;
        }
        aver=sum/N;
        printf("\n");
        for(i=0;i<N;i++)
           if(stu[i].score<aver)
            printf("%d %s %c %d %f\n",stu[i].num,stu[i].name, stu[i].sex,
stu[i].age,stu[i].score);
    }
```

说明：

1）结构体数组的定义方式与结构体变量一样，也有 3 种方法，只需把结构体变量换成结构体数组即可。

2）结构体数组的初始化与通常数组的初始化方法类似，其格式为：

```
    struct 结构体类型名 结构体数组名[]=
    {    { 第 0 个元素各成员},
         { 第 1 个元素各成员},
          …
    };
```

例如，

```
    struct student
    {   int num;
        char name[20];
        char sex;
        int age;
        float score;
    }stu[4]={{10001,"Zhang",'M',19,88},{10002,"Li",'M',18,90},
    {10003,"Wang",'F',20,89},{10004,"Zhao",'M',19,83}};
```

3）结构体数组元素在内存中也是连续存放的。可以用一个指针变量指向结构体数组，指向结构体数组的指针变量的值是该结构体数组所分配的存储区域的首地址。例如，

```
    struct student
    {   int num;
        char name[20];
        char sex;
        int age;
        float score;
    };
    struct student  *p;
    struct student stu[10];
    p=stu;
```

p就是指向结构体数组stu的指针（如图8-3所示），p+1则指向结构体数组stu的下一个元素，而不是当前元素的下一个成员。

```
p->num;              //引用stu[0].num
p++;                 //p+1后指向stu[1]起始地址
p->num;              //引用stu[1].num
```

注意：程序中定义的指针变量p为指向struct student类型数据的变量，它只能指向struct student类型数组stu中的一个元素，而不能指向元素中的某一个成员。当p指向stu[0]时，即p是元素stu[0]的起始地址，虽然它与元素stu[0]的第一个成员stu[0].num的地址相同，但其含义完全不同。如果使用下面的语句是错误的。

```
p=&stu[0].num;   //错误
```

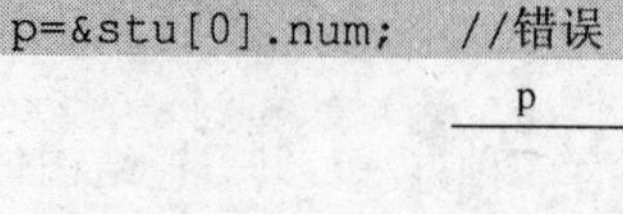

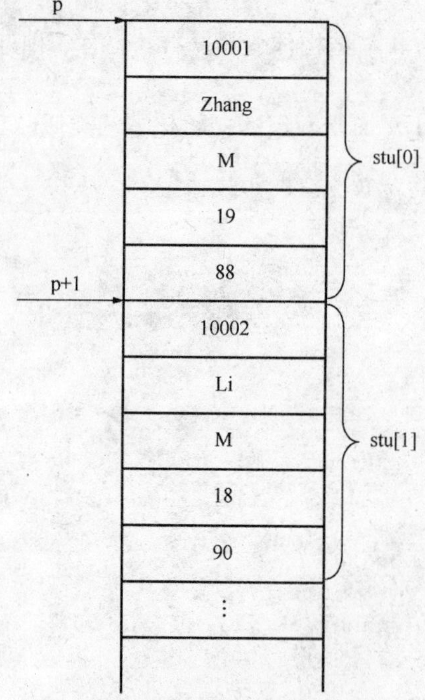

图8-3　指向结构体数组stu的指针p

例8-4　建立10名学生的信息表，每个学生的数据包括学号、姓名及3门课的成绩。要求从键盘输入这10名学生的信息，并按照每一行显示一名学生信息的形式将10名学生的信息显示出来。

程序代码如下。

```
#define N 10                        //N代表学生人数
#include <stdio.h>
#include <string.h>
struct student                      //声明student结构体类型
{   int num;
```

```
    char name[20];
    float score[3];
};
void main()
{   int i,j;
    struct student *p,stu[N];
    p=stu;
    for(i=0;i<N;i++)
    {   scanf("%d,%s",&stu[i].num,stu[i].name);
        for(j=0;j<3;j++)
            scanf("%f",&stu[i].score[j]);
    }
    for(p=stu;p<stu+N;p++)     //p 是指向结构体数组的指针
    {   printf("%d ",p->num);
        printf("%s ",p->name);
       printf("%6.1f,%6.1f,%6.1f\n",p->score[0],p->score[1], p->score[2]);
    }
}
```

思考与讨论：

1）程序运行后，输入学号与姓名之间使用什么字符作分隔？其他各项数据使用什么字符作分隔符？

2）如果学生姓名输入“zhang ping”，程序能否正常运行？

8.3　结构体与函数

结构体类型的变量可以作函数的形参，调用时 C 语言直接把同类型结构体实参变量的各个成员的值传递给形参结构体变量对应的成员。为了提高效率和通用性，可以用指向结构体变量（或数组）的指针作为函数的形参。

同普通数组作函数的参数一样，如果函数的形参为结构体数组名，调用时实参也必须是同种结构体类型的数组名或指向同种结构体类型数据的指针变量，参数传递是实参数组的首地址。

例 8-5　将例 8-4 中的结构体数组的输入与输出都写成函数，在 main 函数中调用这些函数，实现 10 名学生的信息输入及输出。

程序代码如下。

```
……// 前面的宏定义、头文件包含、结构体数组声明与例 8-4 相同，此处省略
void main()
{   struct student stu[N];
    void myscan(struct student stu[],int n);     //函数声明
    void myprint(struct student stu[],int n);    //函数声明
    myscan(stu,N);
    myprint(stu,N);
}
```

```
void myscan(struct student stu[],int n)      //输入 n 个学生记录函数
{    int i,j;
     for(i=0;i<n;i++)
     {    scanf("%d%s",&stu[i].num,stu[i].name);
          for(j=0;j<3;j++)
               scanf("%f",&stu[i].score[j]);
     }
}
void myprint(struct student stu[],int n)     //输出 n 个学生记录函数
{    int i,j;
     for(i=0;i<n;i++)
     {    printf("%d %s",stu[i].num,stu[i].name);
          for(j=0;j<3;j++)
               printf("%6.1f",stu[i].score[j]);
          printf("\n");
     }
}
```

例 8-6 建立 10 名学生的信息表，每个学生的数据包括学号、姓名及 3 门课的成绩。输出总分最高的学生记录，要求将查找该记录的过程编制为函数。

```
……// 前面的宏定义、头文件包含、结构体数组声明与例 8-4 相同，此处省略
void main()
{    struct student stu[N],*p;
     void myscan(struct student stu[],int n);
     void myprint(struct student stu[],int n);
     struct student *search_max(struct student *x,int n);
     myscan(stu,N);
     myprint(stu,N);
     p=search_max(stu,N); // 调用查找最高分记录函数
     printf("%d,%s",p->num,p->name);
     printf("%6.1f,%6.1f,%6.1f\n",p->score[0],p->score[1], p->score[2]);
}
……// myscan 函数和 myprint 函数的定义与例 8-5 相同，此处省略
// 查找最高分学生记录的函数，返回值为指向该记录的指针
struct student *search_max(struct student *x, int n)
{    int i,k=0;
     float sum[N]={0};          //记录各个学生的总分
     for(i=0;i<n;i++)
          sum[i]=(x+i)->score[0]+(x+i)->score[1]+(x+i)->score[2];
     for(i=1;i<n;i++)
          if(sum[i]>sum[k]) k=i;
     return x+k;                // 返回最高分记录的指针
}
```

注意：search_max 函数为返回指针值的函数，其形式参数使用的是指向结构体数组的指针变量，调用时使用的是结构体数组名，将结构体数组 stu 的首地址传递给指针变量 x，函数调用后返回最高分对应的元素的指针。

8.4 动态数据结构——链表

8.4.1 问题的提出

当需要处理一批相关数据时，可以考虑使用数组进行存储。C 语言规定定义数组时必须确定数组元素个数，以便为其分配一块连续的存储空间，依次存放各个元素。但在实际应用中常常很难确定元素个数，例如，编写程序处理各个班级的学生成绩时，由于班级人数不同，为了能用同一程序处理不同班级的学生成绩，只能将数组定义的足够大，这样显然会造成存储空间的浪费。此外，当在数组中插入或删除元素时，都要引起大量数据的移动，而且数据量的扩充将受到数组所占用存储空间的限制。

产生上述问题的原因在于数组的“静态”存储空间分配方式，即数组的存储位置和存储空间的大小在其声明时由系统分配，在程序运行期间不能改变。可以使用链表动态地进行存储空间的分配与回收，从而更加灵活地管理数据。

链表也是一种用于处理一批相关数据的数据结构，这些数据存放在链表的各个结点中，这些结点通过指针链接在一起。在逻辑上这些结点是连续的，但在实际存储时并不要求占据连续的存储空间，因此链表不必事先定义其结点的最大数目，在程序执行期间，可以根据需要增加或删除链表中的结点，从而有效地避免了存储空间的浪费和数据移动问题。一种处理学生成绩的单向链表如图 8-4 所示。

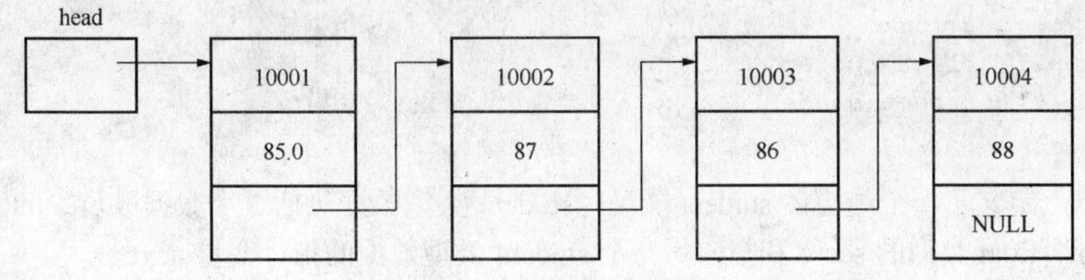

图 8-4　简单单向链表

那么在处理一批相关数据时，是否应该抛弃数组一律使用链表呢？答案是否定的。数组的特点是在逻辑上相邻的两个元素，在物理位置上也相邻。因此，根据数组名（首地址）和元素下标可以十分方便地确定元素的存储位置，从而实现对数组中任一元素的随机存取，这是链表无法做到的。一般而言，如果所需处理的数据数量事先确定且不发生变化，可以考虑使用数组。而链表则适合处理数据量需要动态改变的情况。

数组与链表的综合比较如表 8-2 所示。

表 8-2　数组与链表的比较

参　数	数　组	链　表
存放的数据量	固定	可变
存储空间	连续	不连续
存取数据	方便	不方便
适用场合	可事先确定所需处理的数据量	程序执行时需要动态改变数据量

8.4.2 链表的基本结构

链表是由头指针和一系列结点通过指针链接而成，单向链表的基本结构如图 8-4 所示。其中，头指针（head）用来存放链表中第一个结点（头结点）的地址，由头指针所指向的头结点出发，就可以依次访问链表中任何一个结点的数据成员。

除单向链表外，还有双向链表、循环链表等，本章只讨论单向链表，有关链表的详细讨论，读者可参阅“数据结构”方面的书籍。

单向链表中每个结点一般由两大部分组成。

1）数据域，用于存放用户需要使用的实际数据，可以是一个数据项，也可以是多个数据项。如图 8-4 所示，描述学生情况的数据项有两个，分别是学号和成绩，它们构成了该链表结点的数据域。

2）指针域，用于存放和该结点相链接的下一个结点的地址。如图 8-4 所示，第 1 个结点的指针域存放的是第 2 个结点的起始地址，第 2 个结点的指针域存放的是第 3 个结点的起始地址，以此类推。链表中最后一个结点（尾结点）因其后续无结点，其指针域不再指向其他结点，而是存放一个“NULL”（空地址），表示链表到此结束。

由于链表结点由数据域和指针域两部分组成，即一个结点中包含了多个不同类型的数据，因此，链表结点一般用结构体来描述，而头指针和结点的指针域则是同类型的结构体指针变量。图 8-4 所示的链表结点就可通过结构体类型定义如下。

```
struct student
{    int num;                                    //数据域
     float score;                                //数据域
     struct student *next;                       //指针域
};
```

以上定义了一个结构体 student 类型，student 类型数据包括 3 个数据成员：int 类型的 num、float 类型的 score 和指向另一个 student 类型数据的指针变量 next。

8.4.3 链表的基本操作

链表的基本操作包括建立链表、输出链表、查找链表中某个结点、在链表中插入一个新的结点、删除链表中的某个结点。下面将以如上声明的 struct student 类型为例，分别介绍实现各操作的算法及函数的编写，最后形成一个对链表操作的综合程序。

1. 存储空间的动态分配与释放

建立链表、插入结点和删除结点均涉及结点存储空间的动态分配与释放，C 语言提供了实现动态存储分配的函数，这些函数的相关信息包含在 stdlib.h 文件中，使用时要用 #include 命令将 stdlib.h 文件包含进来。

可使用如下语句为一个 struct student 类型链表结点动态分配存储空间，并将其起始地址放入指针变量 p 中。

```
struct student *p;
p=(struct student *)malloc(sizeof(struct student));
```

说明：

（1）malloc 函数

其函数原型为：

```
void *malloc(unsigned int size)
```

其作用是在内存的动态存储区中分配一块大小为 size 的连续空间，成功执行后的函数返回值是所分配空间的起始地址（基类型为 void）。如果由于内存空间不足等原因，函数未能成功地执行，则返回空指针（NULL）。

（2）sizeof(type)运算符

用于计算所给数据类型 type 的存储字节数，sizeof(struct student)用于计算链表中结点所占动态存储空间的字节数。

（3）类型转换运算符

用于将数据强制转换成指定的数据类型，(struct student *)用于将 malloc 函数所返回指针值的基类型转换为 struct student 类型，即表示该地址是一块存放 struct student 类型数据的存储空间的起始地址。

（4）free 函数

可以使用 free 函数释放通过 malloc 函数分配的存储空间，使该空间可再次用于存放其他数据。free 函数的函数原型为：

```
void free(void *p)
```

例如，要删除 p 所指向的结点，可用以下语句实现。

```
free(p);
```

2. 动态链表的建立

动态链表的建立是一个不断地新建结点并将其添加在链表末尾的过程，结点的个数可以事先指定，也可以通过判断是否输入特定的数据来决定何时结束创建过程。显然这个过程需要使用循环进行控制。

新建结点包括分配空间和输入数据两步基本操作，新建一个 struct student 类型结点的语句如下。

```
struct student *p1;                          //p1 指向新建结点
p1=( struct student*) malloc(sizeof(struct student));  //分配空间
scanf("%d%f",&p1->num,&p1->score); //输入数据
```

将新建结点添加到链表的末尾，就是使当前尾结点的指针域指向刚刚新建的结点。如果 p2 指向尾结点，则将 p1 所指向的新建结点添加到链表末尾的语句如下。

```
p2->next=p1;                //p1 所指结点成为新的尾结点
p2=p1;                      //p2 指向新的尾结点
```

新建结点如图 8-5（a）所示，将其添加到链表的末尾如图 8-5（b）所示，p2 指向新

的尾结点如图 8-5（c）所示。

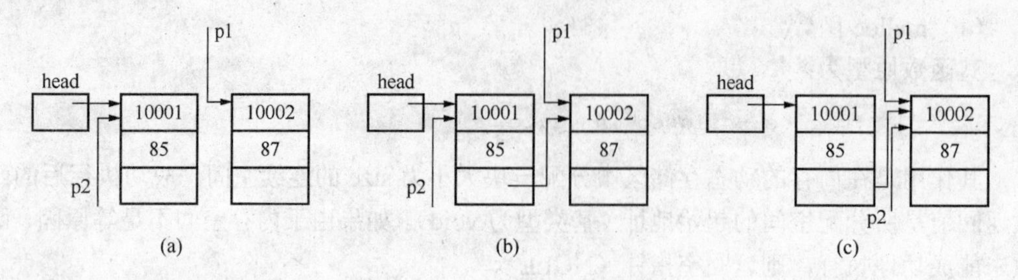

图 8-5 建立链表的过程

链表中的头结点和尾结点是两个特殊的结点，需要单独处理。新建的第 1 个结点既是链表的头结点，也是当前的尾结点。因此，定义一个头指针 head 指向该结点，同时 p2 也指向该结点，相关语句如下。

```
struct student *head=NULL;  //定义头指针
struct student *p2;         //p2 指向尾结点
head=p2=(struct student *)malloc(sizeof(struct student));
scanf("%d%f",&p2->num,&p2->score);
```

向链表中添加完最后一个结点后，需要将该结点的指针域设置为 NULL。p2 始终指向尾结点，因此可用如下语句实现此操作。

```
p2->next=NULL;
```

例 8-7 创建一个函数用于建立一个具有 n 个 student 类型结点的单向链表。

程序代码如下。

```
struct student *create(int n)
{    int i;
     struct student *head=NULL, *p1, *p2;
     //建立头结点
     head=p2=(struct student *)malloc(sizeof(struct student));
     scanf("%d%f",&p2->num,&p2->score);
     //建立其余 n-1 个结点
     for(i=2;i<=n;i++)
     {    p1= (struct student *)malloc(sizeof(struct student));
          scanf("%d%f",&p1->num,&p1->score);
          p2->next=p1;
          p2=p1;
     }
     p2->next=NULL;
     return (head);          //返回链表头指针
}
```

思考与讨论：链表的结点数量可以事先不确定，而是在建立一个结点后，询问是否继续，得到用户确认后再继续建立新结点，否则结束链表建立过程。请读者按照上述思路修改 create 函数。

3. 单向链表的访问

链表无法像数组那样通过下标直接定位结点，只能通过逐个结点“遍历”的方法查找所需结点。单向链表的访问从头结点开始，依次访问各结点。

例 8-8　设已有如图 8-4 所示的单向链表，编写输出链表各结点的函数。

编程分析：利用一个指针变量 p，从头结点开始，通过循环依次处理 p 所指向的结点，每当处理完一个结点，使 p 指向下一结点，直到处理完尾结点，此时 p 为 NULL。

程序代码如下。

```
void print_link(struct student *head)    //形参 head 为要输出链表的头指针
{    struct student *p;
     p=head;                             //p 指向头结点
     while(p!=NULL)                      //尾结点处理完毕后结束循环
     {    printf("%d,%6.1f\n",p->num,p->score);
          p=p->next;                     //p 指向下一个结点
     }
}
```

思考与讨论：除了插入或删除链表的头结点，一般不会改变头指针的值。因此，在上述函数中并未通过head指针来处理链表中的各个结点，而是另外定义了一个指针变量p。

例 8-9　设已有如图 8-4 所示的单向链表，编写计算链表长度的函数。

程序代码如下。

```
int len_link(struct student *head)  //形参 head 为要输出链表的头指针
{    int n=0;
     struct student *p;
     p=head;                        //p 指向头结点
     while(p!=NULL)                 //尾结点处理完毕后结束循环
     {    n++;                      //累计计数
          p=p->next;                //p 指向下一个结点
     }
     return (n);                    //返回结点个数
}
```

思考与讨论：计算链表长度本质是一个统计问题，所采用的方法与例 8-8 相同。如果要统计链表中满足特定条件的结点个数，如分数低于 60 分的人数，应如何修改程序？

4. 链表的删除操作

删除链表中符合特定条件的某个结点，首先需要查找是否存在这样的结点，如果能够找到这样的结点，则分别从下面两种情况进行处理。

（1）删除首结点

删除首结点需要使头指针指向原来的第 2 个结点，然后释放原来的首结点所占空间，操作过程如图 8-6 所示。

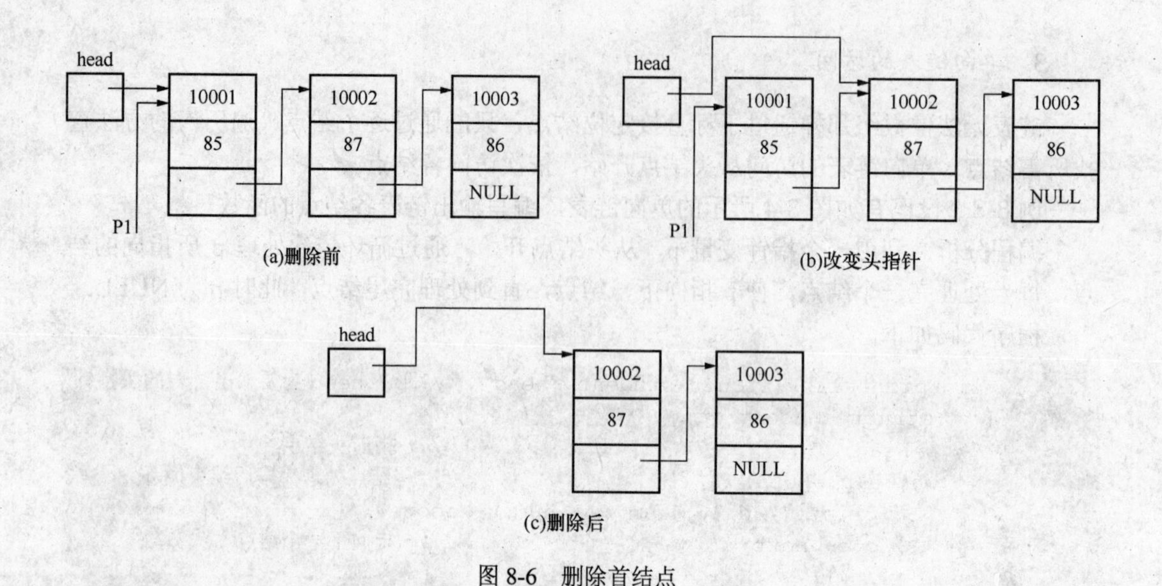

图 8-6　删除首结点

可用以下语句实现删除首结点操作。

```
p1=head;              //p1 指向首结点
head=p1->next;        //头指针 head 指向第 2 个结点
free(p1);             //释放 p1 所指向的结点
```

（2）删除其他结点

删除其他结点时，需要找到该结点的前一结点（前驱结点），然后改变前驱结点中指针域的内容，使其指向要删除结点的后一结点（后继结点）。如果 p1 指向要删除的结点，p2 指向该结点的前驱结点，操作过程如图 8-7 所示。

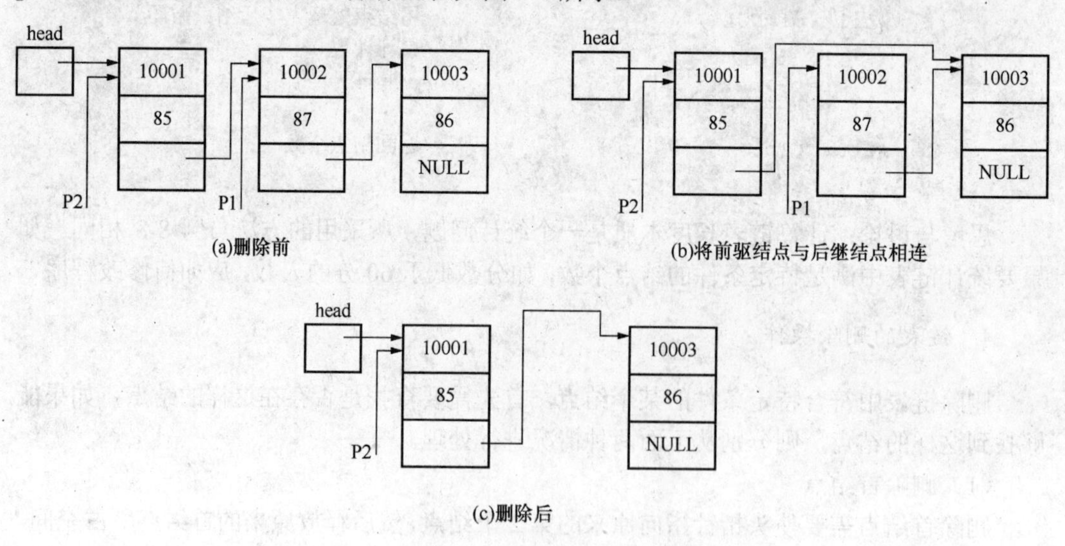

图 8-7　删除其他结点

可用以下语句实现删除 p1 所指结点的操作。

```
    p2->next=p1->next;          //将前驱结点与后继结点相连
    free(p1);                   //释放 p1 所指向的结点
```

例 8-10　设已有如图 8-4 所示的单向链表，编写删除链表中某个包含指定学号的结点的函数。

编程分析：首先判断链表是否为空，无需在空链表中进行删除操作。对于非空链表，使用遍历链表的方法查找所需删除的结点，如果找到相关结点，则分首结点和其他结点两种情况进行处理。

程序代码如下。

```
    //该函数的功能是从头指针为 head 的链表中删除 num 域的值与形参 num 相等的结点，释放该结点的存储空间，返回该链表的头指针
    struct student *del_link(struct student *head,int num)
    {    struct student *p1,*p2;
         if(head==NULL)                              //空链表
            printf("list null!\n");
         else
         {   p1=head;
             while(p1!=NULL&&p1->num!=num)           //查找要删除的结点
             {   p2=p1;
                 p1=p1->next;
             }
             if(p1->num==num)                        //找到了
             {   if(p1==head)
                     head=p1->next;                  //删除首结点
                 else
                     p2->next=p1->next;              //删除其他结点
                     free(p1);
             }
             else                                    //未找到
                 printf("%d not been found!\n",num);
         }
         return(head);
    }
```

思考与讨论：

1）如果链表中只有一个结点，而该结点符合删除条件，上述函数能否删除该结点？

2）如果尾结点符合删除条件，上述函数能否删除该结点？

3）该函数只能删除遍历过程中找到的第 1 个符合条件的结点，如果要删除所有符合条件的结点，应该如何修改函数？

5. 链表的插入操作

在前面所讨论的链表建立方法中，新建的结点总是被插入在链表的最末端，但有时还需要在链表的指定位置插入结点。假设链表的头指针为 head，p0 指向要插入的结点，下面根据插入位置的不同分 4 种情况进行讨论。

（1）在空链表中插入

链表为空链表时，头指针 head 为 NULL，所插入的结点将成为链表的唯一结点，该结点既是链表的首结点，同时也是链表的尾结点。可用以下语句实现插入操作。

```
head=p0;              //设置首结点
p0->next=NULL;        //设置尾结点
```

（2）在首结点之前插入

所插入的结点将成为链表新的首结点，假设 p1 指向原来的首结点，操作过程如图 8-8 所示（为简化画图，在结点的数据域只填入了成绩）。

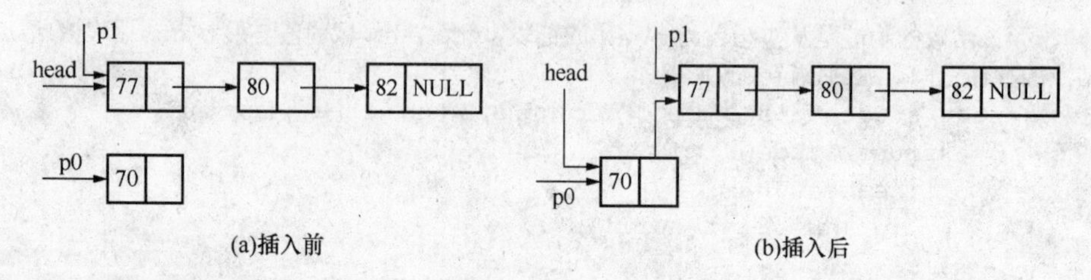

图 8-8　在首结点之前插入

可用以下语句实现插入操作。

```
head=p0;          //设置新的首结点
p0->next=p1;      //与原来的首结点相连
```

（3）在首结点与尾结点之间插入

假设需要在 p1 所指向的结点之前插入结点，p2 指向原链表中 p1 所指向结点的前驱结点，操作过程如图 8-9 所示。

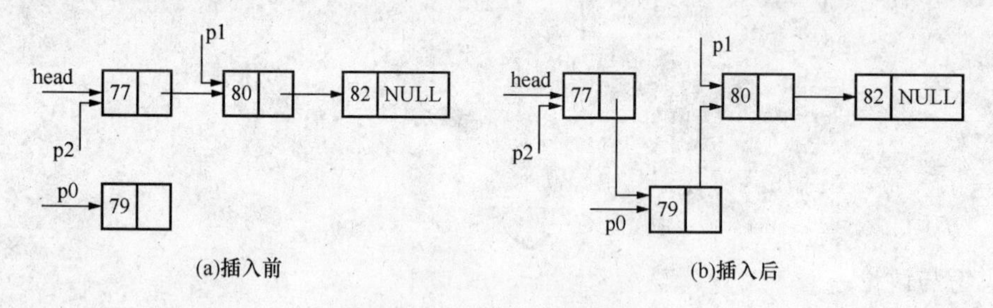

图 8-9　在中间位置插入

可用以下语句实现插入操作。

```
p2->next=p0;          //p2 所指结点与新结点相连
p0->next=p1;          //新结点与 p1 所指结点相连
```

（4）在尾结点之后插入

假设需要在 p1 所指向的尾结点之后插入结点，操作过程如图 8-10 所示。

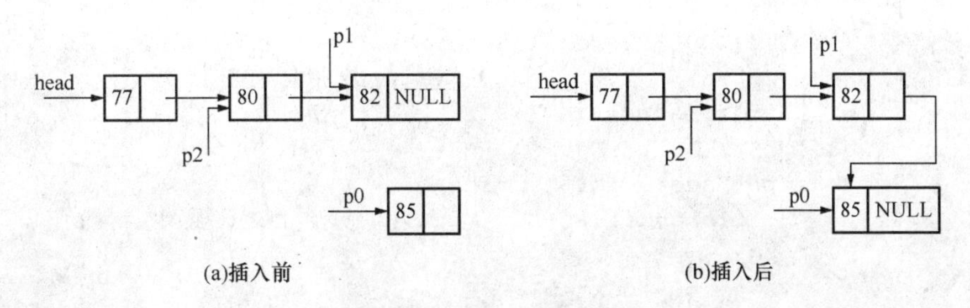

图 8-10　在尾结点之后插入

可用以下语句实现插入操作。

```
p1->next=p0;          //尾结点与新结点相连
p0->next=NULL;        //设置新的尾结点
```

例 8-11　设学生链表各结点是按其成绩 score 的值由小到大顺序排列。编写一个插入函数，实现在链表中插入一个新结点，插入后链表中各结点仍然按其成绩 score 的值由小到大顺序排列。

编程分析：为了能做到正确插入，必须首先找到插入的位置，然后实现插入。使用 4 个指针变量 head、p0、p1、p2，其中 head 为要插入链表的头指针，p0 指向要插入的结点，p1 指向当前结点（首先使 p1 指向头结点），p2 指向前一结点（即 p1 原来指向的结点）。

确定插入位置的方法是：从首结点开始，将待插入结点的 p0->score 与每一个结点的 p1->score 比较，若 p0->score 大于 p1->score，将 p2 指向 p1 所指向的结点（p2=p1），将 p1 移到下 1 个结点（p1=p1->next）。前面讨论的 4 种情况通过以下方式进行判断。

1）当 head 为 NULL 时，表示在空链表中插入结点。

2）当 p0->score 小于或等于 p1->score 且 p1 等于 head 时，表示在首结点之前插入结点。

3）当 p0->score 小于或等于 p1->score 且 p1 不等于 head 时，表示在首结点与尾结点之间插入结点。

4）当 p0->score 大于 p1->score 时，表示在尾结点之后插入结点。

按以上分析编写的在链表中插入一个新结点的函数 ins_link 如下（说明：链表结点的类型为前面所声明的 struct student 类型）。

```
//在 head 指向的链表中，插入 stud 指向的结点，并返回新链表的头指针
struct student *ins_link(struct student *head,struct student *stud)
{    struct student *p0,*p1,*p2;
     p1=head;                              //从首结点开始
     p0=stud;                              //p0 指向要插入的结点
     if(head==NULL)                        //在空链表中插入
     {    head=p0;
          p0->next=NULL;
     }
     else
     {    //查找待插入的位置
```

```
            while((p0->score>p1->score)&&(p1->next!=NULL))
            {   p2=p1;                          //p2 指向当前结点
                p1=p1->next;                    //p1 指向下一个结点
            }
            if(p0->score<=p1->score)
                if(p1==head)                    //在首结点之前插入
                {   head=p0;
                    p0->next=p1;
                }
                else                            //在中间位置插入
                {   p2->next=p0;
                    p0->next=p1;
                }
            else                                //在尾结点之后插入
            {   p1->next=p0;
                p0->next=NULL;
            }
        }
        return(head);
    }
```

例 8-12 调用例 8-11 中的 ins_link 函数建立一个包含 n 个结点的有序链表，n 的值从键盘输入，再输出链表。

```
    #define LEN sizeof(struct student)
    #include <stdlib.h>
    #include <stdio.h>
    struct student
    {    int num;
         float score;
         struct student *next;
    };
    struct student *ins_link(struct student *head,struct student *stud);
    void print_link(struct student *head);
    void main()
    {     int n,i;
          struct student *head=NULL,*stu,*p;
          printf("please input n\n");
          scanf("%d",&n);
          for(i=1;i<=n;i++)
          {   printf("\nInput the inserted record:");
              stu=(struct student *)malloc(LEN);
              scanf("%d%f",&stu->num,&stu->score);
              head=ins_link (head,stu);
          }
          p=head;
          print_link(p);
    }
```

8.5 共用体

共用体也是一种构造数据类型，是多种变量共享一片内存空间。直观地讲，共用体可以把所在存储单元中相同的数据部分当作不同的数据类型来处理，或用不同的变量名来引用相同的数据部分。共用体常用于需要频繁进行类型转换的场合，及压缩数据字节或程序移植等方面。

共用体类型变量的定义类似于结构体类型变量的定义，有以下 3 种形式。

1）先声明一个共用体类型名，再用该类型定义共用体变量。例如，

```
union data
{    int num;
     char ch;
};
union data unvt;
```

先声明共用体类型 data，再定义共用体变量 unvt，该变量包含一个整型成员 num 和一个字符型成员 ch。

2）声明共用体类型的同时定义共用体变量。例如，

```
union  data
{    int num;
     char ch;
}unvt;
```

声明共用体类型 data 的同时定义共用体变量 unvt，该变量包含一个整型成员 num 和一个字符型成员 ch。

3）直接定义无共用体类型名的共用体变量。例如，

```
union
{    int num;
     char ch;
}unvt;
```

直接定义共用体变量 unvt，该变量包含一个整型成员 num 和一个字符型成员 ch，此处未声明共用体类型名。

共用体变量和结构体变量的本质差别在于两者的存储方式不同：结构体的成员变量存储时各占不同起始地址的存储单元，在内存中呈连续分配，所占内存为各成员所占内存的总和；而共用体的成员变量存储时共用同一起始地址的存储单元，所占内存为最大内存需求的成员所占内存，如图 8-11 所示。

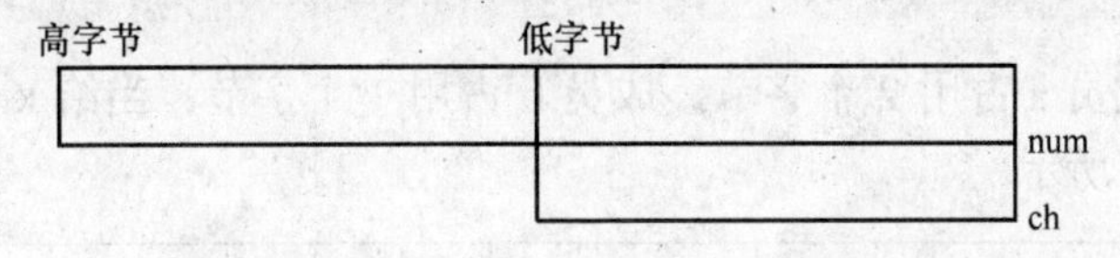

图 8-11　共用体在内存的存放方式

说明：

1）系统采用覆盖技术，实现共用体变量各成员的内存共享，所以在某一时刻，存放的和起作用的是最后一次存入的成员值。例如，执行“unvt.num=1，unvt.ch='c'”后，unvt.ch才是有效的成员。当然也可使用num成员，但它的值是什么，则需要通过不同类型变量在内存中的存放形式来具体分析。

2）由于所有成员共享同一内存空间，故共用体变量与其他成员的地址相同。例如，&unvt.num与&unvt .ch的值相同。

3）不能对共用体变量进行初始化（注意：结构体变量可以），也不能将共用体变量作为函数参数，或使函数返回一个共用体数据，但可以使用指向共用体变量的指针。

4）共用体类型可以出现在结构体类型定义中，反之亦然。

例如，

```
union  Exdata
{    struct
     {    int x;
          int y;
     }txy;
     int a;
     int b;
};
```

在通常使用中，只引用共用体的成员变量，引用方式与结构体变量的引用类似。可通过变量名直接引用，也可通过指向共用体类型的指针变量来间接引用。引用的运算符为“.”、“->”。例如，

```
union data unvt, *pu;     //定义了共用体变量unvt和指向共用体的指针变量pu
pu=&unvt;                 //使共用体指针变量pu指向共用体变量unvt
unvt.num和pu-> num        //对成员num用共用体变量直接引用和指针的间接引用
unvt.ch和pu-> ch          //对成员ch用共用体变量直接引用和指针的间接引用
```

例 8-13 分析下列程序的运行结果。

```
#include <stdio.h>
union data
{    int a;
     char b;
}x;
void main()
{    x.a=16384;
     x.b='a';
     printf("%d\n",x.a);
}
```

编程分析：成员a占用2个字节，成员b占用1个字节。当给x.a赋值后，在内存空间存储情况如下所示。

高位	0	1	0	0	0	0	0	0	0	0	0	0	0	0	0	0	低位

当给 x.b 赋值时，由于 x.b 与 x.a 在低字节共用一个存储单元，赋值后的存储情况如下所示。

0	1	0	0	0	0	0	0	0	1	1	0	0	0	0	1

因而，当最后输出 x.a 时的值为 16481。

例 8-14　假设一个学生信息表中包括学号、姓名和一门课的成绩。而成绩通常又可采用两种表示方法：一种是五分制，采用的是整数形式；另一种是百分制，采用的是浮点数形式，现要求编一个程序，输入一个学生的信息并显示出来。

程序代码如下。

```
    #include <stdio.h>
    struct stu_score
    {    int num;
         char name[20];
         int type;                  //type 值为 0 时五分制，type 值为 1 时百分制
         union mixed
         {    int iscore;           //五分制
              float fscore;         //百分制
         }score;
    };
    void main()
    {    struct stu_score stud1;
         printf("please input num,name,type:\n");
         scanf("%d%s%d",&stud1.num,stud1.name,&stud1.type);
         if(stud1.type==0)          //采用五分制
         {    printf("please input iscore:\n");
              scanf("%d",&stud1.score.iscore);
         }
         else if(stud1.type==1)  //采用百分制
         {    printf("please input fscore:\n");
              scanf("%f",&stud1.score.fscore);
         }
         if(stud1.type==0)
              printf("%d,%s,%d,%d",stud1.num,stud1.name,stud1.type,
stud1.score.iscore);
         else if(stud1.type==1)
              printf("%d,%s,%d,%f",stud1.num,stud1.name,stud1.type,
stud1.score.fscore);
    }
```

程序运行结果如下：

```
    Please input num,name,type:
    1001 zhang 1<回车>
    Please input fscore:
    89<回车>
    1001,zhang,1,89,000000
```

8.6 枚举类型

枚举类型就是将变量可能出现的值放在一起而形成的一个整型常量的集合类型，枚举类型的变量只能取这个集合中的某个值。枚举类型比较适于描述某些事物，比如描述星期这个概念，一个星期中只可能是由星期一到星期日，其他的如星期八之类的数据不可能存在，这种情况就可以用枚举型来描述星期这个概念的数据特征。

枚举类型的声明形式如下。

```
enum  枚举类型名 {取值表};
```

例如，

```
enum  weekdays {Sun,Mon,Tue,Wed,Thu,Fri,Sat};
```

声明了一个枚举类型 enum weekday，可以用此类型来定义变量。

枚举变量的定义与结构体变量类似，主要方式如下。

1）间接定义：先声明类型，再定义变量。例如，

```
enum  weekdays  workday;
```

2）直接定义：声明类型的同时直接定义变量。例如，

```
enum  weekdays{Sun,Mon,Tue,Wed,Thu,Fri,Sat} workday;
```

说明：

1）枚举类型仅适合于描述取值有限的数据。例如，1 周 7 天，1 年 12 个月。

2）取值表中的值称为枚举元素，枚举元素是常量。在 C 编译器中，按定义的顺序取值 0，1，2，…。所以，枚举元素可以进行比较，比较规则是：序号大者为大。例如，上面定义的枚举变量 weekday 中的 Sun=0，Mon=1，…，Sat=6，所以 Mon>Sun，Sat 最大。

3）枚举元素的值也是可以在定义时由程序指定。例如，如果定义“enum weekdays {Sun=7, Mon＝1,Tue, Wed, Thu, Fri, Sat};”，则 Sun=7，Mon=1，从 Tue=2 开始，依次增 1。

在使用枚举量时，通常关心的不是它的数值大小，而是它所代表的状态，在程序中，可以用不同的枚举量来表示不同的处理方式。正确地使用枚举变量，有利于提高程序的可读性。

例 8-15 若 10 月 1 日是星期五，任给 10 月中的一天（1～30），试判断该天是星期几，并将其输出。

编程分析：1 周 7 天（星期一到星期日），可用枚举类型来处理。已知 10 月 1 日是星期五，任意输入一天 i（1～30），可用（i+4）%7 计算出该天的星期数值，再输出星期的名称。程序代码如下。

```
#include <stdio.h>
void main()
{    enum  weekdays {sun,mon,tue,wed,thu,fri,sat}date;
     int i;
```

```
        do
        {   printf("please input the date(1-30):");
            scanf("%d",&i);
        }while(i<1||i>30);
        date=(enum weekdays)(i+4)%7;
        switch(date)
        {   case sun:
                printf("Sunday\n");break;
            case mon:
                printf("Monday\n");break;
            case tue:
                printf("Tuesday\n");break;
            case wed:
                printf("Wednesday\n");break;
            case thu:
                printf("Thursday\n");break;
            case fri:
                printf("Friday\n");break;
            case sat:
                printf("Saturday\n");break;
        }
    }
```

8.7　自定义类型标识符

除可直接使用C语言提供的标准类型和自定义的类型（结构体、共用体、枚举）外，也可使用 typedef 定义已有类型的别名（自定义类型标识符），来代表已有的 int、char、float、结构体等数据类型，该别名与标准类型名一样，可用来定义相应的变量。例如，

```
typedef int INTEGER;//定义新数据类型名 INTEGER，代表已有数据类型 int
typedef float REAL; //定义新数据类型名 REAL，代表已有数据类型 float
```

通过上述定义后，以下两行等价。

```
int i, j; float a, b;
INTEGER i, j; REAL a, b;
```

以给实型 float 定义一个别名 REAL 为例，说明定义已有类型别名的方法如下。

1）按定义实型变量的方法，写出定义体：

```
float  f;
```

2）将变量名换成别名：

```
float  REAL
```

3）在定义体最前面加上 typedef，即

```
typedef float  REAL;
```

例 8-16 定义一个学生类型的别名，将例 8-3 的程序改写如下。

```
#include <stdio.h>
#include <string.h>
typedef struct student
{   int num;
    char name[20];
    char sex;
    int age;
    float score;
}STUDENT;
void main()
{   STUDENT stu1={10001,"zhang",'M',19,88};
    STUDENT *p=&stu1;              //定义指向结构体变量 stu1 的指针 p
    printf("%d,%s,%c,%d,%6.2f\n",p->num,p->name,p->sex,p->age, p->score);
}
```

思考与讨论：

1）读者对照例 8-3 的程序，领会使用 typedef 自定义类型标识符的意义。

2）程序中能否将“typedef struct student”改写成“typedef struct”？本例中定义 student 类型还有其他等价方法吗？

3）用 typedef 只是给已有类型增加一个别名，并不能创造一个新的类型。就如同人一样，除学名外，可以再取一个小名（或雅号），但并不能创造出另一个人来。

4）typedef 与#define 有相似之处，但两者是不同的。前者是由编译器在编译时处理的，后者是由编译预处理器在编译预处理时处理的，而且只能作简单的字符串替换。

小　结

当需要处理一批类型不同的相关数据时，可以考虑使用结构体类型。本章主要介绍了结构体类型的定义和使用方法，包括结构体数组、结构体指针，以及用结构体数据作为函数参数和返回值的使用方法。

链表是结构体类型的一种应用形式，它主要用于处理一批相关数据。链表中的数据存放在结点中，结点使用结构体类型数据进行描述，结点之间通过指针相连，逻辑上相邻的两个结点在物理位置上并不一定相邻。

链表与数组的主要区别在于前者能够在使用过程中动态地分配和释放存储空间，从而有效地避免了存储空间的浪费。数组可以根据数组名和下标直接定位某个元素，但链表无法直接定位某个结点，只能根据头指针找到首结点，然后从首结点开始顺序访问各个结点。

此外，本章还介绍了一种能够在相同存储区域中存储不同类型数据的构造类型——共用体，以及有关枚举类型和用户定义类型标识符的概念和应用。

习　题

一、判断题

1. 一个结构体变量占据一块连续的存储空间，依次存放各个成员。（　　）

2. 在声明一个共用体变量时，系统分配给它的存储空间是共用体中所有成员所需存储空间的总和。（　　）

3. 在任何给定时刻，共用体类型的所有成员一直驻留在内存中。（　　）

4. 用 typedef 可以增加新类型。（　　）

5. 使用共用体的目的是将一组数据作为一个整体，以便于其中的成员共享同一存储空间。（　　）

6. 枚举变量的值只能赋值为对应枚举类型的枚举元素表中元素。（　　）

二、选择题

1. 以下程序的运行结果是（　　）。

```
#include"stdio.h"
void main()
{    struct  date
     {    int year,month,day;
     }today;
     printf("%d\n",sizeof(struct date));
}
```

A. 6　　B. 8

C. 10　　D. 12

2. 若有以下语句：

```
struct  student
{    int  num;
     float  score;
}std,*p;
p=&std;
```

则对结构体变量 std 中成员 num 的引用方式不正确的是（　　）。

A. std . num　　B. p->num

C. (*p) .num　　D. *p . num

3. 若有以下语句：

```
struct  student
{    int  num;
     int  age;
};
struct  student  stu[3]={{1001,20} , {1002,19} , {1003,21}} ;
```

```
void main()
{    struct  student  *p;
     p=stu ;
     …
}
```

则不正确的引用选项是（　　）。

A．(p++) -> num　　　　B．p++

C．(*p) . num　　　　D．p=&stu.age

4．以下程序的输出结果是（　　）。

```
struct  stu
{    int  x;
     int  *y;
}*p;
int  dt[4]={10,20,30,40};
struct  stu  a[4]={50,&dt[0],60,&dt[1],70,&dt[2],80,&dt[3]};
void main()
{    p=a;
     printf("%d,",++p->x);
     printf("%d,",(++p)->x);
     printf("%d\n",++(*p->y));
}
```

A．10 , 20 , 20　　　　B．50 , 60 , 21

C．51 , 60 , 21　　　　D．60 , 70 , 31

5．有如下定义：

```
struct  date
{    int month;
     int day;
     int year;
};
struct worker
{    char name[20];
     char sex;
     struct date birthday;
}person1;
```

对变量 person1 的出生年份进行赋值时，正确的赋值语句是（　　）。

A．year=1966;　　　　B．birthday.year=1966;

C．person1.year=1966;　　　　D．person1.birthday.year=1966;

6．设有如下定义：

```
union data
{    int i;
     char ch;
     double f;
}b;
```

若双精度型变量占8字节，整型变量占2字节，字符型变量占1字节，则共用体变量b占用内存的字节数是（　　）。

A．8　　　　B．1

C．2　　　　D．11

7．下列说法中错误的是（　　）。

A．共用体变量的地址和它的各成员的地址都是同一地址

B．共用体内的成员可以是结构体变量，反之亦然

C．在任一时刻，共用体变量的各成员只有一个有效

D．函数可以返回一个共用体变量

8．若有以下说明语句：

```
struct st
{   int n;
    struct st *next;
};
struct st a[3],*p;
a[0].n=5; a[0].next=&a[1];
a[1].n=7; a[1].next=&a[2];
a[2].n=9; a[2].next='\0';
p=&a[0];
```

则值为6的表达式是（　　）。

A．p++->n　　　　B．*p.n

C．(*p).n++　　　　D．++p->n

三、程序阅读题

1．写出下列程序的运行结果。

```
#include <stdio.h>
#include<stdlib.h>
#define LEN sizeof(struct line)
struct line
{   int num;
    struct line  *next;
};
void main()
{   int k;
    struct line *p, *head;
    head=NULL;
    for(k=10;k>0;k--)
    {   p=(struct line *)malloc(LEN);
        p->num=k;
        p->next=head;
        head=p;
    }
```

```
    while((p=p->next)!=NULL)
    {   printf("%d,",p->num);
        p=p->next;
    }
}
```

2．写出下列程序的运行结果。

```
#include <stdio.h>
#include <stdlib.h>
void main()
{   struct info{int data; struct  info *pn;};
    struct info *base, *p;
    base=NULL;
    for(int i=0;i<10;i++)
    {   p=(struct info*)malloc(sizeof(struct info));
        p->data=i+1;
        p->pn=base;
        base=p;
    }
    p=base;
    while(p!=NULL)
    {   printf("%2d", p->data);
        p=p->pn;
    }
    printf("\n");
}
```

3．写出下列程序的运行结果。

```
#include  <stdio.h>
struct  stu
{    int num;
    char name[10];
    int age;
};
void  py(struct stu *p)
{   printf("%s\n",(*p).name);
}
void  main()
{struct stu student[3]={{1001,"Sun",25},{1002,"Ling",23}, {1003,
"Shen",22}};
    py(student+2);
}
```

4．写出下列程序的运行结果。

```
#include <stdio.h>
#include <stdlib.h>
#define LEN sizeof(struct node)
struct  node
```

```
{    int num;
     struct node *next;
};
int fun (struct node *h)
{    int k=0;
     struct node *p=h;
     while (p!=NULL)
     {    if(p->next!=NULL)k+=p->num;
              p=p->next;
     }
     return k;
}
void  main()
{    struct node *head ,*p1,*p2;
     int  i;
     head=(struct node *) malloc(LEN);
     p1=head;
     for(i=3;i<=7;i++)
     {    p2=(struct node*)malloc(LEN);
          p1->next=p2;
          p2->num=i;
          p2->next=NULL;
          p1=p2;
     }
     printf("%d\n",fun(head->next));
}
```

5. 写出下列程序的运行结果。

```
#include <stdio.h>
void main()
{    union  EXAMPLE
     {    struct
          {    int x;
               int y;
          }in;
          int a;
          int b;
     }e;
     e.a = 1;
     e.b = 2 ;
     e.in.x=e.a*e.b;
     e.in.y=e.a+e.b;
     printf("%d  %d\n",e.in.x,e.in.y);
}
```

四、程序填空题

1. 函数 print 的功能是用来输出 head 所指向的单向链表，填空将程序补充完整。

```
#include <stdio.h>
struct student
{    int info;;
     struct student *next;
};
void print(struct student *head)
{    struct student *p;
     p=head;
     if(head!=NULL)
     while(____________)
     {    printf("%d",_________);
          _______________;
     }
}
```

2．函数 insert 用于在结点类型为 ltab 的非空链表中插入一个结点（由形参指针变量 p0 指向），链表按照结点数据成员 no 的值升序排列，填空将程序补充完整。

```
ltab *insert(ltab *head, ltab *stud)
{    ltab *p0, *p1, *p2;
     p1=head;
     p0=stud;
     while((p0->no>p1->no)&&(________________))
     {    p2=p1;
          p1=p1->next;
     }
     if(p0->no<=p1->no)
        if(head==p1)
        {    p0->next=head;
             head=p0;
        }
        else
        {    p2->next=p0;
             ____________;
        }
     else
     {    p1->next=p0;
          ___________;
     }
     return (head);
}
```

3．输入某班 50 位学生的姓名及数学、英语成绩，计算每位学生的平均分；然后输出平均分最高的学生的姓名及其数学和英语成绩。填空将程序补充完整。

```
#include <stdio.h>
#define SIZE 50
struct student
{    char name[10];
     int math,eng;
```

```
    float aver;
};
void main()
{   struct student s[SIZE];
    int k, maxsub=0;
    for(k=0;k<SIZE;k++)
    {   scanf("%s%d%d",s[k].name,&s[k].math,&s[k].eng);
            ________ =(s[k].math+s[k].eng)/2.0  //计算平均分
    }
    for(k=1;k<SZIE;k++)
    if(__________)
        _________;
    printf("%10s%3d\n",s[maxsub].name,s[maxsub].math,s[maxsub].eng);
}
```

4. 以下函数 count 的功能是统计链表中结点的个数，其中 head 为指向第一个结点的指针。填空将程序补充完整。

```
struct link
{   char data;
    struct link *next;
};
…
int count (struct link *head)
{   struct link *p;
    int n=0;
    p=_______________;
    while(p!=NULL)
    {    ____________;
       p=____________;
    }
    return n;
}
```

五、编程题

1. 定义一个结构：struct complx{ int real;int im;};，利用结构变量求解两个复数之积。例如，（10＋20i）×（30＋40i）。

2. 有 10 个学生，每个学生的数据包括学号、姓名、3 门课的成绩，从键盘输入 10 个学生数据，要求打印出 3 门课总平均成绩以及最高分的学生的数据。

要求：

（1）使用结构体数组。

（2）在主函数中调用 input 函数输入 10 个学生的数据，调用 average 函数求平均分，调用 max 函数找出最高分学生的数据。

（3）总平均分和最高平均分的学生的数据都在主函数中输出。

3. 定义一个日期结构体类型（包括年、月、日）；编写一个函数 days，实现判断某日是该年中的第几天。(注意闰年问题，要求主函数中输入日期，输出该日在该年中是第几天)。

4. 使用结构体数组存放考生记录。考生信息包括：准考证号(register)、姓名(name)、性别（sex)、出生日期（birthday)、成绩（score，包括5门课程和总成绩)。

（1）编写 input 函数，实现考生数据的输入。

（2）编写 print 函数，实现考生数据的输出。

（3）编写 search 函数，找出考分最高的考生信息。

（4）编写 sort 函数，按准考证号升序顺序输出考生信息。

5. 建立一个含有 n 个学生记录（包括学号、姓名、性别、年龄）的单向链表，然后将各结点的数据打印输出。

6. 编写一个函数，在上述链表中删除一个指定年龄的记录。

第9章 文件操作

学习要求

- 掌握C语言中文件的概念
- 掌握打开文件的不同模式
- 掌握对文件读写操作相关函数的使用方法
- 能编写与文件有关的程序

9.1 文件系统的概念

一般来说，文件是指存储在外存储器上的数据的集合。每个文件都有一个名字，称为文件名。

9.1.1 文本文件与二进制文件

从文件中数据的编码形式来分，可分为文本文件（ASCII码文件）和二进制文件两种。

1）文本文件。文本文件也称为 ASCII 文件，这种文件在磁盘中存放时每个字节对应一个字符，用于存放对应字符的ASCII码，文本文件输入/输出时对字符进行逐个处理。

文本文件由文本行组成，每行中可以有0个或多个字符，并以回车换行符'\n'结尾，文件结尾是文件结束标志，该标志后再没有字符出现了。

2）二进制文件。二进制文件是按二进制的编码方式来存放数据的，数据存放在磁盘上的形式和其在内存中的存储形式相同。二进制文件中的一个字节并不对应一个字符，虽然也可在屏幕上显示，但其内容无法读懂。

例如，整数1234，在内存中存储占2个字节。

```
    00000100  11010010
```

则其存放在二进制文件中也是这个形式，占两个字节。若是以文本文件的形式来存放它，则要占4个字节，每一位数字作为字符处理，以它们的ASCII码存放。

```
    00110001  00110010  00110011  00110100
```

由此可见，数据以二进制形式存储要比用文本文件的形式存储占用的磁盘空间少。

把一个文本文件读入内存时，要将ASCII码转换成二进制码，而把数据以文本方式写入磁盘时，也要把二进制码转换成 ASCII 码，因此文本文件的读写要花费较多的转换时间。对二进制文件的读写不存在这种转换。

9.1.2 缓冲文件系统

C 语言编译系统对文件的处理有两种方式，分别采用缓冲文件系统方式与非缓冲文件系统方式。

缓冲文件系统是指系统自动地为正在使用的文件在内存中开辟一个缓冲区。如图 9-1 所示，当需要向外存储器中的文件输出数据时，必须先将数据送到为该文件开辟的缓冲区中，当缓冲区充满以后才一起送到外存储器中。当需要对外存储器中的文件读入数据进行处理时，也首先从外存储器一次将一批数据读入缓冲区(将缓冲区充满)，然后再从缓冲区中将数据逐个读入。

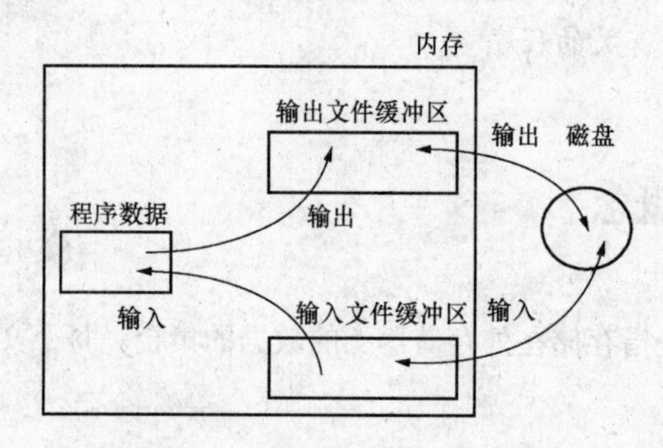

图 9-1 缓冲文件系统的操作过程

非缓冲文件系统是指系统不自动为文件开辟缓冲区，而是由用户程序自己为文件设定缓冲区。

在 C 语言中，对文件的操作都是通过库函数来实现的，本章介绍缓冲文件系统中文件的操作。

9.1.3 文件类型指针

在 C 语言的缓冲文件系统中，用文件类型指针来表示文件。

定义文件类型指针的一般形式为：

```
FILE  *指针变量名;
```

其中，FILE 是 C 编译系统定义的一种结构体类型，其中的成员用于存放有关文件的一些信息。指针变量名用于指向一个文件，实际上是用于存放文件缓冲区的首地址。例如，

```
FILE  *fp;
```

定义了一个结构体 FILE 类型的指针变量 fp。

C 语言中通过文件指针变量，对文件进行打开、读、写及关闭操作。文件指针类型及对文件操作的函数原型说明都是放到“stdio.h”头文件中，因此，对文件操作的程序，

在最前面都应写一行文件包含命令：#include < stdio.h >。

在C语言程序中使用文件，需要完成以下工作。

1）声明一个FILE类型的文件指针变量。

2）通过调用fopen函数，将此文件指针变量和某一个实际的磁盘文件相联系。这一操作称为打开文件。打开一个文件时要求指定文件名，并且说明对该文件是输入操作还是输出操作。

3）调用适当的文件操作函数完成必要的I/O操作。对输入文件来说，这些函数从文件中将数据读取至程序中；对输出文件来说，函数将程序中的数据转移到文件中去。

4）通过调用fclose函数表明文件操作结束，这一操作称为关闭文件，它断开了文件指针与实际文件之间的联系。

简单说来，对磁盘文件的操作是先打开，再读写，后关闭。

9.2　文件的打开与关闭

9.2.1　文件的打开

所谓打开文件，实际上是建立文件的各种有关信息，并使文件指针指向该文件，以便进行其他操作。缓冲文件系统借助文件结构体指针来对文件进行管理和访问，既可以读写字符、字符串、格式化数据，也可以读写二进制数据。

打开文件使用文件打开函数fopen( )，其调用的一般形式为：

```
文件指针名=fopen("文件名","文件打开模式")
```

其中，“文件名”是需要打开文件的文件名，“文件打开模式”是确定文件的数据操作方式。“文件名”和“文件打开模式”都是字符串常量或字符数组。使用fopen函数正常打开一个文件时会返回一个指向 FILE 结构的指针，因此“文件指针名”必须是被定义为FILE类型的指针变量。在打开文件后，其后所有的文件处理函数都必须用返回的文件指针来引用该文件。例如，

```
FILE *fp;
fp=fopen("source.txt", "r");
```

本调用表示以读的方式（“r”模式即表示读“read”）打开当前目录下文件名为source.txt的文件。文件名可以包含路径和文件名两部分。写路径时注意，因为C语言中转义字符以反斜杠开头，所以“\\”才是表示一个反斜杠。若路径和文件名为“c:\tc\source.txt”，则应写成“c:\\tc\\source.txt”。如果打开文件成功，则返回一个指向source.txt文件信息区的起始地址的指针，并赋值给fp文件指针变量。亦即fp指向了文件source.txt；接下来对该文件进行的操作就可以通过fp指针来实现。如果文件打开失败，则返回一个空指针NULL，赋值给fp。

文件的打开模式主要包括“读”、“写”等，具体模式字符串如表9-1所示。

表9-1 文件打开模式字符串

模式字符串	意 义
"r"	以只读方式打开一个文本文件，只允许读数据
"w"	以只写方式打开或建立一个文本文件，只允许写数据
"a"	以追加方式打开一个文本文件，并在文件末尾写数据
"r+"	以读写方式打开一个文本文件，允许读和写
"w+"	以读写方式打开或建立一个文本文件，允许读和写
"a+"	以读写方式打开一个文本文件，允许读，或在文件末追加数据
"rb"	以只读方式打开一个二进制文件，只允许读数据
"wb"	以只写方式打开或建立一个二进制文件，只允许写数据
"ab"	以追加方式打开一个二进制文件，并在文件末尾写数据
"rb+"	以读写方式打开一个二进制文件，允许读和写
"wb+"	以读写方式打开或建立一个二进制文件，允许读和写
"ab+"	以读写方式打开一个二进制文件，允许读，或在文件末追加数据

关于打开文件操作的几点注意事项。

1）用“r”模式打开的文件，只能用于“读”操作，即只能将文件中的内容读到程序里操作，而不能把数据写到文件中，并且“r”模式只能打开一个已经存在的文件。

2）用“w”模式打开的文件，只能用于“写”操作，即只能把程序中的数据写到文件中，而不能从文件中读取数据。用该模式打开文件时，如果指定的文件不存在，则新建一个文件；如果文件存在，则将原来的文件删除，重新建立一个同名的空文件。

3）用“a”模式打开的文件，用于“追加”操作，“追加”操作也是一种“写”操作。当打开一个存在的文件，保留该文件原有的数据，在原文件的末尾添加新的数据。当打开的文件不存在，则建立该文件。

4）若在前面的打开模式字符串后再加上“b”，则表示对二进制文件进行操作，加上“+”表示既可以读操作，又可以写操作，而对待文件存在与否的不同处理仍按照“r”、“w”、“a”各自的规定。

5）如果在打开文件时发生错误，即打开失败，不论是以何种模式打开文件的，fopen函数都返回空指针NULL。文件打开可能出现的错误有以下几种情况。

① 以“读”模式（“r”模式）打开一个并不存在的文件。

② 打开一个程序无权访问的文件（与操作系统有关），如以“写”模式打开被设置为“只读”属性的文件。

③ 新建一个文件，而磁盘上没有足够的剩余空间或磁盘被写保护。

④ 用不正确的模式打开一个文件可能会破坏文件的内容。

为了避免因上述原因错误，造成文件打开出错，常用以下的方法来打开一个文件，以确保对文件的正常读写操作。

```
if((fp=fopen("source.txt", "r"))==NULL)
{ printf("This file could not be opened !\n");
  exit(0)                          //返回操作系统
}
else
{
  …                                //此处编写打开文件后，对文件操作的代码
}
```

上述代码是以“r”的模式打开当前目录中的 source.txt 文件，并把返回的指针赋值给变量 fp，若返回的是空指针 NULL（即打开操作失败），则提示文件不能打开，执行函数 exit(0)退出程序返回操作系统。文件打开成功，即 fp 不为空指针 NULL，才能对指针 fp 指向的文件进行操作。这样可以确保在对文件进行操作前，文件一定是成功打开的。

9.2.2　文件的关闭

对文件的操作完成后，应确保关闭程序中打开的文件，以避免文件的数据丢失。关闭文件指断开指针与文件之间的联系，也就禁止再对该文件进行操作。执行函数 fclose(fp)用来关闭由指针 fp 指定的文件，同时根据需要刷新缓冲区。更加规范的程序还要检查是否成功关闭了文件。如果文件成功关闭，fclose 函数将返回值 0；否则，返回 EOF。磁盘已满、磁盘被移走或者出现 I/O 错误等都会导致 fclose 函数执行失败。

文件关闭函数 fclose 的调用形式为：

```
fclose(文件指针变量);
```

9.3　文件的读写

9.3.1　文件读写函数概述

打开文件后都会得到指向操作文件的文件指针，程序中就可以通过使用文件指针来对文件进行各种读和写的操作。

在C语言中提供了多组文件读写的函数。

字符读写函数：fgetc 和 fputc。

字符串读写函数：fgets 和 fputs。

数据块读写函数：fread 和 fwrite。

格式化读写函数：fscanf 和 fprinf。

一般来说，对文本文件可按字符读写或按字符串读写，对二进制文件可按数据块的读写或格式化的读写。

使用 fopen 函数成功打开文件后，都会有属于该文件的一个文件读写位置指针。

应注意，文件指针和文件内部的读写位置指针是不同的。文件指针是指向整个文件的，在程序中定义，只要不重新赋值，文件指针的值是不变的。文件内部的位置指针用

于指示文件内部的当前读写位置，每读写一次，该指针均自动向后移动，它不需在程序中定义，是由系统自动设置的。

在对文件进行读写操作时，需要判断当前读写位置，如果文件读操作到文件最后，再进行读操作就会出错，为了避免出错，C 语言提供了下面的方式判断文件是否读完。

1）对于文本文件，由于它的结束标记是 EOF（即－1，在 stdio.h 中定义），因此，通常通过读取的字符是不是结束标志来判断文本文件是否读完。

2）对于二进制文件，由于没有 EOF 的结束标志，只能使用系统提供的 feof 函数来判断，其使用格式是：

```
feof(fp)
```

其中，fp 是文件指针变量，如果文件读取结束则返回非 0 值，没结束返回 0 值。所以读写控制通过下面的形式来控制。

```
while(!feof(fp))
{
  …    //此处写入读操作语句
}
```

3）文本文件也可使用 feof 函数按上面的形式来判断是否读取结束。

9.3.2 字符读写函数

（1）字符读函数 fgetc

函数 fgetc 的功能是从指定的文件中读一个字符，函数调用的一般形式为：

```
字符变量=fgetc(文件指针变量);
```

例如，

```
ch=fgetc(fp1);  //从 fp1 指向的文件中读取一个字符并送入变量 ch 中
```

说明：在 fgetc 函数调用中，读取的文件必须是以读或读写方式打开的，读取成功返回文件当前位置的一个字符；读错误时返回 EOF。

（2）字符写函数 fputc

函数 fputc 的功能是将一个字符写入到指定文件中，函数调用的一般形式为：

```
fputc（字符变量，文件指针变量）;
```

例如，

```
fputc(ch,fp2);              // 将字符变量 ch 中的字符写入到 fp2 所指的文件中
```

说明：fputc 函数也有返回值，若写操作成功，则返回向文件所写的字符；否则返回 EOF，表示写操作失败。

例 9-1 用依次读取字符的方式，将 source.txt 文件的内容复制到 destination.txt 文件中。

```
#include <process.h>          // exit( )函数的原型声明在该头文件中
#include <stdio.h>
```

```
void main()
{  FILE *fp1,*fp2;
   char ch;
   if((fp1=fopen("C:\\source.txt","r"))==NULL)
   {  //若以读方式打开源文件 source.txt 打开失败，结束程序
      printf("File could not be opened!\n");
      exit(0);
   }
   if((fp2=fopen("C:\\destination.txt","w"))==NULL)
   {  //若以写方式打开目标文件 destination.txt 打开失败，结束程序
      printf("File could not be opened!\n");
      exit(0);
   }
   while((ch=fgetc(fp1))!=EOF)    //从 fp1 读取一个字符，若 fp1 没有结束
      fputc(ch,fp2);              //将该字符写入 destination.txt
   fclose(fp1);
   fclose(fp2);                   //关闭文件
}
```

思考与讨论：

1）如果将程序的“while((ch=fgetc(fp1))!=EOF)”语句改为“while(!feof(fp1))”，使其程序与修改前等价，程序应如何修改？

2）本例采用字符读写函数，将 source.txt 文件中的内容一个字符一个字符地读取出来，然后一个字符一个字符地写入到 destination.txt 文件中，实现文件的复制功能。

注意： 文件位置指针，当文件以“r”、“w”模式打后，指向文件的开始位置，而以“a”模式打开文件后，指向文件的尾部。用 fgetc（fp1）从 fp1 所指向的文件中读取一个字符后，文件中的位置指针自动后移一个字符，下一次循环读取就是后一个字符了。同样，在用 fputc(ch,fp2)向 fp2 所指向的文件写时，每写一个字符，fp2 所指向的文件中的位置指针就自动向后移动一个字符，下一次字符就写在这次写入的字符之后。

9.3.3 字符串读写函数

（1）字符串读函数 fgets

函数 fgets 的功能是从指定的文件中读取一个字符串到程序中的字符数组，函数调用的一般形式为：

```
fgets(字符数组名,n ,文件指针);
```

其中，参数 n 是一个正整数，表示从文件中读出的字符串不超过 n－1 个字符。因为要在读入的最后一个字符后加上字符串结束标志'\0'。

说明：fgets 函数从文件中读取字符直到遇见回车符或 EOF 为止，或直到读入了所限定的字符数（至多 n－1 个字符）为止。函数读成功返回字符数组首地址；失败返回空指针 NULL。

（2）字符串写函数 fputs

函数 fputs 的功能是将一个字符串写入到指定文件中，函数调用的一般形式为：

```
fputs(字符串,文件指针)
```

其中，字符串可以是字符串常量，也可以是字符数组名，或字符指针变量。

例如，

```
char *ch="You  Are  Good!"
fputs(ch,fp2);                // 将字符指针 ch 指向的字符串写入到文件 fp2 中
```

说明：若函数调用 fputs 返回值为 EOF 时，表明写操作失败。

例 9-2 修改例 9-1 程序，用读取字符串的方式，将 source.txt 文件的内容复制到 destination.txt 文件中。

```
#include <stdio.h>
void main()
{  FILE *fp1,*fp2;
   char ch[80];
   if((fp1=fopen("C:\\source.txt","r"))==NULL)
   {  // 若以读方式打开源文件 source.txt 打开失败，结束程序
      printf("File could not be opened!\n");
      exit(0);
   }
   if((fp2=fopen("C:\\destination.txt","w"))==NULL)
   {  //若以写方式打开目标文件 destination.txt 打开失败，结束程序
      printf("File could not be opened!\n");
      exit(0);
   }
   while(!feof(fp1))                    // 若 fp1 没有结束
   {
       fgets(ch,81,fp1);                // 从 fp1 文件读取一个字符串
       fputs(ch,fp2);                   // 将该字符串写入文件 fp2
   }
   fclose(fp1);
   fclose(fp2);                         // 关闭文件
}
```

思考与讨论：

1）比较例 9-1 的程序，理解程序对文件操作的区别。本例采用字符串读写函数，将 source.txt 文件中的内容一个字符串一个字符串的读取出来，然后一个字符串一个字符串写入到 destination.txt 文件中，实现文件复制功能。

2）本例中的“fgets(ch,81,fp1);”语句一次最多从文件 fp1 读取 80 个字符。实际上，若文本文件一行少于 80 个字符，在遇到回车符时，回车符也作为一个字符存入数组 ch 中，并在后面加上字符串结束标志'\0'。如果文本文件一行多于 80 个字符，则读取前 80 个字符，在后面加上字符串结束标志'\0'，存入数组 ch 中，余下字符下一次再读入。

3）本例中采用“！feof(fp1)”作为循环控制表达式，若fp1文件还未到文件尾，feof(fp1)的值为0，则！feof(fp1)为非0，循环继续，直到读取文件fp1至末尾，结束文件复制。

9.3.4 格式读写函数

（1）格式化读函数fscanf

函数fscanf的功能是从指定的文件中按照一定的格式读取数据到程序中，fscanf函数与前面使用的scanf函数的功能相似，两者的不同在于fscanf函数读取对象不是键盘，而是磁盘文件。函数调用的一般形式为：

```
fscanf(文件指针,"格式字符串",输入列表);
```

其中，格式字符串和输入列表与scanf函数相似。

说明：函数的返回值若为EOF，表明格式化读错误；否则读数据成功。

（2）格式化写函数fprintf

函数fprintf的功能是把格式化的数据写到指定文件中，其中，格式化的规定与printf函数相同，所不同的只是fprintf函数是向文件中写入，而printf是向屏幕输出。函数调用的一般形式为：

```
fprintf(文件指针变量,"格式控制字符串",输出项列表);
```

其中，格式控制字符串和输出项列表和printf函数相似。

说明：函数的返回值为实际写入文件中的字符个数（字节数）；若写错误，则返回一个负数。

例 9-3 随机产生20个[10，99]之间的整数，以每行5个数据输出到文本文件c:\data.txt中，要求每个数据占5个宽度，并且数据之间用逗号分隔。然后将其读出按升序排序后，按同样格式追加写原文件在后，与原数据之间空出2行。

编程分析：采用模块化程序设计。将产生数据、将数据输出到文件、从文件中读取数据，排序和追加数据到文件分别写成GetData、PutDataToFile、GetDataFromFile、sort和AppendDataToFile函数。

```
#include <stdio.h>
#include <stdlib.h>//初始化随机种子数srand的原型声明stdlib.h中
#include<time.h>
void GetData(int a[],int n);                //产生数据函数的原型声明
void PutDataToFile(int a[],int n);          //输出数据函数的原型声明
void GetDataFromFile(int a[],int n);        //将数据输入到文件函数的原型声明
void sort(int a[],int n);
void AppendDataToFile(int a[],int n);       //追加数据到文件函数的原型声明
void OpenFile(char *file,char *pr);
FILE *fp;
void main()
{ int a[20],i;
  GetData(a,20);
  PutDataToFile(a,20);
  GetDataFormFile(a,20); //调用GetDataFromFile函数将数据读入到数组a中
```

```
  sort(a,20);             //调用 sort()函数将数组 a 的数据排序
  //调用 AppedDataToFile()函数将排序后的数组 a 的数据写入到文件中
  AppendDataToFile(a,20);
 }
void GetData(int a[],int n)
{
  int i;
  srand(time(NULL));                         // 初始化随机种子数
  for(i=0;i<n;i++)
      a[i]=(rand()%90)+10;                   // 产生[10, 99]的随机整数
}
void PutDataToFile(int a[],int n)
{
  int i;
  OpenFile("c:\\data.txt","w");
  for(i=0;i<n;i++)
  {
    if(i%5==0)
     fprintf(fp,"%5d",a[i]);                 //每 1 行的第 1 个数据前不用逗号
    else
     fprintf(fp,",%5d",a[i]);
    if((i+1)%5==0) fprintf(fp,"\n");
  }
  fclose(fp);
}

void GetDataFromFile(int a[],int n)          // 从文件读数据函数
{ int i;
  OpenFile("c:\\data.txt","r");              // 打开文件失败
  for(i=0;i<n;i++)
  { if(i%5==0)
       fscanf(fp,"%5d",&a[i]);               //每 1 行的第 1 个数据前不用逗号
    else
       fscanf(fp,", %5d",&a[i]);
  }
  fclose(fp);
}

void sort(int a[],int n)
{ int i,j,k,t;
  for(i=0;i<n-1;i++)
  {  k=i;
     for(j=i+1;j<n;j++)
     if(a[k]>a[j])k=j;
     t=a[i];  a[i]=a[k];   a[k]=t;
  }
}
void AppendDataToFile(int a[],int n)         // 追加数据函数
{ int i;
```

```
    OpenFile("c:\\data.txt","a");              // 打开文件
    fprintf(fp,"\n\n");                        // 输出2个空行
    for(i=0;i<n;i++)
    { if(i%5==0)
        fprintf(fp,"%5d",a[i]);               //每1行的第1个数据前不用逗号
      else
        fprintf(fp,",%5d",a[i]);
      if((i+1)%5==0) fprintf(fp,"\n");
    }
    fclose(fp);
  }
  void OpenFile(char *file,char *pr)
  {
     if((fp=fopen(file,pr))==NULL)            // 打开文件失败
     { printf("Cannot open file, strike any key to exit!");
       exit(0);                                // 退出程序
     }
  }
```

程序运行后，用记事本打开 c:\data.txt 文件，如图 9-2 所示。

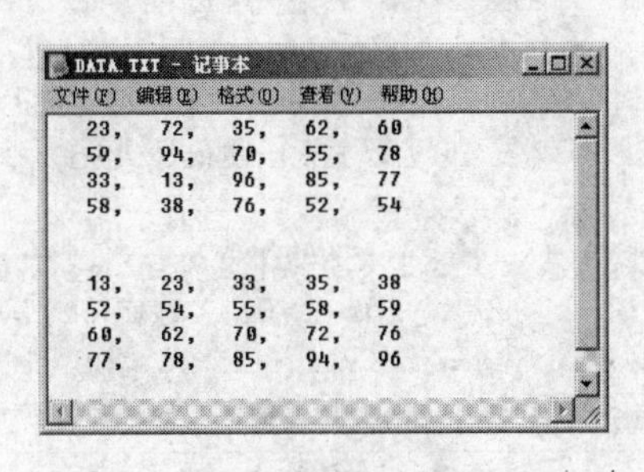

图 9-2 例 9-3 输出文件的内容

思考与讨论：

1）本例采用模块化程序设计，各功能使用相应的函数来实现，这样的主程序就非常简单清晰，方便阅读。

2）程序中有 3 处对文件的打开操作，能否将文件的操作以可读写的方式在 main 函数中打开，在各函数中进行读写。

例 9-4 从键盘输入 5 个学生的学号、姓名和成绩，将学生数据写入文件，然后再从文件中将这些信息读出显示在屏幕上。

```
  #include <stdio.h>
  #define STUNUM 5                               //代表学生人数
  #define COURSENUM 3                            //代表课程门数
  struct student
  {
     int sno;                                    //学号
     char sname[10];                             //学生姓名
     int score[COURSENUM];                       //每个学生的3门课成绩
  }stu1[STUNUM],stu2[STUNUM];
  void main()
  {
     FILE *fp;  int i,j;
     if((fp=fopen("c:\\stu.txt","w+"))==NULL)//打开文件既可以读也可以写
     {
        printf("File could not be opened!\n");
        exit(0);
     }
```

```
    printf("input data:\n");
    for(i=0;i<STUNUM;i++)     //从键盘输入学生数据
    {
      scanf("%d",&stu1[i].sno);
      scanf("%s ",stu1[i].sname);
      for(j=0;j<COURSENUM;j++)
         scanf("%d",&stu1[i].score[j]);
    }
    for(i=0;i<STUNUM;i++)     //学生数据写入文件中
    {
      fprintf(fp,"%d,",stu1[i].sno);
      fprintf(fp,"%s,",stu1[i].sname);
      for(j=0;j<COURSENUM;j++)
      fprintf(fp,"%d,",stu1[i].score[j]);
    }
    rewind(fp);                           //文件的位置指针移动到文件开始处
    for(i=0;i<STUNUM;i++)                 //将文件中学生数据读入程序中
    {
      fscanf(fp,"%d,",&stu2[i].sno);
      fscanf(fp,"%s,",stu2[i].sname);
      for(j=0;j<COURSENUM;j++)
      fscanf(fp,"%d,",&stu2[i].score[j]);
    }
    printf("\nsno\t\tsname\t\tscores\n");
    for(i=0;i<STUNUM;i++)                 //将读出的学生数据显示在屏幕上
    {
      printf("%d\t",stu2[i].sno);
      printf("%s\t",stu2[i].sname);
      for(j=0;j<COURSENUM;j++)
         printf("%d\t",stu2[i].score[j]);
         printf("\n");
    }
    fclose(fp);
}
```

思考与讨论：

1）本例中以“w+”方式打开文件，既可写也可读操作，如果改用“r+”方式，同样是可读可写操作，程序可以吗？

本例中的“for(j=0;j<COURSENUM;j++)fscanf(fp,"%d,",&stu2[i].score[j]);”语句采用循环将一个学生的 3 门课成绩从文件 fp 中以整型数的形式读取出来，并保存在 student 结构体类型变量 stu2 的 score 成员数组中。

2）本例中的“fprintf(fp,"%s\n",stu1[i].sname);”语句将一个学生结构体变量的学生姓名成员以字符串格式写入到文件 fp 中。

9.3.5 数据块读写函数

（1）读取数据块函数 fread

函数 fread 的功能是从指定文件中读取若干个数据块到程序中，函数调用的一般形式为：

```
    fread(buffer, size, count, fp);
```

其中，参数 buffer 是一个指针，表示存放输入数据的内存存储地址；参数 size 表示一个数据块的字节数；参数 count 表示要读写的数据块块数。

（2）写数据块函数 fwrite

函数 fwrite 的功能是将若干个数据块写入到指定的文件中，函数调用的一般形式为：

```
    fwrite(buffer, size, count, fp);
```

其中，参数 buffer 是一个指针，表示存放输出数据的内存存储地址；参数 size 表示一个数据块的字节数；参数 count 表示要读写的数据块块数。

例 9-5 改写例 9-4，使用数据块读写函数从键盘输入 5 个学生的学号、姓名和成绩，将学生数据写入文件，然后再从文件中将这些信息读出显示在屏幕上。

```
#include <stdio.h>
#define STUNUM 5                                      //代表学生人数
#define COURSENUM 3                                   //代表课程门数
struct student
{
  int sno;                                            //学号
  char sname[10];                                     //学生姓名
  int score[COURSENUM];                               //每个学生的3门课成绩
}stu1[STUNUM],stu2[STUNUM];

void main()
{
  FILE *fp;  int i,j;
  //二进制模式打开文件读和写
  if((fp=fopen("c:\\stu.dat","wb+"))==NULL)
  {
     printf("File could not be opened!\n");
     exit(0);
  }
  printf("input data:\n");
  for(i=0;i<STUNUM;i++)                          //从键盘输入学生数据
  {
     scanf("%d,",&stu1[i].sno);
     scanf("%s ",stu1[i].sname);
     for(j=0;j<COURSENUM;j++)
     scanf("%d,",&stu1[i].score[j]);
  }
  fwrite(stu1,sizeof(struct student), STUNUM,fp);//学生数据写入文件中
  rewind(fp);                               //文件的位置指针移动到文件开始处
  //将文件中数据读入程序中
  fread(stu2,sizeof(struct student), STUNUM,fp);
  printf("\nsno\t\tsname\t\tscores \n");
  for(i=0;i<STUNUM;i++)                     //将读出的学生数据显示在屏幕上
  {
```

```
        printf("%d\t",stu2[i].sno);
        printf("%s\t",stu2[i].sname);
        for(j=0;j<COURSENUM;j++)
            printf("%d\t",stu2[i].score[j]);
        printf("\n");
    }
    fclose(fp);
}
```

思考与讨论：

1）本例中的数据是以二进制形式写入文件的，注意文件的打开模式。

2）本例中文件读写时，使用了 C 语言提供的对整块数据进行读写的函数。这对函数可用来读写一组数据，如一个数组，一个结构变量的值等。它们常用于对二进制文件进行读写操作。另外，本例还使用了 rewind 函数，具体将在 9.3.6 节中介绍。

9.3.6 随机读写文件

为了正确地对文件进行读写操作，在一个文件被打开后，系统就为该文件设置一个文件读写指针，用于指示当前读写的位置。可以移动文件内部的位置指针到需要读写的位置，再进行读写，这种读写方式称为随机读写。随机读写最常用于二进制文件。实现随机读写的关键是按要求移动位置指针，这称为文件的定位。

C 语言有关文件随机读写的函数主要有以下 3 个。

（1）fseek 函数

fseek 函数允许您将文件的读写位置指针设置到特定的位置，一般用于对二进制文件进行操作。函数返回 0 时表明操作成功；返回非 0 表示失败。

```
int fseek(FILE *stream, long offset, int fromwhere);
```

第 1 个参数 stream 是用 fopen 打开时返回的文件指针。

第 2 个参数 offset 是位移量，表示从起始点开始要移动的距离，这个参数必须是 long 类型的量，可以为正（后移）、负（前移），也可以为零（保持不动）。

第 3 个参数 fromwhere 是位移的起始点，它的取值如下。

1）SEEK_SET：（即数值 0）表示文件开头。

2）SEEK_CUR：（即数值 1）表示文件位置指针的当前位置。

3）SEEK_END：（即数值 2）表示文件末尾。

例如，

```
fseek(fp,100L,0);        //将位置指针移到离文件头后 100 个字节处
fseek(fp,50L,1);         //将位置指针移到离当前位置后 50 个字节处
fseek(fp,-10L,2);        //将位置指针移到离文件末尾处向前退 10 个字节处
```

如例 9-6 中的“fseek(fp,1L*sizeof(struct student), SEEK_SET);”语句表示将文件内部的位置指针向后移动若干字节，字节数等于一个 student 类型变量的长度，即移动到第一个学生数据之后。

（2）ftell 函数

ftell( )函数返回文件内部位置指针的当前值，这个值是指从文件头开始到文件内部位置指针的字节数，返回值为长整型数。若函数返回－1 时，表明出现错误。

```
long ftell(FILE *stream);
```

（3）rewind 函数

rewind 函数用于将文件内部的读写位置指针移动到文件的开始处，成功时返回 0；否则，返回非 0 值。

```
int rewind(FILE *stream);
```

如例 9-5 中打开文件后用于读和写，“fwrite(stu1,sizeof(struct student),STUNUM,fp);”语句将学生数据写入文件后，文件的内部位置指针在文件的结尾处。然后使用“rewind(fp);”语句将文件的位置指针移动到文件开始处，这样在用“fread(stu2,sizeof(struct student),STUNUM,fp);”语句将文件中数据读入程序时，读取的才是先前写入的数据。

例 9-6　从例 9-5 所建立的文件 c:\stu.dat 中读取第 2 个学生的所有信息并显示在屏幕上。

```
#include <stdio.h>
#define STUNUM 5                                    //代表学生人数
#define COURSENUM 3                                 //代表课程门数
struct student
{
  int sno;                                          //学号
  char sname[10];                                   //学生姓名
  int score[COURSENUM];                             //每个学生的 3 门课成绩
}stu;

void main()
{
   FILE *fp;  int i;
   //打开文件，以二进制方式读
   if((fp=fopen("c:\\stu.dat","rb"))==NULL)
   {
       printf("File could not be opened!\n");
       exit(0);
   }
   // 文件位置指针移动到第 1 个学生数据之后
   fseek(fp,1L*sizeof(struct student),SEEK_SET);
   //将文件中该学生数据读入变量中
   fread(&stu,sizeof(struct student),1,fp);
   //将读出的学生数据显示在屏幕上
   printf("\nsno\t\tsname\t\tscores \n");
   printf("%d\t",stu.sno);
   printf("%s\t",stu.sname);
   for(i=0;i<COURSENUM;i++)
     printf("%d\t",stu.score[i]);
```

```
    printf("\n")
    fclose(fp);
  }
```

本例程序中读取的数据是从例9-4程序创建的文件中来的，因此定义了一个student结构体类型的变量stu用来存放读取出的第二个学生的信息。打开文件时，文件内部位置指针在文件开头，使用fseek函数移动文件位置指针到第1个学生的数据之后，然后用fread函数直接读取第2个学生信息数据块到stu变量中，然后显示到屏幕上。

9.4 应用举例

9.4.1 文件的加密和解密

例9-7 设计一个对指定文件进行加密和解密的程序，密码和文件名由用户输入。

加密方法：以二进制打开文件，将密码中每个字符的ASCII码值与文件的每个字节进行异或运算，然后写回原文件原位置即可。这种加密方法是可逆的，即对明文进行加密得到密文，用相同的密码对密文进行解密就得到明文。此方法适合各种类型的文件加密解密。

编程分析：由于涉及文件的读和写，采用逐个字节从原文件中读出，加密后写入一个新建的临时文件，最后，删除原文件，把临时文件改名为原文件名，完成操作。程序代码如下。

```
#include <stdio.h>
#include <string.h>
char encrypt(char f, char c)     //字符加密函数
{ return f ^ c;          //返回两字符ASCII码按位做异或运算的结果
}
void main()
{ FILE *fp, *fp1;
  char fn[40], *p=fn, ps[10], *s=ps;
  char ch;
  char *tm= "C:\\temp.tmp";       // 临时文件名
  printf("Input the path and filename:");
  gets(p);                        // 输入文件名
  *tm=*p;                         // 确保临时文件和要加密的文件在同一盘内
  // 判断文件是否能打开，临时文件是否能建立
  if((fp=fopen(p, "rb"))==NULL || (fp1=fopen(tm, "wb"))==NULL)
  {  printf("Cannot open file strike any key exit!");
     exit(0);                     // 退出
  }
  printf("Input the password:");
  gets(s);                        // 输入密码
  ch=fgetc(fp);
  while(!feof(fp))                // 当原文件没读完时
```

```
  { s=ps;                              // 从密码的第一个字符开始处理
    while(*s!= '\0')
      ch=encrypt(ch, *s++);            // 调用函数加密，让 s 指向下一个密码字符
    fputc(ch, fp1);                    // 把加密后的字节写入临时文件
    ch=fgetc(fp);                      // 读入一个字节
  }
  fclose(fp);
  fclose(fp1);
  remove(p);                           // 删除原文件
  rename(tm, p);                       // 把临时文件改名为原文件名
}
```

思考与讨论：

1）如果程序输入的加密文件没有指明盘符，程序运行情况会怎样？

2）语句“*tm=*p;”的含义是什么？要能确保临时文件和要加密的文件在同一盘内，这对输入文件有什么要求？

3）如果不借助临时文件，对加密文件采用直接的读写方式来实现，如何修改上面的程序？

4）程序中用到的库函数 remove、rename，请查阅附录 C 中的函数介绍。

9.4.2 文件的拆分与连接

例 9-8 将文件 file1.txt 的内容从中间分成两个部分，前一部分保留在 file1.txt，后一部分输出到 file2.txt 保存。

编程分析：先求文件的长度，通过其循环控制将 file1.txt 文件的前一半内容写入到一个临时文件中，后一半内容写入到 file2.txt 文件中；然后将原 file1.txt 文件删除；最后将临时文件更名为 file1.txt。程序代码如下。

```
#include <stdio.h>
void main()
{ FILE *fp1,*fp2,*fp_temp;
  long len; int i;
  if((fp1=fopen("C:\\file1.txt","r"))==NULL)
  {                                     //打开文件 file1.txt 读取
     printf("File could not be opened!\n");
     exit(0);                           //若打开失败，结束程序
  }
  fseek(fp1,0L,SEEK_END);               //移动 file1 文件位置指针到文件尾
  len=ftell(fp1);                       //求 file1 文件尾到文件头的字节数
  if((fp2=fopen("C:\\file2.txt","w"))==NULL)
  {                                     //打开文件 file2.txt 写入
     printf("File could not be opened!\n");
     exit(0);                           //若打开失败，结束程序
  }
  if((fp_temp=fopen("C:\\temp.txt","w"))==NULL)
  {                                     //打开临时文件 temp.txt 写入
     printf("File could not be opened!\n");
```

```
        exit(0);                               //若打开失败，结束程序
    }
    rewind(fp1);                               //file1 文件位置指针移到文件头
    for(i=1;i<=len/2;i++)                   //file1 的前一半内容写入临时文件 temp
        fputc(fgetc(fp1),fp_temp);
    for(;i<=len;i++)                           //file1 的后一半内容写入 file2
        fputc(fgetc(fp1),fp2);
    fclose(fp1);                               //关闭文件
    fclose(fp2);                               //关闭文件
    fclose(fp_temp);                           //关闭文件
    remove("c:\\file1.txt");                   //删除 file1 文件
    //重命名文件 temp 为文件 file1
    rename("c:\\temp.txt","c:\\file1.txt");
}
```

思考与讨论：

1）此程序不做任何修改，能否适合对其他类型文件进行拆分？

2）如果将 fclose(fp1)和 fclose(fp_temp)语句放到程序的最后，程序执行情况会怎样？

例 9-9 将 C 盘根目录下的文件 file2.txt 的内容连接在 file1.txt 后面。

```
#include <stdio.h>
void main()
{
    FILE *fp1,*fp2;
    char ch;
    if((fp1=fopen("C:\\file1.txt","a"))==NULL)
    {                                          //打开一个文件 file1.txt 追加
        printf("File could not be opened!\n");
        exit(0);                               //若打开失败，结束程序
    }
    if((fp2=fopen("C:\\file2.txt","r"))==NULL)
    {                                          //打开一个文件 file2.txt 只读
        printf("File could not be opened!\n");
        exit(0);                               //若打开失败，结束程序
    }
    while(!feof(fp2))                          //当 fp2 文件没有结束
    {
        ch=fgetc(fp2);                         //读取一个字符
        fputc(ch,fp1);                         //写一个字符
    }
    fclose(fp1); fclose(fp2);                  //关闭文件
}
```

本例中需要同时打开两个文件，以读的方式打开文件 file2.txt，以追加的方式打开文件 file1.txt，分别用 fp1 和 fp2 指向它们，当 fp2 指向的 file2.txt 文件没有结束时，从中逐个读出字符，追加到 fp1 指向的 file1.txt 文件尾部。

小 结

本章主要讨论C语言中缓冲文件系统及其对文件读写的操作方法。包括文件指针的概念和定义，文本文件和二进制文件的区别，以及文件的打开和关闭；文件的字符、字符串、格式化、数据块输入/输出函数；文件的随机读写函数等。

在程序中使用文件，一般按照以下步骤。

1）声明一个FILE *类型的文件指针变量，FILE类型是由标准I/O库定义的，该结构中存储了系统管理该文件处理活动时所需要的信息。

2）通过调用fopen函数将文件指针变量和某一个实际的磁盘文件相联系。这一操作称为打开文件。打开一个文件时要求指定文件名，并且说明对该文件的打开方式，文件可按只读、只写、读写、追加4种操作方式打开。同时还必须指定文件的类型是二进制文件还是文本文件。当文件被正确打开后，可取得该文件的文件指针。

3）调用适当的文件操作函数完成必要的I/O操作。对输入文件来说，这些函数从文件中将数据读取到程序中；对输出文件来说，函数将程序中的数据转移到文件中去。文件可按字节、字符串、数据块为单位读写，也可按指定的格式进行读写。文件内部位置指针可指示当前的读写位置，移动该位置指针可以对文件实现随机读写。

4）通过调用fclose函数关闭所打开的文件，它断开了文件指针与实际文件之间的联系，同时根据需要刷新文件缓冲区。

习 题

一、填空题

1．C语言把文件看作是一个字符（字节）序列，即字符流，根据数据的组织形式，可分为__________和__________。

2．使用fopen（"a"，"r+"）打开文件时，若a文件不存在，则________________。

3．使用fopen（"a"，"w+"）打开文件时，若a文件已存在，则________________。

4．fputc (ch，fp)用于____________，fgets (s，n，fp)用于____________。

5．在使用完一个文件后应该关闭它，函数fclose（文件指针）用于关闭文件，如果顺利执行了关闭操作，函数则返回____________。

6．如果有一个如下的结构体类型：

```
struct student_type
{
    char name[10];
    int num;
    int age;
    char addr[30];
}stud[30];
```

每一个元素存放一个学生的数据（包括姓名、学号、年龄、地址），假设学生的数据已存放在磁盘文件中，fp 为文件指针，用 for 语句和 fread 函数读入 30 个学生的数据如何实现＿＿＿＿＿＿＿＿＿＿＿＿＿＿＿＿＿＿＿＿。

7．用 fseek 函数可以实现改变文件的位置指针，现要将位置指针移到离文件头 30 个字节处，fp 为文件指针，调用函数应写为＿＿＿＿＿＿＿＿＿＿＿＿＿。

8．ftell 函数的作用是得到文件当前位置，用相对于文件开头的位移量来表示。如果调用 ftell 函数出错，则函数返回＿＿＿＿＿＿＿。

二、选择题

1．若以“a+”模式打开一个已经存在的文件，则叙述正确的是（　　）。

A．文件打开时，原文件内容不被删除，文件内部位置指针移动到文件结尾，可以进行追加和读取操作

B．文件打开时，原文件内容被删除，文件内部位置指针移动到文件结尾，可以进行追加操作

C．文件打开时，原文件内容不被删除，文件内部位置指针移动到文件开始位置，可以进行追加和读取操作

D．文件打开时，原文件内容被删除，文件内部位置指针移动到文件开头，可以进行追加操作

2．要在 C 盘根目录下新建一个 MyFile.txt 文件用于输出，正确的语句是（　　）。

A．FILE *fp;fp=fopen("C:\MyFile.txt"，"r")

B．FILE *fp;fp=fopen("C:\\MyFile.txt"，"w")

C．FILE *fp=fopen("C:\MyFile.txt"，"w")

D．FILE *fp=fopen("C:\\MyFile.txt"，"r")

3．使用 fgets 函数从指定的文件中读入一个字符串，该文件的打开模式必须是（　　）。

A．只写　　　　B．追加

C．读或者读写　　　　D．B 和 C 都正确

4．可以将 fp 所指文件中的内容全部读出的是（　　）。

A．ch=fgetc(fp)

B．while(feof(fp)) ch=fgetc(fp); while(ch==EOF) ch=fgetc(fp)

C．while(ch!=EOF) ch=fgetc(fp)

D．while(!feof(fp)) ch=fgetc(fp)

5．语句“fseek(fp,-50L,2);”的功能是（　　）。

A．将文件位置指针移动到距文件起始位置 50 字节处

B．将文件位置指针从当前位置向后移动 50 字节

C．将文件位置指针从文件结尾处向前移动 50 字节

D．将文件位置指针向后移动到距当前位置 50 字节处

6．在 C 语言中，库函数 fprintf 是按指定的格式将数据写入文件，如果执行成功，

函数返回的是（　　）。

A．0　　B．1

C．返回实际写入个数　　D．返回结束符

7．库函数 fscanf 函数是按指定的格式将数据从指定的文件中读出，如果赋值失败，则返回（　　）。

A．0　　B．1

C．－1　　D．eof

8．数据块读写函数 fwrite，其调用格式 fwrite (sam, sizeof (sam), 2, fp)中，2 指的是（　　）。

A．指向数组的指针　　B．每个数据项的字节数

C．数据项的个数　　D．文件指针

三、程序阅读题

1．写出程序运行后 data.txt 文件中的结果。

```
#include <stdio.h>
void main()
{ FILE *fp;
  int x[10],i=9,sum=0;
  for(;i>=0;i--)
      x[i]=i-5;
  i++;
  fp=fopen("C:\\data.txt","w");
  while(x[i]!=-1)
  { sum+=x[i];
    fprintf(fp,"%d, ",x[i]);
    i++;
  }
  fprintf(fp,"total=%d\n",sum);
  fclose(fp);
}
```

2．写出程序运行后的输出结果。

```
#include <stdio.h>
void main()
{   FILE *fp;
    int i,n;
    if((fp=fopen("ttt","w"))==NULL)
    {   printf("can not open file ttt");
        exit(0);
    }
    for(i=1;i<=10;i++)
        fprintf(fp,"%3d",i);
        fclose(fp);
        fp=fopen("ttt","r");
```

```
    for(i=0;i<10;i++)
    {
        fseek(fp,i*3,SEEK_SET);
        fscanf(fp,"%d",&n);
        printf("%3d\n",n);
    }
    fclose(fp);
}
```

四、程序填空题

1．下面的程序，从键盘输入字符，并存放到文件 c:\data.txt 中，以%结束输入。

```
#include <stdio.h>
void main()
{ FILE *fp;
  char ch;
  if(________________________==NULL )
  {
    printf("Cannot open file strike any key exit!");
    exit(0);
  }
  printf("Please Enter:\n");
  while(_______________!='%')
     ____________________;
  fclose(fp);
}
```

2．下面的程序从键盘输入 5 名学生的姓名、学号、年龄和家庭住址并保存到磁盘文件 c:\data.dat 中。

```
#include <stdio.h>
#define NUM 5
struct student
{
  char name[10];
  int sno;
  int age;
  char address[30];
}stu[NUM];

void main()
{ FILE *fp;
  char ch;
  int i;
  for(i=0;i<NUM;i++)
     scanf("%s,%d,%d,%s", ________________________________);
  if((fp=fopen("c:\\data.dat", _______ ))==NULL )
  {// 判断文件是否打开
    printf("Cannot open file strike any key exit!");
```

```
    exit(0);// 退出程序
  }
  for(i=0;i<NUM;i++)
  fwrite(_________________) ;
  fclose(fp);
}
```

3．下面的程序是将一个名为 file1 的文件拷贝到 file2 中，请选择正确的答案填入程序的空白处。

```
#include<stdio.h>
#include<stdlib.h>
void main()
{
    char c;
    FILE *p1,*p2;
    p1=fopen("file1", "________");
    p2=fopen("file2", "________");
    c=fgetc(p1);
    while(c!=EOF)
    {
      fputc(c,p2);
      c=fgetc(p1);
    }
    fclose(p1);
    fclose(p2);
}
```

五、编程题

1．将文件 C:\Mydir\String.txt 中所有的大写字母变成小写字母，小写字母变成大写字母，其余字符保持不变。

2．从键盘输入一个文件名，编写一个函数求出该文件中特定字符出现的次数。函数原型为：int search(FILE *fp,char ch);，其中 fp 为文件指针，ch 为寻找的字符。

3．已知 C:\Mydir 中文件 source.dat 存放有一组整数，从键盘输入一个整数 x，要求将 source.dat 中能被 x 整除的整数写入到文件 destination.dat 中。

4．现有 5 个学生，每个学生有 3 门课成绩，从键盘输入这些学生的信息，并保存在文件 stu.dat 中，然后再从该文件中读出学生信息，求出每一门课的平均成绩，并将它们按格式写入文件 result.dat 中。

学生信息的记录结构为：

```
char name[20]
int Chinese
int Computer
int Math
```

5．编写一个程序，要求读入一个文件，输出文件中文本的行数以及字符数。

第10章 C++程序设计初步

学习要求

➢ 理解面向对象程序设计的概念
➢ 了解C++程序特点
➢ 掌握C++语言的数据输入/输出
➢ 理解类和对象的概念，掌握构造函数和析构函数的作用
➢ 理解继承与派生等面向对象基本概念

C++语言是C语言的扩充，C++不仅有与C相同的底层控制能力，而且由于C++采用了面向对象的机制，使得C++在处理比较复杂、程序规模比较大的问题时更加具有优势。C++与C完全兼容，也就是说，C源程序可以嵌入在C++源程序中，C++既可以用于面向过程、结构化程序设计，就像C语言程序那样，也可以用于面向对象的程序设计。因此，C++是一个性能十分强大的混合型程序设计语言。

本章仅介绍C++语言最基本的内容，为读者进一步学习C++语言打下基础。读者有C语言的编程基础和本章知识，完全可以通过自学深入掌握C++语言的编程。

10.1 面向对象的概念

C语言和C++的最大的不同在于程序设计的机制不同。传统的C语言程序是面向过程来进行程序设计的，它关注的是程序需要哪些过程来进行处理，如何实现这些功能，一般用函数来实现某一功能，而程序所需要的数据有可能是公用的，也就是一个函数可以使用任意一组数据，而一组数据又可能被多个函数使用。这样，整个程序的数据与功能是分离的，程序设计者必须考虑到非常多的细节，以应对各种可能出现的情况。对于复杂的程序，这种方法往往使程序设计者顾此失彼、难以应付，总会出现考虑不到的纰漏。

当然在C语言中也部分考虑到了这种情况，C语言中的struct（结构体）就是数据的凝聚，它将数据捆绑在一起，使我们可以将这部分数据看成一个整体。然而这样做仅仅是为了编程方便，因为在面向过程的程序设计中，对这些数据进行操作的函数可以在其他位置。然而在C++中将函数也放到这个整体当中，结构变成了新的一个概念，它既能独立的描述属性（就像struct），又能描述行为（函数实现的功能），这就是对象的概念。

对象是将数据连同函数捆绑在一起创建出的新数据，这种捆绑我们称之为封装。在C++中，创建出的新数据类型称为类，对象就是这种新类型的变量，它代表一块存储空

间，也就是说，对象在 C++中的唯一标识就是那个唯一的地址。在这块空间中存放着数据，并且还隐含着对这些数据进行处理的操作功能。有了对象这种用户自定义的类型，我们在程序设计时所要考虑的就变成了需要哪些类型，为每个类型提供完整的一组操作，这就是面向对象的程序设计方法。

这里我们通过一个问题的两种分析来理解面向过程程序设计与面向对象程序设计：在一场篮球比赛中，有专门人员做技术统计，记录每个球员的得分数、篮板数、抢断数、助攻数、命中率等。如果用 C 语言程序来处理，我们要让 main( )函数来调用一个函数获得输入数据，让另一个函数进行计算（比如命中率等），再调用一个函数来显示数据。如果获得下一场比赛的数据后，不想从头开始操作，那么还要添加一个函数来进行数据的更新。因此，要在 main( )中提供一个菜单，选择是输入、计算、显示，还是更新操作。数据表示则可以用一个字符串数组来存储球员姓名，用另一个数组来存储每个球员的得分数，再用一个数组来存储篮板数等数据，或者用一个结构体数组来存放整个球队的数据。总的来说，我们首先考虑要遵循的操作步骤，然后再考虑如何表示这些数据。这种方法是面向过程程序设计的方法。

如果换成是面向对象的方法来分析这个问题，我们首先要考虑的是数据，不仅仅要考虑怎么表示这些数据，还要考虑如何来操作这些数据。我们要跟踪的是球员，因此要有一个对象来表示一个球员的各个方面数据。这个对象包括一个基本数据单元来表示球员的姓名以及他的各项统计数据。我们还需要一些处理这个对象的方法（操作）。一种添加基本信息的方法，一种对某些数据进行计算的方法，还要一些显示和更新数据的方法等。总的来说，我们首先从用户的角度考虑对象，描述对象所需的数据以及用户与数据交互所需的操作，完成对这些描述后，需要确定如何实现数据接口和数据存储，也就是对象的定义。这种方法就是面向对象程序设计的方法。

面向对象程序设计的重要特性有如下几类。

1）抽象。

2）封装和数据隐藏。

3）多态。

4）继承。

5）可重用的代码。

对象是一个客观存在的事物，由于事物充满复杂性，要在程序中表现出来必须要进行简化和抽象，将事物的本质抽象出来，并根据特征来进行描述。换句话说，抽象是我们建立用户自定义类型的前提。

封装已经介绍过，是指我们在创建用户自定义类型时将数据与对数据的操作捆绑在一起，创建出新的类。数据隐藏也是一种封装，将实现功能的细节隐藏在类的私有部分中，这点以及其他的几个特点我们将在后续的内容中进行介绍。

10.2　C++的输入与输出

在 C 语言中，我们已经介绍了一些标准 C 的输入/输出函数，C 语言程序都是利用这些标准库函数（printf( )函数与 scanf( )函数）来实现输入和输出的。在 C++中除了可以使用 C 的方法之外，还可以使用较为高级的语言特性，包括类、派生类、函数重载、虚函数、模板和多重继承等进行输入和输出。本节主要介绍 C++中的基本输入/输出，即使用输入/输出类来进行输入/输出操作。

C++标准库中的 iostream 库为实现程序的输入和输出提供了 istream 类与 ostream 类。它们能处理内部数据类型的字符序列表示，它们也很容易扩充，以便去应付各种用户定义类型。为了声明 iostream 类中的函数和外部数据，要使用下面语句包含头文件。

```
#include <iostream.h>
```

10.2.1 使用 cout 进行输出

若程序中包含 iostream.h 头文件，则编译器将自动创建 cout 对象，它与标准输出流相对应。使用 cout 进行输出还需要<<运算符，它不是位运算符，而是被重新定义后，用来完成从标准类型到输出类型的转换。这个运算符在 C++中称为插入或者输出操作符。

例 10-1 使用输出操作符来显示最简单的消息。

```
#include <iostream.h>
void main()
{  cout<<"************\n";
   cout<<"hello C++\n";
   cout<<"************\n";
}
```

程序运行结果如下。

```
**************
hello C++
**************
```

例 10-2 上面的程序使用 cout 对象在屏幕显示字符串，本例将使用 cout 对象显示字符串和数值。

```
#include <iostream.h>
void main()
{ cout<<"display int and float\n";
  cout<<300;
  cout<<"\n";
  cout<<3.14;
}
```

程序运行结果如下。

```
display int and float
300
3.14
```

我们还可以将上例中分开的几个输出语句进行合并，改为：

```
#include <iostream.h>
void main()
```

```
{  cout<<" display int and float\n"<<100<<endl<<3.14;
}
```

输出结果与上例完全相同。这里使用 endl，它的作用与\n 相同，表示结束一行输出。

通过上面几个简单的例子，我们可以看到在 C++中使用 cout 和<<运算符进行输出比我们在 C 语言中的 printf( )函数更加的方便，因为我们不需要去考虑输出内容的数据类型，这步操作由系统自动完成。当然，如果你习惯使用 printf( )函数，在 C++中你仍然可以继续使用。

如果你需要在输出时指定一定的格式，就像 printf( )那样，我们当然也使用可以在 cout 输出时指定。我们可以使用 setw 操作符（需要包含头文件 iomanip.h）来指定输出的宽度。

例 10-3　本例使用 setw 来选择不同的输出宽度。

```
#include <iostream.h>
#include <iomanip.h>
void main()
{  cout<<setw(1)<<1<<'\n'<<setw(2)<<2<<'\n'<<setw(3)<<3;
}
```

程序运行结果如下。

```
1
 2
  3
```

当然使用 cout 输出还有很多的格式控制方法，这里就不一一介绍了。

10.2.2　使用 cin 进行输入

若程序中包含 iostream.h 头文件，编译器除了自动创建 cout 对象，也自动创建了 cin 对象，它与标准输入流相对应。使用 cin 进行输出还需要>>运算符，它也不是位运算符，而是被重载后，用来完成从输入类型到标准类型的转换。这个运算符在这里称为抽取或者输入操作符。

例 10-4　本例使用 cin 对象得到不同类型的数据。

```
#include <iostream.h>
void main()
{
    int age;
    float salary;
    char name[20];
    cout<<"Enter your name, age and salary:"<<endl;
    cin>>name>>age>>salary;
    cout<<name<<age<<salary;
}
```

程序运行结果如下。

```
Enter your name,age and salary:
```

```
Sym 28 1200<回车>
Sym281200
```

通过这个例子，我们可以看到使用 cin 和>>运算符进行输入比我们在 C 语言中的 scanf( )函数更加的方便，因为我们不需要给出数据存放的地址，而只需要告诉系统数据存放的变量或数组，系统自动将用户的输入分别赋值给相应的变量或数组，从而避免了使用 scanf( )时最容易出错的问题。当然，你仍然可以在 C++中继续使用 scanf( )函数。

本节我们简单介绍了使用 cin 和 cout 对象以及相应的操作符进行输入/输出，关于输入/输出中的其他一些格式控制，我们不作详述，有需要可以查阅相关书籍资料。由上面的介绍，我们看到 C++中的输入/输出比 C 语言的输入/输出更加简单方便，不易出错。

个特点我们将在后续的内容中进行介绍。

10.3 函数重载

在使用 cout 和 cin 进行输入/输出时，用到了<<和>>运算符，这两个运算符在 C 语言的内容中我们已经介绍了是位运算符，而在进行输入/输出时它们的作用已经不是位操作了。也就是说，在不同的地方，同样的操作符可以实现不同的功能，这叫做运算符的重载。

除了操作符可以重载之外，函数也可以进行重载。我们知道在 C 语言程序中是不允许在同一个作用域中使用相同的函数名，即便它们实现的是类似的操作。例如，同样是取绝对值函数，abs 和 fabs 分别对应整型和实型数据。我们必须设计多个不同名称的函数来实现相同的功能，给我们带来了不便。

但是在 C++中允许多个函数具有相同函数名，在编译过程中，编译器根据传递给函数的参数类型和个数决定哪一个函数被调用。

例 10-5 本例创建了名字都叫 sum 的两个函数，函数用于返回数组各元素的和，第 1 个函数支持浮点数组，第 2 个函数支持整型数组。

```
#include <iostream.h>
float sum(float *array, int count)
{
    float result=0;
    int i;
    for(i=0;i<count;i++)    result+=array[i];
    return result;
}
int sum(int *array, int count)
{
    int result=0;
    int i;
    for(i=0;i<count;i++)    result+=array[i];
    return result;
}
void main()
{
    int a[5]={1,2,3,4,5};
```

```
    float b[5]={1.1,2.2,3.3,4.4,5.5};
    cout<<"sum of float array:"<<sum(b,5)<<endl;
    cout<<"sum of int array:"<<sum(a,5)<<endl;
}
```

程序运行结果如下。

```
sum of float array:16.5
sum of int array:15
```

main( )函数两次调用 sum( )函数，每次调用时的实参类型不同，则编译器根据实参的类型找到类型匹配的函数进行调用。

注意： C++允许重载函数，在程序中可以创建两个以上的同名函数，但是必须让编译器能区分这些重载函数，这些函数的形式参数类型或者参数个数（这两个称为函数特征值）至少有一个要不相同，因此函数重载的关键是函数的参数列表。函数重载体现了 C++的多态特性，所以有时函数重载也被称为函数多态。通常函数执行相同或相似的任务，但使用不同形式的数据时，才使用函数重载。

10.4 类与对象

类和对象的这两个概念在本章开始关于面向对象的概念中我们已经做了介绍，本节我们进行详细的阐述。

10.4.1 类与对象的概念

我们知道，对象简单来说就是客观世界中存在的实体，而类定义了对象包含的数据和对数据的操作（C++中把操作类数据的函数称为方法）。

举个例子来说，在学校的每一个学生都是一个实实在在的人，因此每一个学生就是一个对象，每个学生都有自己的属性。而类代表了一批对象的共同特征，由许许多多的学生对象抽象出来的就是学生类，每一个学生对象都属于学生类。所以说，类是对象的抽象，而对象是类的具体实例。

C++中的一个类就是一个用户定义的类型，它与 C 语言中的结构体（struct）类型类似。这里再来回顾一下结构体类型，我们来定义一个职员的结构体类型。

```
struct employee
{
    int eno;                //职员号
    char sex;               //职员性别
    char name[20];          //职员姓名
};
```

这里我们声明的职员结构体类型中包含只包括了 3 个成员变量（数据），而没有包含操作。定义这种结构体便于编程者对每个职员对象的操作，但是对每个职员数据的操作还是需要在程序的其他位置通过定义函数来实现。也就是说，每个职员的数据成员都是开放的，其他函数都可以使用，这当然会引起一些问题。那么现在我们来定义一个职员类，把对职员数据成员的操作也封装到整体中。

```
class employee
{
    int eno;                    //职员号
    char sex;                   //职员性别
    char name[20];              //职员姓名
    void display()              //显示职员信息的成员函数
    {
      cout<<"职员号："<<eno<<endl;
      cout<<"职员性别："<<sex<<endl;
      cout<<"职员姓名："<<name<<endl;
    }
};
```

这里我们声明了一个职员类，类定义中除了职员基本信息之外，还定义了一个display( )函数，这个函数是对类中的3个数据成员进行显示的操作。类除了把职员信息和对信息进行操作的函数封装在一起之外，还有一个很重要的特点就是类中的成员对类外是屏蔽的，也就是其他程序段不能调用它们，只有类中的display( )函数可以调用这些数据，这样通过类定义就把信息隐藏、保护起来，不能随意被使用，保证了程序和数据的安全性。这样的作法虽然有这样的好处，但是也出现了一个问题，只有成员函数可以访问数据，而成员函数也是隐藏的，那么类的数据如何与外界联系呢？

我们先来看类定义的一般形式：

```
class 类名
{   private:
       私有数据和成员函数
    public:
       公用数据和成员函数
}
```

在这个类定义中我们看到了两个保留字private和public，它们用于控制类成员中的成员在程序中的可访问性，称为访问说明符。

在private后声明的成员称为私有成员，私有数据成员与私有成员函数仅能由该类中的成员函数来访问。

在public后声明的成员称为公有成员，公有数据成员和公有成员函数用于描述一个类与外部程序的接口，其他类中的函数也可以访问这些公有成员。

如果不指定访问控制方式，则缺省值为private，但是为了提高程序的可读性，还是不主张使用缺省值。

有了访问控制符，回到刚才的问题，我们既要让职员信息不能被类外的函数直接访问到，而只能被类中的成员函数访问，但是又希望类中的数据能与外界联系。因此，我们一般将数据成员声明为私有，实现信息隐藏，而将成员函数声明为公有的，以供其他类中的函数使用。这样，类中的数据结构发生变化时，只需要修改类中的一些成员函数的实现代码，保持成员函数原型与功能不变，那么这些修改就不会影响到其他程序。当然，如果我们希望在类中引入一些内部使用的辅助函数，并且不希望这些内部函数被其他程序使用，那么我们也可以将它们声明为私有的。我们可以将前面的职员类改进为：

```
class employee
{   private:
       int eno;                    //职员号
       char sex;                   //职员性别
       char name[20];              //职员姓名
    public:
       void display()                //显示职员信息的成员函数
       {
           cout<<"职员号："<<eno<<endl;
           cout<<"职员性别："<<sex<<endl;
           cout<<"职员姓名："<<name<<endl;
       }
};
```

C++中仍然保留了结构体类型，并且结构体类型中也可以包含成员函数，但是不指定访问控制方式时，其缺省值为 public。

除了 public 和 private 两个访问说明符之外，还有一个访问说明符 protected。顾名思义，就是受保护成员控制访问方式，它与 private 基本相似，只有一点不同：继承的类可以访问 protected 成员，但不能访问 private 成员。这个问题将在 10.5 节中讨论。

10.4.2　对象的创建

C 语言中我们定义了一个结构体类型，是不能直接使用的，必须先声明该结构体类型的变量，然后才能使用变量。同样的，类是一种用户自定义的类型，一个类定义完成以后也是不能直接使用的，而是要声明一个该种类类型的实例，也就是该种类类型的对象，进而使用对象进行编程。

例 10-6　对象的声明与结构体类型变量的声明类似，本例改进前面定义过的职员类，实现对象的简单使用：

```
#include <iostream.h>
class employee
{  private:
   int eno;                        //职员号
   char sex;                      //职员性别
      char name[20];              //职员姓名
   public:
      void display();             //显示职员信息的成员函数
      void insert();              //输入职员信息的成员函数
};
void employee::display()
{
    cout<<"职员号："<<eno<<endl;
```

```
        cout<<"职员性别: "<<sex<<endl;
        cout<<"职员姓名: "<<name<<endl;
    }
    void employee::insert()
    {  cin>>eno>>sex>>name;  }
    void main()
    {
        employee emp;
        cout<<"insert eno,sex and name"<<endl;
        emp.insert();
        emp.display();
    }
```

程序运行结果如下。

```
insert eno,sex and name
1 M sym  <回车>
职员号: 1
职员性别: M
职员姓名: sym
```

在上例中，我们看到类中多了一个 insert( )成员函数，它是用来输入职员信息的。并且大家看到了上例中的类定义时并没有像之前的类定义那样，把两个成员函数的实现代码也写在类定义中，而是仅在类定义中声明了成员函数原型，将函数实现代码写在类定义的外部。这样的函数定义的一般形式为：

```
返回类型  类名:: 成员函数名(参数说明)
{
   函数体
}
```

其中，“::”称为作用域运算符；“类名::”表示其后的成员函数名是在这个类中声明的，而不是程序中一个独立的函数。在函数体内可以直接访问该类中声明的成员。

上例中 3 个数据成员是私有的，也就是说只有两个成员函数 insert 和 display 才能访问，而这两个成员函数是公有的，可以被其他函数调用。这样既实现了数据成员不能随意访问，又保证数据成员能够被其他函数访问到。

在 main( )函数中，我们首先使用语句：employee emp; 来声明一个 employee 类型的实例（对象）emp，也就是程序为 emp 对象分配了存储空间。那么，emp 对象也就具有了 3 个数据成员以及两个成员函数，由于这两个成员函数是公有的，所以允许被 main( )函数调用。因此，接下来我们使用语句：emp.insert( );调用 emp 对象的 insert( )成员函数，将输入的信息分别放入 emp 对象的 3 个私有数据成员中。再使用语句：emp.diplay( );调用 emp 对象的 display( )成员函数，将已经保存的 emp 对象 3 个私有数据成员显示出来。

10.4.3 构造函数

一个对象的数据成员反映了该对象的内部状态，但是我们无法在类声明中用表达式初始化这些成员，因此当我们声明一个对象后，它的数据成员初始值是不确定的。C++ 语言为类提供了构造函数，可以完成对象的初始化任务。

构造函数是一种特殊的类成员函数，它完成对象的初始化。构造函数的名字必须与类名相同，并且在定义构造函数时不能指定返回类型。

C++的构造函数是可选的，我们可以为它编写代码，但是不直接调用构造函数，而是在创建一个对象的同时由系统隐式的自动调用来初始化对象。如果我们定义的类没有定义构造函数，C++编译器会为该类自动创建一个缺省的构造函数，这个缺省构造函数无形参，函数体为空。

例 10-7　本例在例 10-6 的基础上在类定义中定义构造函数，初始化一个职员对象，并输出初始化后的职员信息。

```
#include <iostream.h>
#include <string.h>
class employee
{  private:
     int eno;                       //职员号
     char sex;                      //职员性别
     char name[20];                 //职员姓名
   public:
     void display();                //显示职员信息的成员函数
     void insert();                 //输入职员信息的成员函数
     employee()
     {
        eno=1;
        sex='M';
        strcpy(name,"sym");
     }
};
void employee::display()
{
   cout<<"职员号："<<eno<<endl;
   cout<<"职员性别："<<sex<<endl;
   cout<<"职员姓名："<<name<<endl;
}
void employee::insert()
{ cin>>eno>>sex>>name; }
void main()
{
   employee emp1;
   emp1.display();
}
```

程序运行结果如下。

```
职员号：1
职员性别：M
职员姓名：sym
```

本例中，我们在类定义中直接定义了构造函数，将类的 3 个数据成员赋初值，在 main( ) 函数中使用语句：employee emp1; 创建对象 emp1，创建后并没有显式调用构造函数，而是由系统自动隐式调用，给3个数据成员赋上初值，然后调用emp1对象的display( )成员函数就显示初始值。但是如果再声明一个emp2对象，直接调用display( )成员函数，我们会看到相同的初始值。

如果我们希望创建不同对象有不同的初始值，上面的方法就不可行了。

例 10-8 本例修改例10-7类定义中的构造函数，用不同的数据初始化两个职员对象，并输出初始化后的职员信息。

```
#include <iostream.h>
#include <string.h>
class employee
{  private:
     int eno;                  //职员号
     char sex;                 //职员性别
     char name[20];            //职员姓名
   public:
     void display();           //显示职员信息的成员函数
     void insert();            //输入职员信息的成员函数
     employee(int x,char y,char z[])
     {
        eno=x;
        sex=y;
        strcpy(name,z);
     }
};
void employee::display()
{
    cout<<"职员号："<<eno<<endl;
    cout<<"职员性别："<<sex<<endl;
    cout<<"职员姓名："<<name<<endl;
}
void employee::insert()
{ cin>>eno>>sex>>name; }
void main()
{
    employee emp1(1,'M',"sym");
    employee emp2(2,'F',"ly");
    emp1.display();
    emp2.display();
}
```

程序运行结果如下。

```
职员号：1
职员性别：M
职员姓名：sym
职员号：2
职员性别：F
职员姓名：ly
```

本例中，我们修改了构造函数，将构造函数的 3 个形参值传递给类的 3 个数据成员赋初值，在 main( )函数中使用语句：employee emp1(1,'M',"sym"); 创建对象 emp1，创建时将 3 个实参传递给 emp1 对象构造函数的形参，进而给 emp1 的 3 个数据成员赋上初值。同理创建了 emp2 对象，两个对象创建之后的初始值由创建时的给定的实参决定。然后分别调用 emp1 对象和 emp2 对象的 display( )成员函数，显示两个职员的信息。

10.4.4　析构函数

C++不仅为类提供构造函数用于对象的初始化，同时也提供了与构造函数相对应的析构函数在对象撤销时执行收尾任务。析构函数的名字必须是类名前加上波浪号“~”，区别于构造函数。析构函数不能指定返回类型，也不能指定形式参数。

例 10-9　析构函数的使用。

```
#include <iostream.h>
#include <string.h>
class employee
{  private:
     int eno;                    //职员号
     char sex;                   //职员性别
     char name[20];              //职员姓名
   public:
     void display();            //显示职员信息的成员函数
     employee(int x,char y,char z[])
       {   eno=x;   sex=y;   strcpy(name,z);   }
     ~employee()
       {    cout<<" ending!"<<endl;      }
};
void employee::display()
{
    cout<<"职员号："<<eno<<endl;
    cout<<"职员性别："<<sex<<endl;
    cout<<"职员姓名："<<name<<endl;
}
void main()
{
    employee emp(1,'M',"sym");
    emp.display();
}
```

程序运行结果如下。

```
职员号：1
职员性别：M
职员姓名：sym
ending!
```

本例在类中定义了析构函数，这个析构函数并没有做什么，而只是显示了“ending!”。当 main( )函数结束后，emp 对象的生存期也结束了，此时程序自动调用 emp 对象的析构函数，显示字符串“ending!”。

10.5 继承与派生

本节将通过简单地讨论类的层次结构，展示类和对象的优点，或者说是面向对象程序设计的真正魅力所在。一个类可能是直接定义出来的（基类），也可能是从一些基类构造出来的，就像我们程序设计中常说的树型结构，这种类的树型结构常常被称为类的层次结构。位于类层次结构中的每个类，一方面为用户提供了有用的功能，同时也为实现更高级或者更特殊的类的构造打下基础。这种层次结构对于支持以逐步求精方式进行的程序设计是非常理想的。它们为实现新的类提供了最大的支持，只要那些新类与现存的类层次结构有着密切的关系。

10.5.1 继承的基本概念

在日常生活中，我们常用“是一种（Is-a）”的关系来组织和表达知识，将知识组织成一种有层次、可分类的结构。比如金色巡回犬是狗，而狗是一种动物；波斯猫是猫，而猫是一种动物。按照IS-A的组织方式，我们只要说明金色巡回犬与其他狗的不同特征，而狗都具有的特征我们就不必重复描述，就可以知道金色巡回犬是怎么样的。我们可以认为金色巡回犬是狗的一种特例，而狗是动物的一种特例。除了动物的特征外，狗还有与其他动物相区别的特征，而金色巡回犬与其他狗也有相区别的特征。人们正是从这种认知方式中抽象出概念来组织知识，又利用这些概念来表达新的概念。

面向对象的程序设计方法引入了IS-A的这种关系，用于描述类与类之间的关系。我们可以把职员看成一个类，在职员中有一些专门从事管理的人员，称为经理，我们可以把经理也看成是一个类，但是经理既具有职员的特征，又有与职员不同的特征；同理总裁是比经理更高级的管理人员，把他看成是一个类，他既有经理的特征，又有与经理不同的特征。我们把这种类与类之间的关系称为继承。

引入继承机制就是利用现有的类来定义新的类。这是面向对象程序设计的一个原则，我们不必每次都从头定义一个新的类，而是将整个新的类作为一个或多个现存类的扩充或者特殊化。也就是说，我们不需要显式定义职员、经理和总裁3个类的全部特征，而是使用继承机制，定义一个新的类时只需要定义那些与现存类不同的特征，那些与现存类相同的特征则可以从现存类继承下来，不必一一显式定义。

因此，我们可以先定义职员类，然后从职员类再创建出一个新的类——经理类，此时经理类除了自己定义的成员和成员函数外，还自动包括了职员类中定义的成员与成员函数。这些自动继承下来的成员称为经理类的继承成员，而这里职员类称为经理类的父类或基类，经理类称为职员类的子类或派生类。然后我们可以从经理类再派生出总裁类，此时经理类是总裁类的父类，总裁类是经理类的子类，而经理类和职员类都是总裁类的祖先类。这3个类的层次关系如图10-1所示。

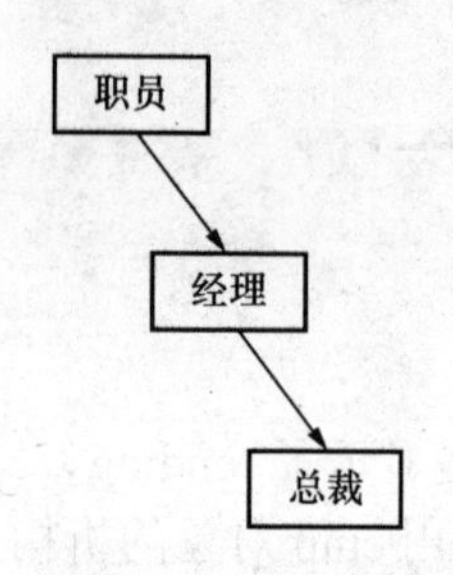

图10.1 类间关系

继承机制带来的好处是我们不必一一定义新的类，而是可以扩充或是组合现存的类来构造新的类，实现程序源代码的重用性，从而提高软件开发的效率。

10.5.2　派生类

通过继承创建一个新的类——派生类的一般形式为：

```
class CLASS2:继承访问控制 CLASS1
{
   private:
      私有数据成员和成员函数
   public:
      公有数据成员和成员函数
   protected:
      受保护数据成员和成员函数
};
```

其中，类 CLASS2 是 CLASS1 的派生类，类 CLASS1 是 CLASS2 的基类。花括号中定义的是 CALSS2 中新增的数据成员和成员函数。类中的 3 种访问说明符我们在前面已经介绍过了，这里我们通过表 10-1 来了解 3 种访问控制方式在类层次结构中的作用。

表 10-1　类成员访问控制规则

访问说明	类自身	派生类	其他类
private	可以访问	不可以访问	不可以访问
public	可以访问	可以访问	可以访问
protected	可以访问	可以访问	不可以访问

在上面的派生类定义形式中，CLASS1 前还有一个继承访问控制，缺省值是 private，也可以使用其他两个访问说明符。继承访问控制用于说明基类的成员在派生类中是何种访问控制，如果为 private，则 CLASS2 是 CLASS1 的私有派生类；如果为 public，则 CLASS2 是 CLASS1 的公有派生类；如果为 protected，则 CLASS2 是 CLASS1 的受保护派生类。继承成员在派生类中的访问控制规则如表 10-2 所示。

表 10-2　继承成员访问控制规则

基类成员访问控制	继承访问控制	在派生类中继承成员的访问控制
private	private	不可访问
public		private
protected		private
private	public	不可访问
public		public
protected		protected
private	protected	不可访问
public		protected
protected		protected

表中的“在派生类中继承成员的访问控制”是指由“基类成员访问控制”和“继承

访问控制”决定的基类成员最终在派生类中的访问控制方式。

例 10-10 公有派生类演示。

```
class employee                    //基类声明
{  private:                       //基类私有成员
      int eno;
      char sex;
      char name[20];
   public:                        //基类公有成员
       void display()
       {
           cout<<"职员号: "<<eno<<endl;
           cout<<"职员性别: "<<sex<<endl;
           cout<<"职员姓名: "<<name<<endl;
       }
};
class manager:public employee      //声明公有派生类
{
    private:
       int roomnum;
    public:
       void manager_display()
       {
           cout<<"职员号: "<<eno<<endl;
           cout<<"职员性别: "<<sex<<endl;
           cout<<"职员姓名: "<<name<<endl;
           cout<<"办公室编号: "<<roomnum<<endl;
       }
};
```

本例中，我们从 employee 类继承创建了 manager 类，继承访问控制为 public，即 manager 类是 employee 类的公有派生类。

如果在 main( )函数中定义一个 manager 类的对象 m1，则语句“m1. manager_display( );”执行后出现 3 个出错信息。这个错误在哪里呢？我们仔细看一下，manager_display( )函数，它的功能是显示 4 个数据成员，但是 eno、sex 和 name3 个数据成员是定义在基类中的，并且在基类中的访问控制是 private，很显然根据表 10-2，这 3 个数据成员在派生类中是不能访问的。如果我们希望能正确显示这 4 个数据成员，可以将 manager 类重新定义如下。

```
class manager:public employee
{
   private:
     int roomnum;
   public:
     void manager display()
     {
        display();
        cout<<"办公室编号: "<<roomnum<<endl;
     }
};
```

因为 display( )是基类的公有成员函数，则在公有派生类中可以访问，通过它可以显示到基类的那 3 个数据成员，然后再显式输出 roomnum 这个派生类本身的私有数据成员，完成了 4 个数据成员的输出。

例 10-11　私有派生类演示。将例 10-10 中的派生类定义修改如下。

```
class manager:private employee     //声明公有派生类
{
   private:
     int roomnum;
   public:
     void manager_display()
     {
          display();
          cout<<"办公室编号："<<roomnum<<endl;
     }
};
```

本例从 employee 类继承创建了 manager 类，继承访问控制为 private，即 manager 类是 employee 类的私有派生类。

如果在 main( )函数中定义一个 manager 类的对象 m1，则语句：m1. manager_display( );可以正确执行。但是如果我们调用语句“m1.display( );”，则出错。原因在于 display( )函数是基类的公有成员函数，由于继承访问控制为 private，则 display( )函数在派生类中的访问控制是 private，也就是其他程序不能调用，所以 main( )函数调用 display( )出错。读者可以考虑一下语句“m1.eno=2;”是否会出错？

例 10-12　受保护派生类演示。将例 10-10 中的派生类定义修改如下。

```
class manager:protected employee     //声明公有派生类
{
   private:
     int roomnum;
   public:
     void manager_display()
     {
      display();
      cout<<"办公室编号："<<roomnum<<endl;
   }
};
```

本例从 employee 类继承创建了 manager 类，继承访问控制为 protected，即 manager 类是 employee 类的受保护派生类。

如果在 main( )函数中定义一个 manager 类的对象 m1，则语句：m1. manager_display( );可以正确执行。读者根据表 10-2，以及上面两个例子分析：语句“m1.display( );”和语句：“m1.eno=2;”是否出错？

小 结

对象是将数据连同函数捆绑在一起创建出的新的数据，这种捆绑称为封装。在C++中，创建出的新的数据类型称为类，对象就是这种新类型的变量，它代表一块存储空间。在这块空间中存放着数据，并且还隐含着对这些数据进行处理的操作。有了对象这种用户自定义的类型，我们在程序设计时所要考虑的变成了需要哪些类型，为每个类型提供完整的一组操作，这就是面向对象的程序设计方法。

面向对象程序设计的重要特性有以下几类。

1）抽象。

2）封装和数据隐藏。

3）多态。

4）继承。

5）可重用的代码。

程序中包含头iostream文件，将自动创建cout对象和cin对象，它们与标准输入/输出流相对应。使用cout进行输出还需要<<运算符，使用cin进行输出还需要>>运算符。

C++语言允许重载函数，在程序中可以创建两个以上的同名函数，但是必须让编译器能区分这些重载函数，这些函数的参数类型或者参数个数（函数特征值）至少有一个要不相同。函数重载体现了C++的多态特性，所以有时函数重载也被称为函数多态。通常在函数基本上执行相同的任务，但使用不同形式的数据时，才使用函数重载。

对象简单来说就是客观世界中的实体，而类定义了对象包含的数据和对数据的操作（C++中把操作类数据的函数称为方法）。

类定义的一般形式：

```
class 类名
{
    private:
        私有数据和成员函数
    public:
        公用数据和成员函数
}
```

类定义中有两个保留字private和public，它们用于控制类成员中的成员在程序中的可访问性，称为访问说明符。在private后声明的成员称为私有成员，在public后声明的成员称为公有成员。

类是一种用户自定义的类型，一个类定义完以后也是不能直接使用的，而是要声明一个该种类类型的实例，也就是该种类类型的对象，进而使用对象进行编程。对象的声明与结构体类型变量的声明类似。

构造函数是一种特殊的成员函数，它完成对象的初始化。

C++还提供了与构造函数相应的析构函数在对象撤销时执行收尾任务。

引入继承机制就是利用现有的类来定义新的类，将整个新的类作为一个或多个现存类的扩充或者特殊化，从而实现程序源代码的重用性，提高软件开发的效率。

习　题

一、思考题

1．面向对象的特性什么？C++语言有哪些主要特点？

2．C++语言的编译系统能运行 C 语言程序吗？

3．什么是类和对象？什么是类的继承？派生类与基类的关系？

4．什么叫做多态性？什么运算符与函数的重载？

5．什么是构造函数与析构函数？如何使用它们？

6．什么是结构成员和成员函数？如何访问类成员？

二、判断题

1. #include <iostream> 的作用是将说明标准输入/输出流对象的头文件包含到当前源文件中来。（　）

2. 声明和定义重载函数时，如果函数的形参完全相同，而函数的类型不同，则会引起歧义性错误。（　）

3. 基类中被说明为 protected 的成员，不允许其他的函数访问，但其派生类的成员函数可访问。（　）

4. 基类中被说明为 private 的成员，不允许其他的函数访问，但其派生类的成员函数可访问。（　）

三、选择题

1．说法不正确的是（　）。

A．任何一个对象仅属于某一个类

B．任何一个类只能创建一个该类的对象

C．对象是类的一个实例

D．类与对象的关系就好像数据类型与变量的关系

2．说法不正确的是（　）。

A．一个类定义中有且仅有一个构造函数

B．构造函数没有函数类型

C．构造函数名必须与类名相同

D．构造函数在创建对象时自动执行

3．说法不正确的是（　）。

A．析构函数可以定义形参

B．析构函数在对象被撤销时由系统自动执行

C．析构函数没有函数类型

D．类中有且仅有一个构函数

4．说法正确的是（　　）。

A．一个派生类不能作为另一个类的基类

B．派生类至少存在一个基类

C．派生类中继承自基类的成员其访问权限在派生类中保持不变

D．在公有和保护继承方式下，派生类的对象可以访问基类的受保护成员

5．叙述中错误的是（　　）。

A．继承是面向对象方法的一个主要特征

B．对象是面向对象软件的基本模块

C．类是对象的一个实例

D．消息是请求对象执行某一处理或回答某一要求的信息

6．有关类与结构体的叙述不正确的是（　　）。

A．结构体中只包含数据；类中封装了数据和操作

B. 结构体的成员对外界通常是开放的；类的成员可以被隐蔽

C. 用 struet 不能声明一个类型名；而 class 可以声明一个类名

D. 结构体成员默认为 public；类成员默认为 private

7．假定 AA 为一个类，int a( )为该类的一个成员函数，若该成员函数在类定义体外定义，则函数头为（　　）。

A．int AA::a( )　　B．int AA:a( )

C．AA::a( )　　D．AA::int a( )

8．类的构造函数被自动调用执行的情况是在定义该类的（　　）。

A．成员函数时　　B．数据成员时

C．对象时　　D．友元函数时

四、填空题

1．类定义的关键字是________，类的成员分为__________和___________；类的访问方式有__________、__________和__________3 种，其中________是默认的访问方式。

2．将类的成员放到类外，其所用的作用域运算符为________。

3．________是用来初始化类的数据成员的一种特殊成员函数，__________是用来在对象撤销时执行收尾任务的特殊成员函数。

4．如果类 A 继承了类 B，则 A 称为________，类 B 称为________。

5．类中存在的名称相同但是参数类型或个数不同的成员函数，称为________。

6．C++中使用________和________对象来进行输入/输出操作，与它们相应的“<<”和“>>”操作符分别称为________和________运算符。

7．在定义派生类时，默认的继承方式是_________。

五、编程题

1．设计一个日期类DATE，包括year、month、day 3个数据成员，并定义两个函数输入且显示某个日期，并设计相应程序验证类的功能。

2．设计一个平面几何坐标系中的坐标类POSITION，该类输入某点坐标值，显示x、y坐标值，且计算该点到另一点距离的操作，并设计相应程序验证类的功能。

3．设计一个复数类COMPLEX，该类可以完成复数加、减、乘、除操作，并设计相应程序验证类的功能。

4．设计一个基类PERSON，包含name（姓名）和num（编号）数据成员；从该类派生学生类STUDENT和教师类TEACHER。学生类中增加所在班级数据成员，教师类中增加所在教研室数据成员，并且每个类都能显示该类所有数据成员。定义以上3个类，并设计相应程序验证。

5．有一圆环，其中小圆半径为3.5，大圆半径为8。编程定义一个circle圆类，含有私有变量半径r，能够初始化r、计算圆面积。主函数中通过定义2个圆对象（大圆和小圆）来计算出圆环的面积。

6．设计一个圆类，其中包含一个数据成员和一个求面积的函数，然后派生出圆柱体、圆球这两个类。编写相应程序，计算圆柱体、圆球的体积。

附　录

附录 A　ASCII 字符集

ASCII码	字 符	ASCII码	字 符	ASCII码	字 符	ASCII码	字 符
0	（Null）	32	空格	64	@	96	`
1	??	33	!	65	A	97	a
2	??	34	"	66	B	98	b
3	??	35	#	67	C	99	c
4	??	36	$	68	D	100	d
5	??	37	%	69	E	101	e
6	??	38	&	70	F	102	f
7	（beep）	39	'	71	G	103	g
8	（退格）	40	(	72	H	104	h
9	（TAB）	41	)	73	I	105	i
10	（换行）	42	*	74	J	106	j
11	??	43	+	75	K	107	k
12	??	44	,	76	L	108	l
13	（回车）	45	-	77	M	109	m
14	??	46	.	78	N	110	n
15	??	47	/	79	O	111	o
16	??	48	0	80	P	112	p
17	??	49	1	81	Q	113	q
18	??	50	2	82	R	114	r
19	??	51	3	83	S	115	s
20	??	52	4	84	T	116	t
21	??	53	5	85	U	117	u
22	??	54	6	86	V	118	v
23	??	55	7	87	W	119	w
24	??	56	8	88	X	120	x
25	??	57	9	89	Y	121	y
26	??	58	:	90	Z	122	z
27	??	59	;	91	[	123	{
28	??	60	<	92	\	124	|
29	??	61	=	93	]	125	}
30	??	62	>	94	^	126	~
31	??	63	?	95	_	127	??

表中 0～31 为控制字符，它们并没有特定的图形显示，因此在表中用“??”表示。

附录 B　运算符的优先级和结合性

<table>
<tr><th>优先级</th><th>运算符</th><th>要求运算量
数目</th><th>结合性</th></tr>
<tr><td>1</td><td>括号( )，下标[]，成员(→，.)</td><td></td><td>左</td></tr>
<tr><td>2</td><td>取内容(*)、取地址(&)、逻辑非(!)、位非(~)、自增(++)、自减(--)、取负(-)、
类型转换((类型标识符))、求长度运算(sizeof)</td><td>1</td><td>右</td></tr>
<tr><td>3</td><td>乘(*)、除(/)、求余(或称模运算，%)</td><td>2</td><td>左</td></tr>
<tr><td>4</td><td>加(+)、减(-)</td><td>2</td><td>左</td></tr>
<tr><td>5</td><td>位左移(<<)、位右移(>>)</td><td>2</td><td>左</td></tr>
<tr><td>6</td><td>大于(>)、大于等于(>=)、小于(<)、小于等于(<=)</td><td>2</td><td>左</td></tr>
<tr><td>7</td><td>等于(==)，不等于(!=)</td><td>2</td><td>左</td></tr>
<tr><td>8</td><td>位与(&)</td><td>2</td><td>左</td></tr>
<tr><td>9</td><td>位异或(^)</td><td>2</td><td>左</td></tr>
<tr><td>10</td><td>位或(|)</td><td>2</td><td>左</td></tr>
<tr><td>11</td><td>逻辑与(&&)</td><td>2</td><td>左</td></tr>
<tr><td>12</td><td>逻辑或(||)</td><td>2</td><td>左</td></tr>
<tr><td>13</td><td>条件求值（? :）</td><td>3</td><td>右</td></tr>
<tr><td>14</td><td>简单赋值(=)
复合算术赋值(+=,-=,*=,/=,%=)
复合位运算赋值(&=,|=,^=,>>=,<<=)</td><td>2</td><td>右</td></tr>
<tr><td>15</td><td>逗号(，)</td><td></td><td>左</td></tr>
</table>

附录 C　标准 C 库函数

C 语言是函数语言，用户编写的程序（函数）中可直接调用系统提供的库函数。C 的库函数的原型声明都是放在相应的头文件中，调用库函数时，必须使用 include 命令将该头文件包含到程序中。要注意，不同 C 的编译系统提供的库函数的数目、函数名、函数的功能可能不完全相同，读者根据使用的 C 系统，查看相关的手册。

1. 数学函数

数学函数除整数取绝对值函数 abs( )在“stdlib.h”头文件说明外，其他都是“math.h”头文件中说明的。在使用数学函数时，应在该源文件中使用：#include <math.h>。

函数名	函数原型说明	函数功能	返回值	说　明
abs	int abs(int x)	求整数的绝对值	计算结果	
fabs	double fabs(double x)	求浮点数的绝对值	计算结果	
exp	double exp(double x)	求e^x的值	计算结果	
sqrt	double sqrt(double x)	求x的平方根	计算结果	x>=0
log	double log(double x)	求自然对数ln(x)的值	计算结果	
log10	double log10(double x)	求以10为底对数$\log_{10}x$的值	计算结果	
pow	double pow(double x,double y)	求x的y次方	计算结果	
fmod	double (double x,double y)	求x/y的余数	计算结果	
sin	double sin(double x)	求正弦sin(x)值	计算结果	x的单位是弧度
cos	double cos(double x)	求余弦cos(x)值	计算结果	
tan	double tan(double x)	求正切tan(x)值	计算结果	
asin	double asin(double x)	求反正弦$\sin^{-1}(x)$值	计算结果	x∈[-1,1]
acos	double acos(double x)	求反余弦$\cos^{-1}(x)$值	计算结果	
atan	double atan(double x)	求反正切$\tan^{-1}(x)$值	计算结果	
atan2	double atan2(double x, double y)	求反正切$\tan^{-1}(x/y)$值	计算结果	$\lvert y\rvert>\lvert x\rvert$，$y\neq0$
sinh	double sinh(double x)	求双曲正弦函数sinh(x)值	计算结果	x的单位是弧度
cosh	double cosh(double x)	求双曲余弦函数cosh(x)值	计算结果	
tanh	double tanh(double x)	求双曲正切函数tanh(x)值	计算结果	
floor	double floor(double x)	求小于x的最大整数	该整数的双精度实数	
ceil	double ceil(double x)	求大于x的最小整数		

2. 字符函数

字符处理函数原型说明在ctype.h头文件中。

函数名	函数原型说明	函数功能	返回值
isalpha	int isalpha(int ch)	判断ch是否是字母	是：返回非0值 不是：返回0
isalnum	int isalnum(int ch)	判断ch是否是字母或数字	
isascii	int isascii(int ch)	判断ch是否是(ASCII码中的0～127)字符	
isdigit	int isdigit(int ch)	判断ch是否是数字	
islower	int islower(int ch)	判断ch是否是小写字母	
ispunct	int ispunct (int ch)	判断ch是否是标点字符(0x00-0x1F)	
isspace	int isspace(int ch)	判断ch是否是空格(' ')，水平制表符('\t')，回车符('\r')，走纸换行('\f')，垂直制表符('\v')，换行符('\n')	
isupper	int isupper(int ch)	判断ch是否是大写字母	
isxdigit	int isxdigit(int ch)	判断ch是否是16进制数('0'-'9'，'A'-'F'，'a'-'f')	
tolower	int tolower(int ch)	若ch大写字母则转换成小写字母，否则不变	相应的小写字母
toupper	int toupper(int ch)	若ch小写字母则转换成大写字母，否则不变	相应的大写字母

3. 字符串操作函数

字符串函数原型说明在string.h头文件中。

函数名	函数原型说明	函数功能	返回值
strlen	int strlen(char *s)	求字符串s的长度	返长度值
strcmp	int strcmp(char *s1, char *s2)	比较字符串s1与s2的大小	返回s1-s2
strncmp	int strncmp(char *s1,char *s2,int n)	比较字符串s1与s2中的前 n个字符	
strcpy	char strcpy(char *s1,char *s2)	将字符串s2复制到s1	s1
strnicpy	char strnicpy(char *s1,char *s2,int n)	复制s2中的前n个字符到s1中	s1
strcat	char strcat(char *s1,char *s2)	将字符串s2添加到s1末尾	s1
strncat	char strncat(char *s1,char *s2,int n)	将字符串s2中最多n个字符复制到字符串s1中	s1
strchr	char strchr(char *s,int c)	检索并字符c在字符串s中第一次出现的位置	位置
strstr	char strstr(char *s1,char *s2)	扫描字符串s2第一次出现s1的位置	位置
strpbrk	char strpbrk(char *s1,char *s2)	求字符串s1和s2中均有的字符个数	字符个数
strrev	char strrev(char *s)	将字符串s中的字符全部颠倒顺序重新排列	并返回排列后的字符串
strspn	int strspn(char *s1,char *s2)	扫描字符串s1和s2中均有的字符个数	均有的字符个数
strupr	char strupr(char *s)	将字符串s中的小写字母全部转换成大写字母	转换后的字符串
strlwr	char strlwr(char *s)	将字符串s中的大写字母全部转换成小写字母	转换后的字符串

4. 输入/输出函数

使用以下函数，应在源文件中使用stdio.h。

函数名	函数原型说明	函数功能	返回值
printf	int printf(char *format,arg_list)	将输出项arg_list的值按format规定的格式输出到标准输出设备上	成功：输出字符数 失败：EOF
scanf	int scanf(char *format,arg_list)	从标准输入设备按format格式输入数据到arg_list所指内存	成功：输入数据数 失败：EOF
sprintf	int sprintf(char * s, char*format,arg_list)	功能与printf相似，但输出目标为字符串指针所指的内存中	成功：输出字符数 失败：EOF
sscanf	int sscanf(char *s, char *format,arg_list)	功能与scanf类似，但输入源是字符串指针所指的内存中	成功：输入数据数 失败：EOF
fprintf	int fprintf(FILE *fp, char *format,arg_list)	功能与printf相似，但输出目标是fp所指向的文件中	成功：输出数据数 失败：EOF
fscanf	int fscanf(FILE *fp, char *format,arg_list)	功能与scanf类似，但输入源是fp指针所指的文件	成功：输入数据数 失败：EOF
putchar	int putchar(char ch)	输出字符ch到标准输出设备	成功：输出字符数 失败：EOF
getchar	int getchar( )	从标准输入设备(键盘)读入一个字符，按回车键结束输入	成功：读入的字符 失败：EOF

续表

函数名	函数原型说明	函数功能	返回值
getch	int getch ()	从标准输入设备(键盘)读入一个字符，不回显在显示器上	成功：读入的字符 失败：EOF
getche	int getche ()	从标准输入设备(键盘)读入一个字符，要回显在显示器上	成功：读入的字符 失败：EOF
puts	int puts(char *str)	输出字符串str到标准输出设备	成功：输入数据数 失败：EOF
fputc	int fputc(char ch,FILE*fp)	将字符ch输出到fp所指的文件	成功：输出字符数 失败：EOF
fputs	int fputs(char* str,FILE *fp)	将字符串str写到fp所指文件	成功：输出数据数 失败：EOF
fgetc	int fgetc(FILE *fp)	从fp所指文件读取一个字符	成功：读出的字符 失败：EOF
fgets	int fgets(char *buf,int n, FILE *fp)	从fp所指文件读取一个长度为（n-1）的字符串，存入buf	成功：输入数据数 失败：EOF
fwrite	int fwrite(char* buf, int size, int n, FILE *fp)	将buf所指向的n个size字节输出到fp所指文件	成功：写入数据项的个数 失败：EOF
fread	int fread(char *buf,int size, int n,FILE *fp)	从fp指向的文件读取n个长度为size的数据项，存到buf	成功：读入数据项的个数 失败：EOF
fopen	*fopen(char *filename, char *mode)	以mode方式打开filename文件	成功：文件指针 失败：NULL
fclose	int fclose( )	关闭fp所指文件，释放文件缓冲区	成功：0，失败：非0
feof	int feof(FILE *fp)	检查fp所指名文件的读写位置是到文件尾	结束：1，否则：0
fseek	int fseek(FILE *fp,long offset, int fw)	把文件指针移到fw所指位置的向后offset个字节处，fw可以为： SEEK_SET 文件开始 SEEK_CUR 当前位置 SEEK_END 文件尾	成功：0 失败：非0
rewind	void rewind(FILE *fp)	移动fp所指向文件读写位置到开头	无
ftell	long ftell(FILE *fp)	求当前读写位置到开头的字节数	成功：所求字节数 失败：EOF
ferror	int ferror(FILE *fp)	检测读写fp所指向的文件有无错误	有错误：1 无错误：EOF
clearerr	void clearerr(FILE *fp)	清除fp所指向的文件的读写错误	无
remove	int remove(char *filename)	删除指定的文件filename	成功：0 失败：-1
rename	int rename(char *oldname, char *newname)	把由oldname所指的文件名，改为由newname所指的文件名	成功：0 失败：-1

5. 动态存储分配函数

ANSI 标准在头文件 stdlib.h 中包含动态存储分配库函数，但有许多的 C 编译用 malloc.h 包含。根据请查阅使用的 C 编译系统的手册。

函数名	函数原型说明	函数功能	返回值
malloc	void *malloc(unsigned int size)	分配size字节的存储区	成功：分配内存首地址 失败：NULL
calloc	void *calloc(unsigned int n unsigned int size)	分配n个连续存储区(每个的大小为size字节)	成功：分配内存首地址 失败：NULL
free	void free(void *p)	释放p所占的内存区	无
realloc	void *realloc(void *p,unsigned int size)	将p所占的已分配内存区的大小改为size字节	成功：内存首地址 失败：NULL

6. 类型转换函数

类型转换函数的原定义在头文件 stdlib.h 中。

函数名	函数原型说明	函数功能	返回值
atof	float atof(char *str)	把由str指向的字符串转换为实型	对应的浮点数
atoi	int atoi(char *str)	把由str指向的字符串转换为整型	对应的整数
atol	long atol(char *str)	把由str指向的字符串转换为长整型	对应的长整数
itoa	char *itoa(int n,char *string,int radix)	把整数转换为字符串	指向字符串指针
labs	long labs(long x)	将长整数取绝对值	取绝对值结果
strtod	double strtod (char *s, char **endptr)	将字符串转换成双精度数	对应的双精度数

7. 随机函数

随机函数的原定义在头文件 stdlib.h 中。

函数名	函数原型说明	函数功能	返回值
rand	int rand(void)	产生0～32767的随机整数	随机整数
srand	void srand(unsigned seed)	初始化随机数发生器	无

8. 时间函数

时间函数的原型定义在头文件 time.h 中。

函数名	函数原型说明	函数功能	返回值
time	time_t time(time_t * timer);	得到时间	返回现在的日历时间，即从一个时间点（1970 年1月1日0时0分0秒）到现在此时的秒数
clock	clock_t clock(void);	得到处理器时间	这个函数返回从“开启这个程序进程”到“程序中调用clock()函数”时之间的CPU时钟计时单元（clock tick）数，时钟计时单元的长度为1毫秒

9. 过程控制函数

表中有两个进程函数，原型在 process.h 头文件中。

函数名	函数原型说明	函数功能	返回值
exit	void exit(int status)	终止当前程序，关闭所有文件，清除写缓冲区，status为0表示程序正常结束，为非0则表示程序存在错误执行	无
system	int system(char *command)	将MSDOS命令command传递给DOS执行	成功：0 失败：非0

10. 目录函数

目录（文件夹）函数的原定义在头文件 dir.h 中。

函数名	函数原型说明	函数功能	返回值
mkdir	int mkdir(char *path)	在指定文件夹中创建一个新目录（文件夹）path	成功：0 失败：-1
rmdir	int rmdir(char *path)	删除指定的空目录（文件夹）path	成功：0 失败：-1
chdir	int chdir(char *path)	将指定的目录改为当前目录	成功：0 失败：-1

附录D　C语言程序设计实验CAI系统

本书所配的C语言程序设计实验CAI系统采用“任务驱动”方式，结合作者多年从事计算机程序设计教学的经验，充分利用计算机的特点对C语言程序设计实验进行整合。使用本CAI系统上机实验，学生上机实验目的强，可大大改善实验效果，同时可减轻教师指导学生实验的工作量。

1. 系统结构设计

本系统主控实验窗口有“实验-X”、“测试”、“帮助”、“工具”、“交作业”等，在“实验-X”中包括大学“C程序设计”课程中全部教学的实践内容：运行一个简单C程序，数据类型、常量、变量及表达式，顺序结构程序设计，选择结构程序设计，循环结构程序设计，数组、字符串和指针，函数，编译处理，结构体与共用体，文件操作，综合程序设计（1），综合程序设计（2）。每一类任务又分“操作实例”、“第X题”、“帮助”、“交作业”。其主功能模块结构如图D-1所示。

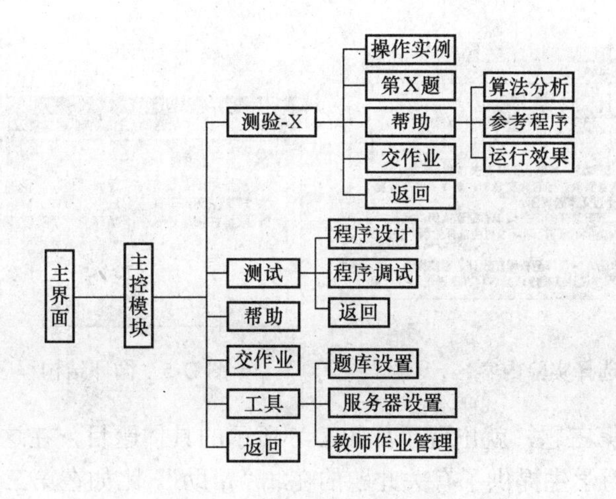

图 D-1　系统的主要功能模块

2. 主要功能简介

（1）主控模块

系统启动主界面如图 D-2 所示。在主界面上设置了学生注册，要求输入学生的学号便于系统为其创建学习环境，包括在本地计算机中创建其文件夹，生成相关的实验任务。当程序启动后，输入学号（注：学号是教师给序的学生上机的唯一标识，对于单机版可是任意的，对于网络版教师可以设定是否要进行学生身份验证），按回车或单击确定，即进入程序的主控模块，如图 D-3 所示。

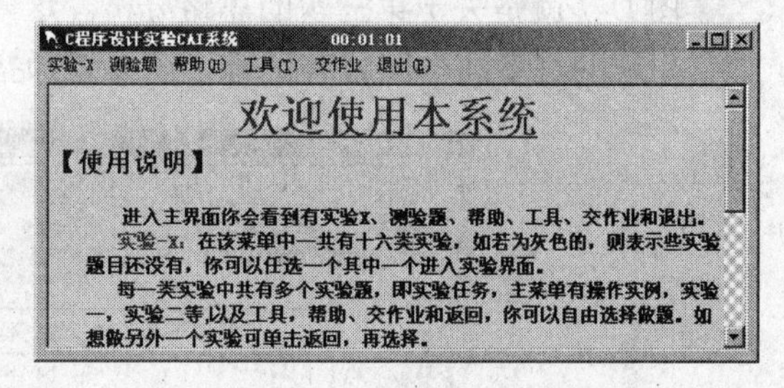

图 D-2　程序用户主界面　　　　图 D-3　系统实验选择的主控界面

（2）实验任务操作窗口

当单击主界面上的“实验-X”菜单，就会弹出选择实验内容的下拉菜单，如图 D-4 所示，当选择某一实验内容后便可进入实验模块。如选择“实验五　循环结构程序设计”，就会出现有关循环结构程序设计的一系列实验题目和操作实例，界面如图 D-5 所示。

操作实例菜单提供的是有关循环结构程序设计的上机操作实例。这些题目，作为学生上机练习借鉴的例子。第一题～第五题，是为学生设计的有关循环结构程序设计的上机练习题。

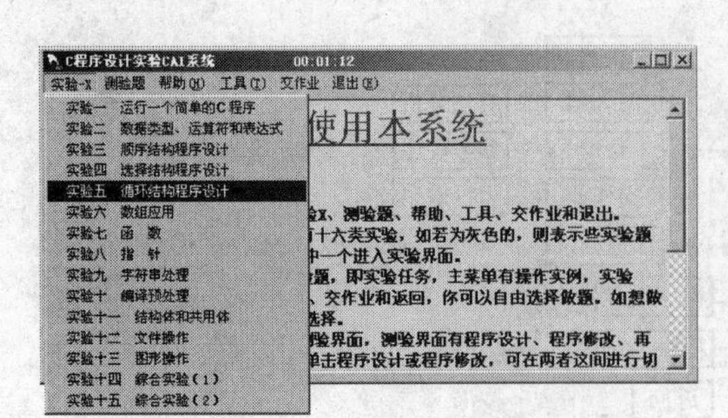

图 D-4 选择实验内容

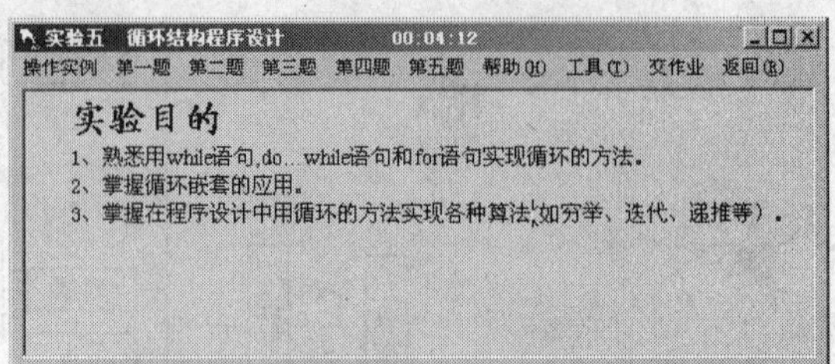

图 D-5 循环结构程序设计实验界面

例如，当选择第三题，就出现了如图 D-6 所示的具体题目，在这里不仅给学生明确了学习任务，而且为学生提供了有关此题的在线“帮助”。比如在第三题下，单击“帮助”菜单（如图 D-5 所示），就会出现为学生完成此题的帮助信息，有“思路分析”、“参考程序”、“运行情况”等。

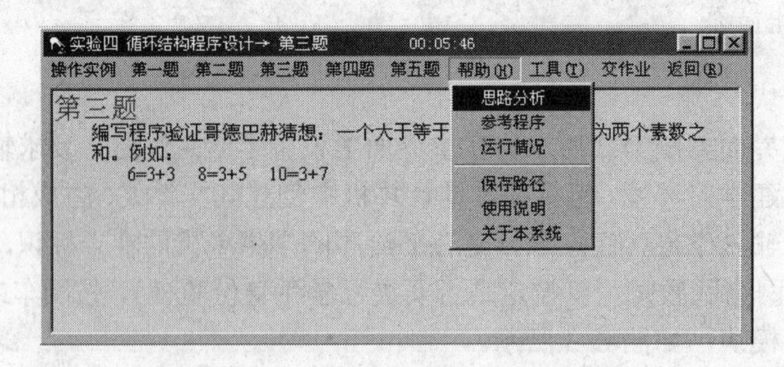

图 D-6 循环结构程序设计第三题及帮助菜单

图 D-7 就是关于第三题的思路分析。这一功能可以很好地缓解在实际上机教学中，经常出现的许多同学同时有疑难，需要老师指导的情况。

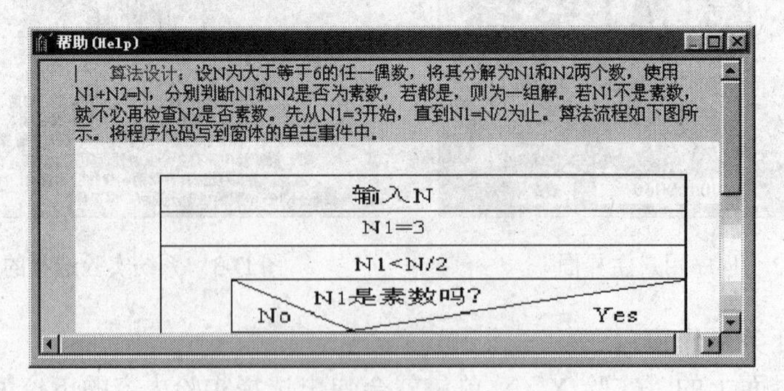

图 D-7 “思路分析”的帮助界面

图 D-8 是单击帮助菜单的“参考程序”按钮后出现的界面。这个界面的设置是为了实现在上机教学工作中，先要让学生动脑筋，独立做题，确实做不出，在经教师同意，由教师输入一个动态口令，才会打开如图 D-9 所示的有关该题的参考程序。

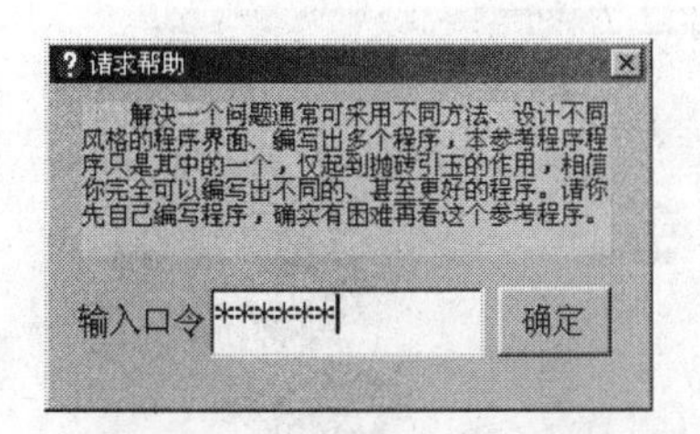

图 D-8　请求帮助对话框

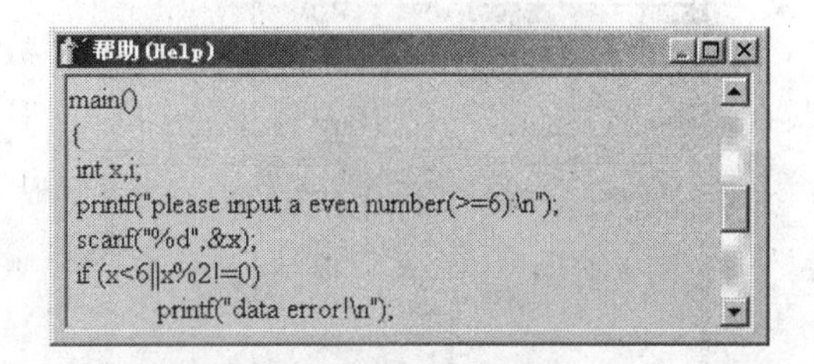

图 D-9　参考程序

在帮助功能里还可以方便、适时地为学生布置一些针对不同学生对象，不同阶段的研究性学习任务。

单击“帮助/运行情况”，即可看到本题目要求运行的效果，如图 D-10 所示。

（3）测验模块

单击图 D-5 所示的返回菜单，即可回到实验主控窗口（如图 D-3 所示），单击主界面的“测验题”菜单，即进入测验模块，如图 D-11 所示。

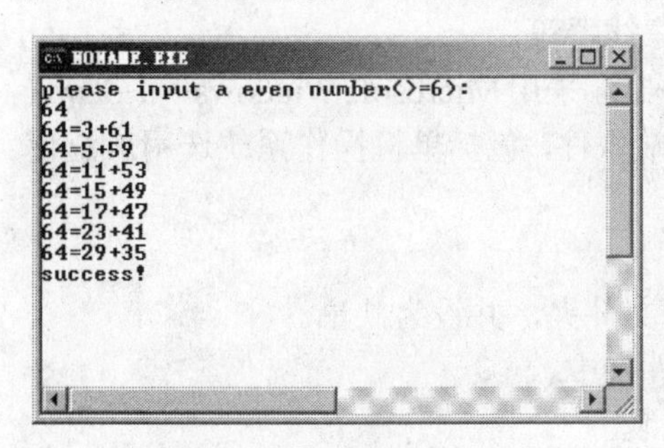

图 D-10　程序的运行效果

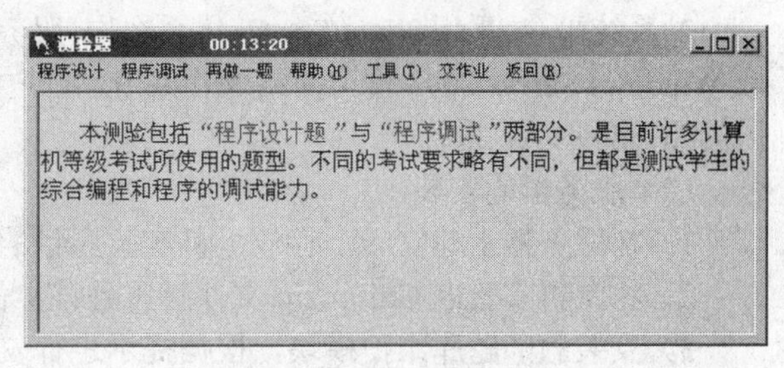

图 D-11　测验模块界面

测验模块是为学生进一步提高自己的编程水平而设计的，其题型与目前一些流行的计算机等级考试上机测试中常采程序设计和程序调试两种题型。当选择一题后，系统将在本地盘指定文件夹中生成与题目有关的文件。

（4）学生交作业

当学生完成作业，单击“交作业”菜单，即可打开如图 D-12 所示的学生作业维护窗口，在该窗口学生可以将操作结果提交给任课老师，学生同时可以维护以前提交的作业。这样学生可以将没操作完成的实验任务保存要服务器上，利用课余时间去将上次没能做的作业，下载后，待修改完成后重新上传。由于必须使用密码，因此学生只能操作自己的作业。

（5）教师作业管理

通过“工具/教师作业管理”菜单，可打开教师作业管理窗口，如图 D-13 所示。教师通过该窗口检查、管理学生作业。同时也可将批改后的学生作业上传到学生的作业文件夹，以便让学生阅读，实现教师对学生实验操作的网上指导。

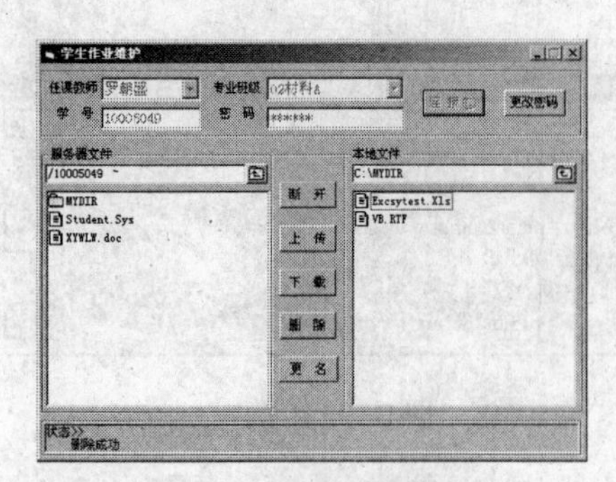

图 D-12 学生作业维护窗口

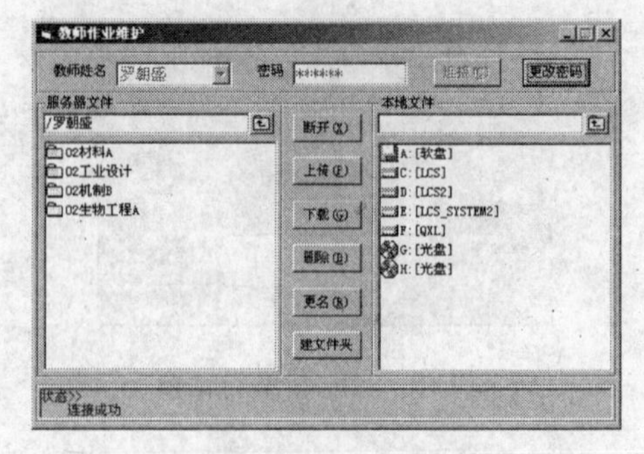

图 D-13 教师作业管理窗口

3. 系统安装

（1）工作环境

1）硬件条件。网络版要求最基本的计算机局域，服务器可是网络中任一台计算机，最好是一台运行速度快的计算机，因为各工作站要从服务器读取上机题；客户端计算机若干；网络通信设备，主要包括交换机、网卡、集线器等。

2）系统平台。采用 Silent/Server 体系结构，服务器端采用 Microsoft Windows NT Server 或 Windows Server 2003 作为网络操作系统，客户端软件，包括单机操作系统选用广泛使用的 Windows XP 系统。

（2）服务器的安装

1）在服务器上建立一个存放上机实验题目的文件夹，并设为共享。

2）将上机实验题 CSltm.zip 文件解压到该文件夹中。

3）安装教师题库维护模块，根据提示进行安装。

（3）工作站上学生模块的安装

1）进入安装盘中学生模块文件夹中，运行 Setup，根据提示进行安装。

2）用写字板打开在本系统所在的文件夹中的（Config.fg），将其中内容改为："\\服务器名\CSltm"。这里的 CSltm 是服务器上的共享实验题库文件夹，或者双击程序主界面右下角"系统设置"进行设置。

3）如果在单机上运行，则必须将本系统所在的文件夹（安装时选择中文件夹）中的 CSltm.Zip 文件解压到当前文件夹中。通过双击程序主界面右下角"系统设置"进行设置。

4）如果运行时提示"没有实验操作题目"，则表明你第 2）步或 3）步没设置好，或网络服务器上没有安装题库系统。

注意：由于操作系统版本不同，安装过程中可能出现提示"***文件冲突"，此时选择"忽略"；或某个文件已存在，若是操作系统文件请选择保留原文件。

4. 说明

本系统已在浙江科技学院全院多个年级的"C 语言程序设计"课程教学的上机实验课中使用，取得了较好的教学效果，并推广到全国几十所高校使用，受到老师和学生欢迎。

愿本 CAI 系统能为广大从事 C 语言程序设计课程教学的教师提供帮助。欢迎对本系统提出改进和完善的建议，以便将进一步完善和优化，使其更能满足 C 语言程序设计上机实验教学需要。

参考文献

龚沛曾，杨志强．2004．C/C++程序设计教程[M]．北京：高等教育出版社.

顾元刚，等．2004．C 语言程序设计教程[M]．北京：机械工业出版社.

何钦铭，颜晖．2004．C 语言程序设计[M]．杭州：浙江科学技术出版社.

黄维通，马力妮．2003．C 语言程序设计[M]．北京：清华大学出版社.

刘加海．2003．C 语言程序设计[M]．北京：科学出版社.

罗朝盛．2005．C 程序设计实用教程[M]．北京：人民邮电出版社.

谭浩强．2000．C 程序设计[M]．第二版. 北京：清华大学出版社.

徐士良．2009．C 语言程序设计教程[M]. 第 3 版. 北京：人民邮电出版社.

杨开诚，张与坤．2002．C 语言程序设计教程、实验与练习[M]．北京：人民邮电出版社.

张富．2002．C 及 C++程序设计[M]．北京：人民邮电出版社.